"十四五"职业教育国家规划教材

# 电工技术项目教程

## （第 2 版）

主　编　卜铁伟　李新卫
副主编　王益军　李　彬　王玉英
　　　　李艳侠　吴玉茵　田青松

山东大学出版社
SHANDONG UNIVERSITY PRESS
·济南·

**图书在版编目(CIP)数据**

电工技术项目教程/卜铁伟,李新卫主编. —2 版
. —济南:山东大学出版社,2018.1(2023.8 重印)
ISBN 978-7-5607-7851-8

Ⅰ.①电… Ⅱ.①卜… ②李… Ⅲ.①电工技术－高
等职业教育－教材 Ⅳ.①TM

中国国家版本馆 CIP 数据核字(2023)第 092174 号

责任策划 刘 彤
责任编辑 李 港
封面设计 牛 钧

| | |
|---|---|
| 出版发行 | 山东大学出版社 |
| 社 址 | 山东省济南市山大南路 20 号 |
| 邮政编码 | 250100 |
| 发行热线 | (0531)88363008 |
| 经 销 | 新华书店 |
| 印 刷 | 济南乾丰云印刷科技有限公司 |
| 规 格 | 787 毫米×1092 毫米 1/16 |
| | 18.5 印张 425 千字 |
| 版 次 | 2018 年 1 月第 2 版 |
| 印 次 | 2023 年 8 月第 9 次印刷 |
| 定 价 | 56.00 元 |

# 再版前言

2022 年 10 月 16 日至 22 日,中国共产党第二十次全国代表大会在北京胜利召开。为深入贯彻党的二十大精神,落实科教兴国人才强国战略,以新思想引领教育发展新征程,编写组对教材进行了修订,扎实有效推动党的二十大精神进教材、进课堂、进头脑,引导广大读者确立高度的政治认同、思想认同、理论认同和情感认同。

本教材是编者在从事多年电工技术教学的基础上,依据当今高等职业教育教学改革精神,对电工技术和维修电工实践进行整合与编排,育训结合、德技并修。本教材既可作为高职高专及中职中专院校机电一体化、电气自动化、机械设计与制造、数控技术、模具设计与制造等专业的专业基础课教材,也可作为电工技术职业技能鉴定的相关培训教材,还可作为相关工程技术人员的参考教材。

本教材内容涉及安全用电与触电急救、常用工具及仪表的使用、直流电路的安装与调试、照明电路的安装与测量、三相交流电路的安装与测量、变压器的认识与选用、三相异步电动机的拆卸与装配、三相异步电动机基本控制线路的安装与调试、典型机床电气线路维修。本教材的教学任务按照 64~96 个学时设计。

本教材有如下特点:

1. 课岗对接、项目驱动,打破传统的章节内容安排,每个项目设置任务和要求,要求学生通过相关知识的学习完成任务,突出了项目教学的实践能力掌握。

2. 优化了知识结构,提炼了知识重点,在项目中设置了"做一做""想一想""练一练",使学生在"学中练,学中做",真正做到"教学做一体化"。

3. 吸收了丰富的教学经验和教学改革成果,充分考虑高职高专的教学实际,避免了繁杂的理论分析,适当降低了理论知识的深度和难度,力求内容简洁。主要突出将理论知识运用到实践之中,在实践中注重培养学生的职业核心能力。

4. 设置任务考核评价表,为实现项目考核和教考分离提供条件。考核内容紧密结合维修电工职业技能鉴定考核要求。

5.每个项目中扩充知识拓展,供学生在学习必用知识的基础上拓展视野。并在项目最后设置了项目巩固与提高,对所学知识进一步巩固。

本教材由山东交通职业学院卜铁伟、李新卫任主编,由山东交通职业学院王益军、李彬、王玉英、李艳侠、田青松任副主编。项目一、项目四由卜铁伟编写,项目二由李彬编写,项目三由李艳侠编写,项目五由王玉英编写,项目六由王益军编写,项目七由田青松、吴玉茵编写,项目八、项目九由李新卫编写。

在编写过程中,编者参阅了国内外一些专家和学者的研究成果及相关文献,在此一并表示感谢!本教材的出版得到各兄弟院校同行、行业企业专家的大力支持,特致谢意!

由于编者水平有限,书中如有不足之处,敬请使用本书的读者批评指正。

编　者

2022 年 11 月

# 目　录

# 项目一　安全用电与触电急救

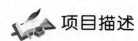 项目描述

本项目让学生了解电流对人体的伤害，熟悉可能触电的几种情况，并掌握主要的保护措施，以能够积极预防电气火灾等。让学生掌握急救的方法，是保证自身及他人安全的重要手段之一，并能让其倍加爱惜生命。

## 教学目标

1.能力目标
◆掌握触电急救的一些基本知识。
◆具备积极预防发生电气火灾的能力。
2.知识目标
◆了解安全用电、节约用电的途径、方法。
◆掌握防止触电的主要保护措施。
3.素质目标
◆在教学过程中，密切联系生产与生活实际，激发学生的求知欲，培养学生爱岗敬业、崇尚科学的精神。
◆使学生养成对待工作和学习一丝不苟、精益求精的态度。

## 任务一　安全用电与电气消防

任务导入

电能是我们生活中必不可少的重要能源，如果不注意安全用电、科学用电，就会给生活带来不便，甚至会酿成事故或灾难。所以，安全和科学用电非常重要（见图1-1）。

图 1-1　安全用电

## 任务描述

要求学生在懂得安全用电常识的前提下,分组模拟练习电气火灾现场,对现场进行处理,并分析火灾原因、排除事故隐患。

## 实施条件

(1)工作服、安全帽、绝缘鞋等劳保用品,学生每人一套。
(2)试电笔、尖嘴钳、螺钉旋具、斜口钳、剥线钳等电工常用工具。
(3)万用表、兆欧表、钳形电流表等仪器仪表。
(4)木棒、灭火器。

## 相关知识

### 知识点 1:电流对人体的伤害

当人体触及带电体、与高压带电体之间的距离小于放电的距离或带电操作不当时,所引起的强烈电弧都会使人体受到电的伤害,以上这些情况都称为"触电"。

电流对人体的伤害有三种:电击、电伤和电磁场生理伤害。

#### 一、电　击

当一定的电流通过人体时,会使肌肉剧烈收缩,失去摆脱电流的能力,严重损害人体的组织器官,麻痹中枢神经,甚至使人因心脏停止跳动、呼吸停止而死亡,这就是电击。电击的危害程度与五项因素有关。

1.通过人体的电流大小

通过人体的工频交流电(工频是指交流电的频率为 50Hz)达 1mA 左右时,人就会有感觉。引起人产生感觉的最小电流称为"感知电流"。不同人的感知电流是不同的,成年男性平均感知电流约为 1.1mA,成年女性约为 0.7mA。超过 10mA 时,人会感到麻痹或剧痛,呼吸困难,不能自主摆脱电源。人触电后能自主摆脱电源的最大电流称为"摆脱电流"。不同人的摆脱电流是不同的,成年男性平均摆脱电流约为 16mA,成年女性约为 10.5mA。超过 50mA 且时间超过 1s,人就会有生命危险。能使人丧失生命的电流称为"致命电流"。

通过人体的电流大小,取决于加在人体上的电压和人体的电阻。人体电阻最大可达 100kΩ,主要是因为干燥皮肤表皮上的角质层电阻很大。但只要皮肤湿润、有损伤或沾有导电灰尘,如触电后皮肤遭到破坏,人体电阻就会急剧下降,最低可降到 800Ω。

大小不同的工频电流对人体的作用如表 1-1 所示。

表 1-1　　　　　　　　　　大小不同的工频电流对人体的作用

| 电流(mA) | 通电时间 | 生理反应 |
|---|---|---|
| 0～0.5 | 连续通电 | 没有感觉 |
| 0.5～5 | 连续通电 | 开始有感觉,手指、手腕等处有痛觉,没有痉挛,能够摆脱带电体 |
| 5～30 | 数分钟以内 | 痉挛,不能摆脱带电体,呼吸困难,血压升高,是可以忍受的极限 |
| 30～50 | 数秒至数分钟 | 心脏搏动不规则,昏迷,血压升高,强烈痉挛,时间过长便可发生心室颤动 |
| 50～数百 | 低于心脏搏动周期 | 受强烈冲击,但未发生心室颤动 |
| | 超过心脏搏动周期 | 昏迷,心室颤动,接触部位留有电流通过的痕迹 |
| 超过数百 | 低于心脏搏动周期 | 在心脏搏动周期的特定时刻触电时,发生心室颤动,昏迷,接触部位留有电流通过的痕迹 |
| | 超过心脏搏动周期 | 心脏停止跳动,昏迷,可能有致命的电灼伤 |

在其他条件相同的情况下,电压越高,则通过人体的电流越大。因此,一般来说,电压越高,触电的危险性就越大。为了限制通过人体的电流,我国规定 42V、36V、24V、12V、6V 作为安全电压,用于各种不同程度的有较多触电危险的场合。如机床局部照明灯、理发电推剪、小型手持电动工具、电动自行车、部分工程机械等为 36V 电压,管道维修时用的手持工作灯、汽车电瓶(有的车用电瓶为 6V 电压)为 12V 电压等。

**注意**:安全电压仅仅是为了一旦人员触电时能把通过人体的电流限制在较小范围内,绝不意味着人可以长期接触这样的电压,那仍是危险的。

2.电流通过人体时持续的时间

通电时间越长,越容易发生心室颤动,电击危险性就越大。通电时间越长,体内积累的局外能量越多,心室颤动的危险性越大;人的心脏每收缩、扩张一次,中间有 0.1s 左右的易激期(间歇)对电流最敏感,此时即使很小的电流也会引起心脏震颤。如果电流通过时间超过 1s,就肯定会遇上这个间歇,造成很大的危害。时间再一长,可能遇上数次,后果更为严重。电流通过人体的持续时间一长,人体触电部位的皮肤将遭到破坏,人体电阻就会降低,危险性会进一步增大。因此,救助触电人员首先要做到的就是使其尽快脱离电源。

### 3.电流通过人体的途径

电流通过头、脊柱、心脏这些人体重要器官是最危险的。人触电的部位中,手和脚的机会最多。从手到手、从手到脚、从脚到脚这三条电流通过的路径对人都很危险,其中尤以从手到脚最危险。因为在这一条路径中,可能通过的重要器官最多。如图 1-2 所示,图中百分数是通过心脏的电流占通过人体的电流的百分数。

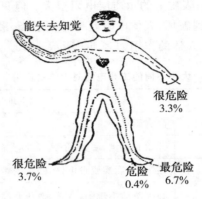

图 1-2　电流通过人体的路径

另外,手、脚的肌肉因触电会剧烈痉挛。对于手来说,可能造成抓紧带电部分无法摆脱;对于脚来说,可能造成身体失去平衡,出现坠落、摔伤等二次事故。

### 4.电流的种类

频率为 25～300Hz 的交流电,包括工频交流电在内,对人体的伤害最为严重,10Hz以下和 1000Hz 以上,伤害程度明显减轻。但如电压较高,仍有电击致死的危险。

10000Hz 高频交流电的感知电流,男性约为 12mA,女性约为 8mA;平均摆脱电流,男性约为 75mA,女性约为 50mA;心室颤动电流,通电时间 0.03s 时约为 1100mA,通电时间 3s 时约为 500mA。

直流电感知电流,男性约为 5.2mA,女性约为 3.5mA;平均摆脱电流,男性约为76mA,女性约为 51mA;心室颤动电流,通电时间 0.03s 时约为 1300mA,通电时间 3s 时约为 500mA。

冲击电流能引起短暂而强烈的肌肉收缩,给人以冲击的感觉,但电击致死的危险性较小。当人体电阻为 1000Ω 时,可以认为冲击电流引起心室颤动的界限是 27W·s。

### 5.人体的健康状况

当接触电压一定时,流过人体的电流的大小取定于人体电阻的大小。人体电阻越小,则流过人体的电流越大。人体电阻主要包括人体内部电阻和皮肤电阻。如果不计人体表皮角质层的电阻,人体平均电阻可按 1000～3000Ω 考虑。

人体电阻不是固定不变的,接触电压增加、皮肤潮湿程度增加、通电时间延长、接触面积增加、接触压力增加、环境温度升高以及皮肤破损都会使人体电阻降低。不同条件下的人体电阻如表 1-2 所示。

表 1-2　　　　　　　　　　　人体电阻(电流经单手、双脚)

| 接触电压(V) | 人体电阻(Ω) | | | |
|---|---|---|---|---|
| | 皮肤干燥 | 皮肤潮湿 | 皮肤湿润 | 浸入水中 |
| 10 | 7000 | 5500 | 1200 | 600 |
| 25 | 5000 | 2500 | 1000 | 500 |
| 50 | 4000 | 2000 | 875 | 400 |
| 100 | 3000 | 1500 | 770 | 375 |
| 250 | 1500 | 1000 | 650 | 325 |

　　人体的健康状况和精神是否正常,是决定触电伤害程度的内在因素。疲劳、体弱,或患有心脏、神经系统、呼吸系统疾病,或酒醉的人触电时,由于自身抵抗能力较差,还有可能诱发其他疾病,后果要比正常情况更为严重。此外,女性和儿童触电的危害性都比较大。

### 二、电　伤

　　电流的热效应、化学效应或机械效应对人体外部造成的局部伤害,包括电弧烧伤、烫伤、电烙印等,都称为"电伤"。如强烈电弧引起的人体灼伤、放射作用使眼睛失明;触电者自高处跌下所导致的摔伤;人体接触电流时,皮肤表面引起的烙伤等。

　　电伤事故比电击事故少,但大面积烧伤也会导致死亡。因此,开关、熔断器一定要有防护措施,避免断路时电弧对人体造成伤害。

### 三、电磁场生理伤害

　　电磁场生理伤害指在高频磁场的作用下,人体出现头晕、乏力、记忆力减退、失眠、多梦等神经系统的症状。

　　电流对人体的伤害是一个很复杂的问题,但又不可能进行各种实验,只能从大量积累的资料分析中得出结论。因此,不排除会出现完全没有估计到的情况,必须积极地采取各种防范措施,防止触电事故的发生。

　　**练一练**:什么是电击和电伤?电击的危害程度与哪些因素有关?

## 知识点 2:电气火灾的消防

### 一、引发电气火灾的原因

　　引发电气火灾的直接原因是多种多样的,如短路、过载、接触不良、电弧、火花、漏电、雷电、静电等都能引起电气火灾。从电气防火角度看,电气火灾大都是由电气工程、电器设备的质量以及管理不善等问题造成的。电器设备质量不高、安装使用不当、保养不良、雷电和静电是造成电气火灾的几个重要原因。

　　(1)短路、电弧和火花。短路是电器设备最严重的一种故障状态,主要原因是载流部分的绝缘层破损。主要表现是裸导线或绝缘导线的绝缘层破损后,相线之间、相线与中性线或保护线(PE)之间在电阻很小的情况下相碰。在短路点或导线连接松动的接头处电流突然增大,同时产生电弧或火花。电弧温度可达 6000℃ 以上,在极短时间内产生的热量,不但可使金属熔化,引燃本身的绝缘材料,还可将其附近的可燃材料、蒸气和粉尘引燃,造成火灾。

(2)过载。过载是指电器设备或导线的功率或电流超过其额定值的情况。电器设备或导线的绝缘材料大都是可燃有机绝缘材料,只有少数为无机材料。过载使导体中的电能转变成热能,当导体和绝缘物局部过热并达到一定温度时,就会引起火灾。另外,过载导体发热量的增加所引起的温度的升高,将使导线的绝缘层加速老化,绝缘程度降低。在发生过电压时,绝缘层被击穿,引起短路,发生火灾。因此,必须严格按照规定的定额使用设备和线路,不得随意增大负载。同时,要完善各级过流保护装置。

(3)接触不良。接触不良即接触电阻过大,会造成局部过热,当温度达到一定程度时会引发火灾,也会出现电弧、火花,形成潜在的点火源。它主要发生在导线与导线或导线与电器设备的连接处。

(4)电器设备选择不当或使用伪劣产品。这是生活中最常见的电气火灾起因。保护电器起不到保护作用,控制电器不能有效控制,需加防护措施的场所未加防护措施,当自动开关、接触器、闸门开关、电焊机等使用时,产生的火花或电弧引发周围可燃物质燃烧。

(5)摩擦。发电机和电动机等设备的定子与转子相碰撞,或轴承出现润滑不良、干燥产生干摩,或虽润滑正常但出现高速旋转时,都会引起电气火灾。

(6)雷电。雷电产生的放电电压可达数百万伏至数千万伏,放电电流可达几十万安培。雷电危害是在放电时伴随产生的机械力、高温和强烈电弧、火花,会使建筑物破坏、输电线路或电器设备损坏、油罐爆炸、森林着火,导致火灾和爆炸事故。

(7)静电。静电火灾和爆炸事故的发生原因是不同物体相互摩擦、接触、分离、喷溅、静电感应、人体带电等逐渐累积静电荷形成高电位,在一定条件下,将周围空气介质击穿,对金属放电并产生足够能量的火花放电。火花放电过程主要是将电能转变成热能,用火花热能引燃或引爆可燃物或爆炸性混合物。

**想一想**:在我们生活中还可能发生哪些电气火灾呢?

**二、电气火灾的扑救常识**

**1.断电灭火**
电气设备发生火灾或引燃周围可燃物时,首先应设法切断电源,必须注意以下事项:
(1)处于火灾区的电气设备因受潮或烟熏,绝缘能力降低,所以拉动开关断电时,要使用绝缘工具。
(2)剪断电线时,不同相的电线应错位剪断,以防线路发生短路。
(3)应在电源侧的电线支持点附近剪断电线,以防电线剪断后跌落在地面上,造成电击。
(4)如果火势已威胁邻近电气设备,应迅速断开相应的开关。
(5)夜间发生电气火灾切断电源时,要考虑临时照明问题,以利扑救。如需要供电部门切断电源时,应及时联系。

**2.带电灭火**

如果无法及时切断电源,而需要带电灭火时,必须注意以下事项:

(1)应选用不导电的灭火器材灭火,如干粉、二氧化碳等灭火器,不得使用泡沫灭火器带电灭火。

(2)要保持人及所使用的导电消防器材与带电体之间的足够的安全距离,扑救人员应戴绝缘手套。

(3)对架空线路等空中设备进行灭火时,人与带电体之间的仰角不应超过45°,而且站在线路外侧,以防止电线断落后触及人体。如带电体已断落地面,应画出一定警戒区,以防跨步电压伤人。

**3.充油电气设备的灭火**

充油设备着火时,应立即切断电源。如外部局部着火时,可用二氧化碳、干粉等灭火器灭火。如设备内部着火且火势较大时,切断电源后可用水灭火;有事故储油池的应设法将油放入池中,再进行扑救。

做一做:灭火器的使用训练。

**知识拓展**

**一、一般用电常识**

(1)学习并严格遵守规章制度。

(2)不得擅自移动或破坏安全用电警示标志、围栏等安全设施。

(3)非专业人员不得修理、拆装电气设备。

(4)电线上不能晾晒衣服,晾晒衣服的绳线也不能靠近电线。

(5)不能用湿手接触带电设备,不能用湿布擦拭带电设备。

(6)定期检查电气设备和导线。

(7)不得私拉乱接电线,对有金属外壳的电器都要采用接地保护。

(8)要在总闸前安装漏电保护器。

(9)发生电气火灾时,必须先断电后灭火。

**二、家庭电器使用的安全事项**

(1)启用电器前,先确定功率、电压、频率等涉电指标是否满足通电要求。

(2)家用电器必须通过可断式(有开关)插座与电源连接。

(3)有金属外壳的设备必须接地。

(4)电气设备必须远离易燃易爆物品,远离儿童活动范围。

(5)插入插头时,先插不带电电器一侧,再插带电电源一侧,拔出插头时顺序相反。拔插头如有异常,先切断电源。

(6)手持使用的电器切忌将电线缠在手上使用。

(7)不得自行拆卸电器,特别是处于带电状态的电器。

(8)室内电线断落时,不论带电与否,均远离至4m以外,请专业人员处理。

(9)不得私拉乱接电线,电源线不应承重,切忌把电源线缠绕在金属物上。

(10)使用电动工具时,需戴绝缘手套。

(11)家用电器应保持干燥,勿用腐蚀性液体或水擦拭电器。

(12)使用电热毯时,不得与人体直接接触。

(13)电热水器最好断电使用。

## 任务实施

安全用电与电气
消防课件

**学生分组练习**

(1)模拟电气柜火灾现场。

(2)模拟拨打119火警电话报警。

(3)切断火灾现场电源。切断电源时,应按操作规程规定的顺序进行操作。必要时,请电力部门切断总电源。

(4)无法及时切断电源时,根据火灾特征,选用正确的消防器材灭火。

(5)电气设备发生火灾时,充油电气设备受热后可能发生喷油或爆炸,扑救时应根据起火现场及电气设备的具体情况防止爆炸事故连锁发生。

(6)用水枪灭火时,宜采用喷雾水枪。

(7)讨论、分析火灾产生的原因,并排除事故隐患。

(8)清理现场。

## 任务考核与评价

**考核要点**

(1)电气消防训练时采取的方法及步骤。

(2)小组的团结协作精神。

(3)安全文明生产。

**评分标准**

评分标准如表1-3所示。

| 评分内容 | 评分标准 | 配分 | 得分 |
|---|---|---|---|
| 电气消防训练 | 采取方法错误,扣5～30分 | 30 | |
| | 消防器材选用错误,扣30分 | 30 | |
| | 操作步骤错误,扣10～20分 | 20 | |
| 团结协作 | 小组成员分工协作不明确,扣5分;成员不积极参与,扣5分 | 10 | |
| 安全文明生产 | 违反安全文明操作规程,扣5～10分 | 10 | |
| 成绩合计 | | | |

表 1-3 　　　　　　　　　　评分标准

# 任务二　触电急救

**任务导入**

在日常生活中,为了防止和减少触电事故,用电部门采取了许多安全措施,但总是不能从根本上防止触电事故的发生,所以,懂得触电急救的常识和措施非常重要(见图1-3)。

图 1-3　触电急救

**任务描述**

要求学生在懂得触电急救常识的前提下,分组模拟练习触电急救现场的处理,并掌握急救方法。

**实施条件**

(1)工作服、安全帽、绝缘鞋等劳保用品,学生每人一套。
(2)棕垫、人体模型、消毒酒精、药棉等。

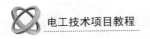

（3）电器柜、钢丝钳、导线、木棒、灭火器。

（4）万用表、电话机、秒表等仪器仪表。

**相关知识**

### 知识点 1：触电方式

电路分为高压电路和低压电路。日常生产生活中，绝大多数为380/220V、三相四线制、中性点接地（工作接地）的低压电路。下面着重讨论在低压电路中触电的可能性，以便有针对性地采取防范措施。

按照人体触及带电体的方式和电流通过人体的途径，触电方式大致有四种，即双线触电、单线触电、跨步电压触电和接地电压触电。

#### 一、双线触电

人体同时接触两根火线，加在人体的电压是380V，这种的情况最危险，但出现这种情况的可能性较小，如图1-4所示。

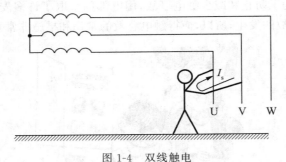

图1-4　双线触电

#### 二、单线触电

人体只接触一根火线，但是人站在地上，电源中性线又是接地的，所以加在人体上的电压是220V，并且电流路径是从手到脚。这种情况也很危险，并且出现的可能性较大，如图1-5（a）所示。图1-5（b）表示供电网无中性线或中性线不接地时的单线触电，此时电流通过人体进入大地，再经过其他两相对地电容或绝缘电阻流回电源，当绝缘不良时，就会有危险。如手持电动工具正在工作时，工具漏电，有一根火线与金属外壳连通；固定在金属机座上的电动机绝缘损坏，有一根火线碰壳，而人此时触及机器；调换灯泡时，手触及带电的螺丝口等。

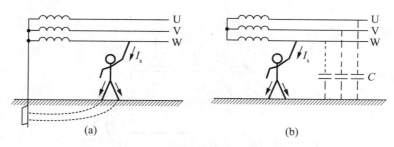

图 1-5　单线触电

在 220V 电压下,用绝缘材料把人与地同时隔开,可以减小触电的危险性。

**注意**:穿普通的胶底鞋或塑料底鞋,踩在可能潮湿的木板或木凳上等都是不可靠的,只有专用的绝缘胶鞋、有瓷绝缘底脚的踏板、专用绝缘橡胶垫才能起到一定的保护作用。

### 三、跨步电压触电

这类事故多发生在故障设备接地体附近,是由两脚之间的跨步电压引起的触电事故。正常情况下,接地体只有很小的电流,甚至没有电流流过。当带有电的电线掉落在地面上时,以电线落地的一点为中心,画许多同心圆,这些同心圆之间有不同的电位差。当人在接地体附近跨步行走时,就处在不同的电位下,这两个电位之间的电位差称为"跨步电压",如图 1-6 所示。跨步电压与跨步大小有关,人的跨步距离一般按 0.8m 考虑。

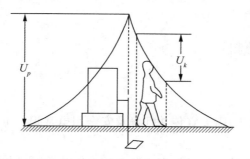

图 1-6　跨步电压触电

在跨步电压作用下,电流通过人体,造成人体跨步电压触电。当跨步电压较高时,就会使人体因双脚抽筋而倒地,这时有可能使电流通过人体的重要器官,造成严重的触电事故。

### 四、接地电压触电

电气设备的外壳正常情况下是不带电的,但由于某种原因使外壳带电时,人体与其接触而引起的触电称为"接地电压触电"。如三相油冷式变压器 U 相绕组与箱体接触使其带电,人手触及油箱会产生接触电压触电,相当于单相触电,如图 1-7 所示。

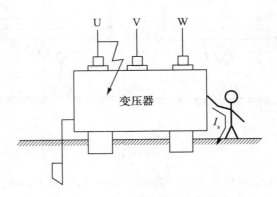

图 1-7  接地电压触电

触电事故是突发性事故，在很短的时间内会造成极为严重的后果，所以，必须认真对待。

触电事故发生的原因很多。如电气设备质量不合格、电气线路或电气设备安装不符合要求等，会直接造成触电事故；电气设备运行管理不当，绝缘损坏漏电，也会造成触电事故；非专业人员处理电气事务，错误操作和违章操作等，容易造成触电事故；用电现场混乱，线路错接，特别是插座接线错误，更容易造成触电事故等。对于这些，应建立严格的安全用电制度和有效的安全保护措施加以防范。如安全操作规程、安全运行管理和维护检修制度以及其他有关规章制度，定期进行电气安全检查并经常进行群众性的安全教育。

**练一练**：触电方式有哪几种？

## 知识点 2：触电急救

### 一、安全用电常识

为防止触电事故发生，需要宣传并且普及安全用电常识。下面是日常生活中一些简单的安全用电常识。

（1）不靠近高压带电体（高压线、变压器等），不接触低压带电体。

（2）任何电气设备在未确认无电以前应一律视为有电，不要随意接触电气设备，不要盲目信赖开关或控制装置，不要依赖绝缘来防范触电。

（3）尽量避免带电操作，不用湿手扳开关、插入或拔出插头。

（4）若发现电线、插头损坏应立即更换，禁止用铜丝代替保险丝，禁止用橡皮胶代替电工绝缘胶布，禁止乱设临时电线。

（5）电线上不能晾晒衣物，晾晒衣物的绳线也不能靠近电线，更不能与电线交叉搭接或缠绕在一起。

（6）不带电移动电器设备，当将带有金属外壳的电气设备移至新的地方后，要先安装好地线，检查设备完好后，才能使用。

（7）安装、检修电器时应穿绝缘鞋，站在绝缘体上，且要切断电源。

（8）雷雨天气时，不使用收音机、录像机、电视机，且拔出电源插头、天线插头。暂时不使用电话,如一定要用,使用免提功能。

(9)当电线断落在地上时,不可走近。对落地的高压线应离开落地点 8～10m 或以上,以免跨步电压伤人,更不能用手去拿。应立即禁止他人通行,派人看守,并通知供电部门前来处理。

(10)当电气设备起火时,应立即切断电源,并用干沙覆盖灭火,或用四氯化碳、二氧化碳灭火器灭火,绝不能用水或一般酸性泡沫灭火器灭火,否则会有触电危险。在使用四氯化碳灭火器时,应打开门窗,保持通风,防止中毒,如有条件最好戴上防毒面具;在使用二氧化碳灭火器时,由于二氧化碳是液态的,向外喷射灭火时,强烈扩散,大量吸热,形成温度很低的干冰,并隔绝了氧气,因此也要打开门窗,与火源保持 2～3m 的距离,小心喷射,防止干冰沾到皮肤上造成冻伤。救火时不要随意与电线或电气设备接触,特别要留心地上的导线。

**二、触电急救常识**

当我们发现有人触电时,首先要尽快地使触电者脱离电源,然后再根据具体情况,采取相应的急救措施。

1.脱离电源

(1)当电源开关或插头离触电地点较近时,迅速拉开开关,切断电源。

(2)当电源开关离触电地点较远,不能立即拉开时,可用带有绝缘柄的斧、钳等工具切断电源线,或用绝缘物挑开接触触电者的电线,或用绝缘物把触电者拉开,使其脱离电源等。

(3)高压线路触电的脱离。在高压线路或设备上触电时,应立即通知有关部门停电。为使触电者脱离电源,应戴上绝缘手套、穿上绝缘靴,使用适合该挡电压的绝缘工具,按顺序拉开开关或切断电源。

**注意**:救护人员不能将手、金属及潮湿的物体作为救护工具。救护人员最好采用一只手操作,以防自身触电。要防止高空触电者脱离电源后发生摔伤事故。要观察周围环境,以防止事故扩大,再误伤他人。

2.急救处理

当触电者脱离电源后,根据具体情况应就地迅速进行救护,同时请医生前来抢救。

(1)触电不太严重:触电者神志清醒,但有些心慌,四肢发麻,全身无力,或触电者曾一度昏迷,但已清醒过来,应使触电者安静休息,不要走动,密切观察并请医生诊治。

(2)触电较严重:触电者已失去知觉,但有心跳、呼吸,应使触电者在空气流通的地方舒适、安静地平躺,解开衣扣和腰带以便呼吸,如天气寒冷应注意保温,并迅速请医生诊治或送往医院。

(3)触电相当严重:触电者已停止呼吸,常为"假死",应立即进行人工呼吸。如果触电者心跳和呼吸都已停止,人体完全失去知觉,应通过人工呼吸和心脏按压进行抢救,如图 1-8 和图 1-9 所示。

图 1-8　口对口人工呼吸法

   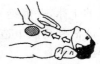

图 1-9　胸外心脏按压法

**做一做**：心肺复苏急救训练。

## 知识拓展

**一、防触电主要保护措施**

急救视频

前面学习了电流对人体的伤害和可能触电的几种情况后，我们就可以有针对性地采取相应的防范措施，避免触电事故的发生。主要的防护措施有使用安全电压、绝缘保护、接零保护、接地保护等。

1. 使用安全电压

这是用于小型电气设备或小容量电气线路的安全措施。根据欧姆定律，电阻一定时，电压越大，电流也就越大。因此，可以把可能加在人体上的电压限制在某一范围内，使得在这范围下，通过人体的电流不超过允许范围，这一电压就叫作"安全电压"。交流电的安全电压不超过 50V，直流电的不超过 120V。我国规定，交流电的安全电压等级为 42V、36V、24V、12V 和 6V。与人频繁接触的小型电器，可以采用安全电压供电。但因电压降低后，同等功率设备的电流将增大，设备要变得笨重，连接导线截面也要增大，因此，安全电压不适合广泛应用。

2. 绝缘保护

用绝缘物把带电体封闭起来。瓷、玻璃、云母、橡胶、木材、胶木、塑料、布、纸和矿物油等，都是常用的绝缘材料。

一般主要有外壳绝缘、场地绝缘、变压器隔离等。

**注意**：很多绝缘材料受潮后会丧失绝缘性能，或在强电场作用下会遭到破坏，丧失绝缘性能。

3. 接零保护

大多数的用电设备使用 380/220V 电压，且用电设备不可能与人完全隔开，从安全角度看电压又不低，所以，因设备绝缘损坏造成单线触电的可能性也很大。针对这一状况，目前采取的主要措施就是接零保护。

接零保护规定用于 380/220V 三相中性点接地的供电系统,具体做法是把所有电气设备的金属外壳接到零线上,如图 1-10 所示。

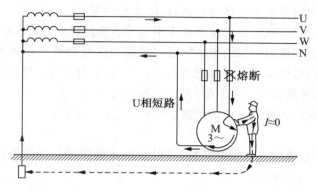

图 1-10　接零保护

接零保护的原理是,在正常情况下,因零线是接地的,所以把它接到设备的金属外壳上。当设备中有一线碰壳时,即使有人正在接触设备外壳,电流也将从设备外壳经接零线流回电源中性点,这条通路的电阻极小,可以构成短路;而经人体入地后再经接地极回到中性点这条通路的电阻要大得多,电流几乎为零。因为电线碰壳这一相已构成短路,电路中的熔断器或自动断路器将把电路切断,可以把碰壳漏电的持续时间减至极短,还能根据熔断器的熔断或自动断路器的动作,及时发现和确定事故的位置并进行处理。

应用接零保护时,必须特别注意以下几个问题:

(1)接零线的最小尺寸:多股绝缘铜线,$1.5mm^2$;裸铜线,$4mm^2$;绝缘铝线,$2.5mm^2$;裸铝线,$6mm^2$;圆钢的直径,5mm(室内)、6mm(室外)。

(2)接零保护只能用于中性点接地的供电系统。

(3)必须保证零线不断路。

为此,应使零线有足够的截面,一方面使它有必要的机械强度,另一方面使电阻尽量小,以保证在漏电时能形成短路,使漏电的一相熔断器或自动断路器及时切断电路。零线干线不准安装熔断器和开关,熔断器和开关只能安装在火线上,如图 1-11 所示。

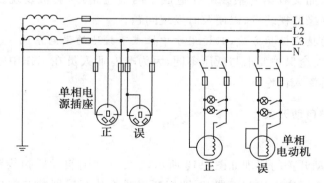

图 1-11　零线干线不准安装熔断器和开关图

三相四线制供电线路中,照明等单相负载用 220V 电压,与之相关的支路必然要引过一条火线和一条零线,并且可能都装有开关和熔断器。这时的接零保护必须有另一条专用的保护接零线,直接接到零线上,不可与这些单相连接电器的电源零线共用。

(4)零线每隔一定距离重复接地一次,以保证它的零电位。

电源中性点接地时,通常要求接地电阻小于 4Ω,重复接地时要求接地电阻小于 10Ω。要达到这一要求,必须埋设一定的接地装置。通常用多根钢管或角钢按一定的距离布置并垂直埋设后,再用扁钢带通过焊接把它们连在一起,同时还要对埋设点的土壤状况加以考虑。埋设后要实地测量接地电阻值,以保证符合要求。

(5)不可用大地作为漏电电流的回路。

4.接地保护

对于中性点不接地的三相供电系统,可以采用接地保护。具体做法是把设备的金属外壳都接地,如图 1-12 所示。

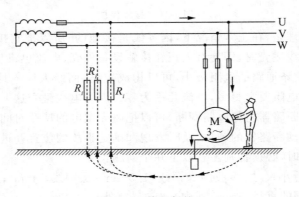

图 1-12　接地保护

因为这种供电系统的中性点不接地,三相端线与地相隔的是它们的绝缘电阻,阻值很高。假如一相漏电碰壳,电流要通过绝缘电阻成为回路,数值必然很小。而接地线又与人体并联,把漏电电流旁路,保证了人的安全。

这种保护方法的问题是,即使漏电,也因电流很小而长期不能被发现,有可能持续到事故进一步扩大(如又有第二根线碰壳造成了两线短路)才会被发现。为了避免这一后果,电路中要有绝缘监视装置,以便及时发现问题。

**注意**:上述的接地保护方法,只适用于中性点不接地的供电系统。

高压电路的安全保护要求与低压不同,因为非专业人员在工作中一般不涉及高压电气设备,所以不再深入讨论。

**二、漏电保护自动开关**

1.原　理

漏电保护自动开关的原理如图 1-13 所示,它是一个有自动脱扣装置的空气开关。在主电路上接有一个零序电流互感器 T,即把两根线都从互感器铁芯窗口中穿过。正常情况下,两者方向相反,所以互感器副边无信号输出。当漏电时,电流通过人体经大地形成回路。这时互感器中因增加了电流,副边将有信号输出。此信号经放大器 A 放大,驱动脱扣线圈 K,使开关 S 切断电路。

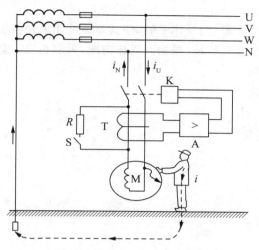

图 1-13　漏电保护自动开关原理图

2.动作电流的整定

漏电保护自动开关正常工作时通过的是负载的工作电流,因此,其额定电流应根据负载电流选择。漏电动作电流可以调整,通常可调整为 30～50mA,比较危险的场所可调整为 10～30mA。灵敏度越高,保护效果越好。但若把灵敏度调得过高,即动作电流调整得太低,容易造成电路中偶有电流扰动即出现误动作,频繁切断电路,影响正常供电。提高灵敏度的同时进一步提高抗干扰能力,是漏电保护自动开关产品改进的方向。

漏电保护自动开关的动作时间一般在 0.1s 以内,因而,可以大大降低触电的危险性。

3.验证开关 S 的作用

开关 S 和电阻 R 构成检查电路,按下开关 S 可产生一个模拟的漏电流,以验证保护开关动作是否可靠。

4.漏电自动保护开关的适用范围

一些日用电器常常没有接零保护,室内单相电源插座往往也是没有保护零线插孔。这时在室内电源进线上,接一个 15～30mA 的漏电保护自动开关,可以起到安全保护的作用。

已有接零保护的中性点接地供电系统,或已有接地保护的中性点不接地供电系统,也可以再加装漏电保护自动开关,与之相配合,使安全保护更为可靠。

## 任务实施

**学生分组练习**

(1)模拟触电情景:单线、双线、跨步电压、接地电压等触电现象。

(2)利用人体模型,模拟人体触电事故。

触电急救课件

①模拟拨打 120 急救电话。

②迅速切断触电事故现场电源,或用木棒从触电者身上挑开电线,使触电者迅速摆脱触电状态。

③将触电者移至通风干燥处,身体平躺,使其躯体处于放松状态。

④仔细观察触电者的生理特征,根据其具体情况,采取相应的急救方法实施抢救。

⑤口对口人工呼吸法抢救。

⑥胸外心脏按压法抢救。

## 任务考核与评价

**考核要点**

(1)进行急救时采取的方法。

(2)团结协作的精神。

(3)安全文明生产。

**评分标准**

评分标准如表 1-4 所示。

表 1-4　　　　　　　　　　　　　　评分标准

| 评分内容 | 评分标准 | 配分 | 得分 |
|---|---|---|---|
| 触电急救训练 | 采取方法错误,扣 5~30 分 | 30 | |
| | 按压力度、操作频率不合适,扣 10~30 分 | 30 | |
| | 操作步骤错误,扣 10~20 分 | 20 | |
| 团结协作 | 小组成员分工协作不明确,扣 5 分;成员不积极参与,扣 5 分 | 10 | |
| 安全文明生产 | 违反安全文明操作规程,扣 5~10 分 | 10 | |
| 成绩合计 | | | |

## 巩固与提高

1. 什么是电击和电伤?电击的危害程度与哪些因素有关?

2. 什么是接零保护?接零保护用于什么样的供电系统?什么是接地保护?接地保护用于什么样的供电系统?

3. 如果要用一个单刀开关来控制电灯的亮灭,这个开关应该装在火线上还是零线上?

4. 手持电钻、手提电动砂轮机都采用 380V 交流电供电,在使用时要穿绝缘胶鞋、戴绝缘手套工作。既然人们与它们经常接触,为什么不用安全低压 36V 供电?

5. 在中性点接地的系统中,为什么要采用重复接地,而不能采用保护接地?中性点接地与保护接地、重复接地有何区别?

6.图 1-14 是刚安装的家庭电路的电路图。电工师傅为了检验电路是否出现短路,在准备接入保险丝的 $A$、$B$ 两点间先接入一盏"PZ200-15"的检验灯。

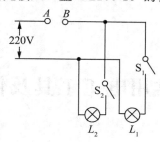

图 1-14　电路图

(1)断开开关 $S_1$,闭合开关 $S_2$,检验灯正常发光;

(2)断开开关 $S_2$,闭合开关 $S_1$,发现检验灯发光较暗。

根据以上现象,可以判断出(　　　)(选填"$L_1$""$L_2$"或"没有")发生短路。

# 项目二　常用电工工具及仪表的使用

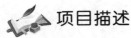 项目描述

本项目让学生认识常用的电工工具和电工仪表，并能正确使用，以便为后续任务的开展奠定基础。

## 教学目标

1.能力目标

◆正确使用电工常用工具。

◆妥善保养和维护电工常用工具。

◆能用常见电工仪表对低压电路进行测量。

2.知识目标

◆熟悉电工常用工具的名称、型号、规格和选用原则。

◆掌握电工常用工具、仪表的使用方法。

◆掌握常用导线的分类、连接方式以及各种导线绝缘层的去除与恢复。

◆掌握常用电工仪表的使用、分类和型号。

3.素质目标

◆培养学生勤于思考、练习的学习习惯。

◆培养学生的劳动组织能力和团队协作能力。

## 任务一　常用电工工具的使用

**任务导入**

在我们进行有关电工作业时，一些使用有效的工具是我们必不可少的好帮手，如何正确地使用这些工具（见图 2-1），是我们必须掌握的基本技能。

常用电工工具
使用课件

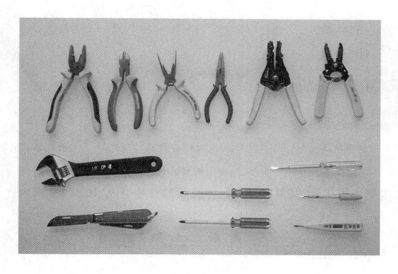

图 2-1　常用电工工具

### 任务描述

要求学生在掌握安全用电常识的前提下,利用低压试电笔判断正常照明线路的火线和零线,用合适的工具进行导线绝缘层的剖削、连接及绝缘恢复。

### 实施条件

(1)工作服、安全帽、绝缘鞋等劳保用品,学生每人一套。

(2)试电笔、尖嘴钳、螺钉旋具、斜口钳、剥线钳等电工常用工具。

### 相关知识

## 知识点 1:验电器

低压试电笔又称"低压验电器",是用来检查低压导体或电气设备外壳是否带电的辅助安全用具。

**一、试电笔的外形与结构**

常用低压试电笔的外形如图 2-2 所示,有钢笔式、旋具式,以及带有 LED 屏的数显试电笔。

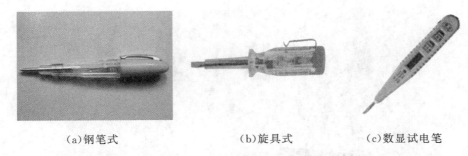

（a）钢笔式　　　　　　　（b）旋具式　　　　　（c）数显试电笔

图 2-2　常用低压试电笔外形

低压试电笔由工作触头、电阻、氖管、弹簧和笔身等组成，如图 2-3 所示。

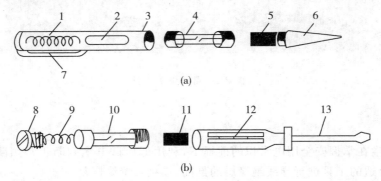

图 2-3　低压试电笔的结构

1,9—弹簧　2,12—观察孔　3—笔身　4,10—氖管　5,11—电阻
6—笔尖探头　7—金属笔挂　8—金属螺钉　13—改锥探头

## 二、试电笔的使用

普通试电笔的测量电压范围为 60～500V。电压低于 60V 时试电笔的氖管可能不会
发光；高于 500V 时不能采用普通试电笔测量，否则容易造成触电。试电笔的使用方法如
图 2-4 所示。

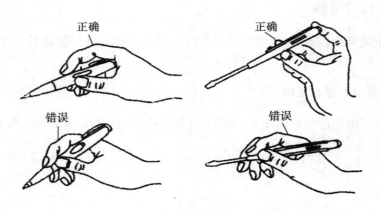

图 2-4　试电笔的使用方法

使用试电笔时,笔尖接触低压带电设备。在测试低压验电器时,必须按照图 2-4 所示的方法把笔握好,注意手指必须接触笔尾的金属体(钢笔式)或试电笔顶端的金属螺钉(旋具式)。此时电流经带电体、电笔、人体到大地形成了通电回路,只要带电体与大地之间的电位差超过一定的数值(60V),电笔中的氖管就可能发出红色的辉光。根据氖管发光的亮度可判断电压的高低。

### 三、试电笔的使用注意事项

(1)使用试电笔之前,首先检查有无安全电阻,再直观检查其是否损坏,有无受潮或进水,检查合格后方可使用。

(2)测试带电体前,一定要先测试已知有电的电源,以检查电笔中的氖管是否正常发光。

(3)在明亮的光线下测试时,往往不易看清氖管的辉光,所以应当避光测试。

(4)试电笔的金属探头多制成螺丝刀形状,但它只能承受很小的扭矩,使用时应特别注意,以防损坏。

(5)验电时,要防止手指触及笔尖的金属部分,以免造成触电事故。

(6)使用完毕后,保持清洁,严防摔碰。

**练一练**:请使用试电笔测量正常照明电路的火线和零线,观察其现象。

## 知识点 2:钳子

### 一、钢丝钳

钢丝钳俗称"老虎钳",有铁柄和绝缘柄两种,电工常用钢丝钳为绝缘柄。常用的有150mm、175mm、200mm、250mm 等多种规格,可根据内线或外线工种需要进行选用。

1. 结构与功能

钢丝钳的结构如图 2-5 所示,包括钳口、齿口、刀口、铡口和钳柄等部分。其用途广泛:钳头上的钳口用来弯铰或钳夹导线线头,齿口可代替扳手用来旋紧或起松螺母,刀口用来剪切导线、剖切软导线绝缘层或掀拔铁钉,铡口用来铡切电线线芯和钢丝、铝线等较硬的金属。

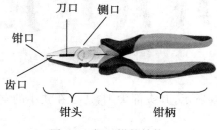

图 2-5　钢丝钳的结构

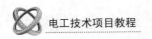

## 2.使用方法

使用钢丝钳应采用拳握法,具体操作如图2-6所示。

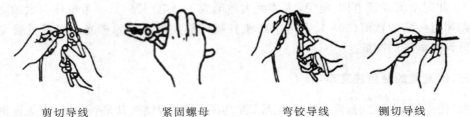

剪切导线　　　　　紧固螺母　　　　　弯铰导线　　　　　铡切导线

图2-6　钢丝钳的使用方法

## 3.使用注意事项

(1)钢丝钳绝缘护套的耐压一般为500V,使用时先检查手柄的绝缘性能是否良好。绝缘护套如果损坏,进行带电操作时会发生触电事故。

(2)带电操作时,手离金属部分的距离应不小于2cm,以确保人身安全。

(3)剪切带电导线时,严禁用刀口同时剪切相线和中性线,或同时剪切两根相线,以免发生短路事故。

(4)钳轴要经常加油,以防生锈。

### 二、尖嘴钳

尖嘴钳是制作和维修工具,既适用于电气仪器的制作和维修操作,又适用于家庭日常修理,使用灵活方便,如图2-7所示。尖嘴钳也有铁柄和绝缘柄两种,绝缘护套的耐压为500V。

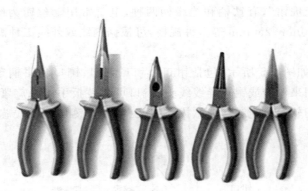

图2-7　尖嘴钳

### 1.结构与功能

尖嘴钳的结构如图2-8所示,其头部尖细,适合在狭小的空间操作。

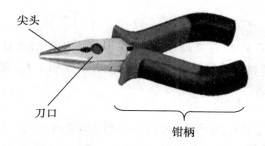

图 2-8 尖嘴钳的结构

主要功能如下：

(1)带有刀口的尖嘴钳能剪切细小金属丝。

(2)尖嘴钳能夹持较小的螺钉、垫圈、导线等元件。

(3)可将单股导线接头弯圈、剖削塑料电线绝缘层,也可用来带电操作低压电气设备。

2.使用注意事项

(1)绝缘护套损坏时,不可带电操作。

(2)为保证安全,手离金属部分的距离应不小于2cm。

(3)钳头比较尖细,且经过热处理,所以钳夹物体不可过大,用力时不要过猛,以防损坏钳头。

(4)注意防潮,钳轴要经常加油,以防生锈。

### 三、断线钳

1.结构与功能

断线钳又叫"斜口钳""扁嘴钳"或"剪线钳",是专供剪断较粗的金属丝、线材及导线、电缆等用的,如图 2-9 所示。其规格以全长表示,有 450mm、600mm、750mm 等几种。它的柄部有铁柄、管柄和绝缘柄之分,电工应用绝缘柄断线钳,绝缘护套的耐压为 1000V。

图 2-9 断线钳

2.使用注意事项

(1)断线钳作为各种线材的手动工具,严禁超范围、超负荷使用。

(2)如果出现两刀片不能完全闭合或错位,造成剪切困难,应调整相应螺栓。

(3)使用过程中及时清除弹簧、齿槽夹带的泥土等杂物。

(4)螺栓松动应及时拧紧,传动部分及时加油润滑。

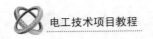 

**四、剥线钳**

剥线钳为内线电工工具,是修理电动机、仪器仪表的常用工具之一,是用来剥除横截面积在 6mm² 以下的塑料或橡胶绝缘导线的绝缘层的专用工具,规格有 140mm、160mm、180mm 三种。

1.结构与功能

剥线钳的结构如图 2-10 所示,由刀口、压线口和钳柄组成。剥线钳的钳柄上套有额定工作电压 500V 的绝缘护套。它的钳口有 0.5～3mm 多个不同口径的刀口。使用时,根据导线直径,选用剥线钳刀口的孔径。

图 2-10 剥线钳

2.使用方法

(1)根据导线的粗细型号,选择相应的剥线刀口。

(2)将准备好的导线放在剥线钳的刀口中间,选择好剥线的长度。

(3)握好剥线工具手柄,将导线夹住,缓缓用力使导线外表皮剥落。

(4)松开工具手柄,取出导线,这时导线里的金属整齐地露出,其余绝缘塑料完好无损。

3.使用注意事项

(1)导线放入钳口时,必须放入比导线直径稍大的刀口,否则,刀口过大绝缘层剥不去,刀口过小则会伤及导线或剪断导线。

(2)维修电工在使用钳子进行带电工作时,必须检查绝缘护套是否良好,以防绝缘护套损坏,发生触电事故。

## 知识点 3:常用旋具和电工刀

**一、常用旋具**

1.螺钉旋具

(1)结构与功能

螺钉旋具又称"螺丝刀"或"改锥",主要用来紧固和拆卸各种螺钉、安装和拆卸电器元件,如图 2-11 所示。螺钉旋具由刀柄和刀体组成。刀柄由木材、塑料和有机玻璃等制成。刀口形状有"一"字和"十"字两种。电工用螺钉旋具的刀体部分一般由绝缘管套住。

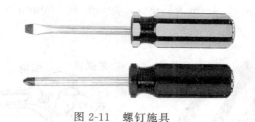

图 2-11　螺钉施具

（2）使用方法

螺钉旋具的使用方法如图 2-12 所示。

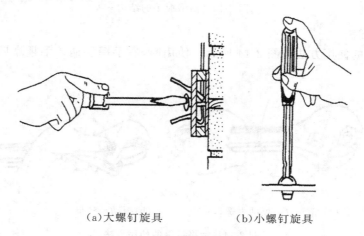

（a）大螺钉旋具　　　　（b）小螺钉旋具

图 2-12　螺钉旋具的使用方法

①大螺钉旋具一般用来紧固较大的螺钉。使用时，除大拇指、食指和中指要夹住握柄，手掌还要顶住柄的末端，这样可防止旋具转动时滑脱。

②小螺钉旋具一般用来紧固电气装置接线桩头上的小螺钉，使用时可用手指顶住木柄的末端捻旋。

（3）使用注意事项

①根据不同规格的螺钉选用不同规格的螺钉旋具。

②使用旋具时，须将旋具头部放至螺钉槽口中，并用力推压螺钉，平稳旋转旋具，不要在槽口中蹭动（特别是拆卸螺钉时），以免磨毛槽口。

③带电作业时，手不可触及旋具的金属杆，以防触电。

④电工螺丝刀不得采用锤击型（金属通杆）。

⑤金属杆应套绝缘管，以防止金属杆触到人体或邻近带电体。

2. 扳　手

扳手分为活络扳手、呆扳手、梅花扳手、两用扳手、套筒扳手、内六角扳手等。

（1）结构与功能

活络扳手是一种旋紧或拧松角螺丝钉或螺母的工具。它由头部和尾部组成，头部又由活络扳唇、呆扳唇、扳口、蜗轮和轴销等组成，如图 2-13 所示。旋转蜗轮可调节扳口大小。它的开口宽度可在一定范围内调节，其规格以长度乘以最大开口宽度来表示，有

150mm×19mm、200mm×24mm、250mm×30mm 和 300mm×36mm 四种,又称 16in、8in、10in 和 12in。

图 2-13　活络扳手的结构

(2)使用方法

活络扳手的使用方法如图 2-14 所示。使用时,右手握手柄。手越靠后,扳动起来越省力。

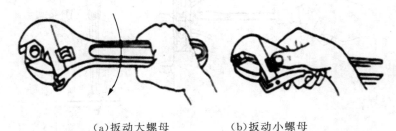

(a)扳动大螺母　　　　　(b)扳动小螺母

图 2-14　活络扳手的使用方法

①扳动大螺母时,需用较大的力矩,手应握在近尾处。

②扳动小螺母时,因需要不断地转动蜗轮以调节扳口的大小,所以,手应握在靠近呆扳唇处,并用大拇指转动蜗轮,以适应螺母的大小。

(3)使用注意事项

①活络扳手的扳口夹持螺母时,呆扳唇在上,活络扳唇在下,切不可反过来使用。

②在扳动生锈的螺母时,可在螺母上滴几滴煤油或机油,这样就比较容易拧动了。

③在拧不动时,切不可采用将钢管套在活络扳手的手柄上来增加扭力,因为这样极易损伤活络扳唇。

**二、电工刀**

1. 结构与功能

电工刀是电工常用的一种用来切割木台缺口、削制木榫的专用工具,如图 2-15 所示。普通的电工刀由刀片、刀刃、刀把、刀挂等构成。不使用时,把刀片收缩在刀把内。刀片根部与刀柄相铰接,其上带有刻度线及刻度标识,前端形成螺丝刀刀头,两面加工有锉刀面区域,刀刃上具有一段内凹形弯刀口,弯刀口末端形成刀口尖,刀柄上设有防止刀片退弹的保护钮。现在又出现了多功能电工刀,除了刀片以外还带有锯子、锥子、扩孔锥、尺子、剪子和开啤酒瓶盖的开瓶扳手等。

图 2-15　电工刀

2.使用方法

剖削导线时,应将刀口朝外剖削。切削导线绝缘层时,应使刀面贴近导线,避免割伤线芯。具体使用方法如图 2-16 所示。

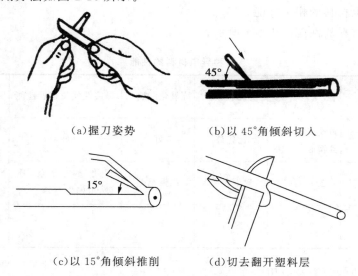

(a)握刀姿势　　　　　　(b)以 45°角倾斜切入

(c)以 15°角倾斜推削　　　(d)切去翻开塑料层

图 2-16　电工刀剖削导线

步骤 1:以 45°角倾斜切入,然后剥去上面一层塑料绝缘。

步骤 2:使刀面以 15°角左右,用力向线端推削,注意不要切入芯线,剥去上面一层塑料绝缘。

步骤 3:翻开塑料层并在根部切去。

3.使用注意事项

(1)使用电工刀时应注意避免伤手,不得传递刀片未折进刀把的电工刀。

(2)刀柄无绝缘保护时,不能用于带电作业,以免造成触电事故。

(3)电工刀操作完毕后,应将刀片折进刀把。

**练一练**:请使用电工刀剖削导线护套绝缘层。

### 知识点 4:导线的连接与绝缘层恢复

各种电线、电缆线是铺设高、低压电力线路的基本材料,射频同轴电缆、双绞线电缆和平行馈线则是设备传输系统的基本材料。

### 一、导线的材料和分类

1.选用导线材料时应考虑的因素

(1)导电性能好,即电阻率小。

(2)不容易被氧化,耐腐蚀性好。

(3)有较好的机械强度,能承受一定的拉力。

(4)延展性好,容易拉制成线材,方便焊接。

(5)资源丰富,价格便宜。

2.各种导电材料的相关性能

各种导电材料的性能如表 2-1 所示。

表 2-1　　　　　　　　　　　各种导电材料的性能

| 材料 | 电阻率 $(\Omega \cdot m)$ | 密度 $(kg/m^3)$ | 机械强度 | 抗氧化和腐蚀 | 焊接性能与延展性能 | 资源与价格 |
|---|---|---|---|---|---|---|
| 铜 | $1.724 \times 10^{-8}$ | 黄铜 $8.5 \times 10^3$<br>纯铜 $8.9 \times 10^3$ | 比铝好 | 好 | 好 | 资源丰富,价格较高 |
| 铝 | $2.864 \times 10^{-8}$ | $2.7 \times 10^3$ | 比铜稍差 | 比铜稍差 | 焊接工艺复杂,质硬,可塑性差 | 资源丰富,价格低廉 |
| 铁 | $10.0 \times 10^{-8}$ | $7.8 \times 10^3$ | 最好 | 差 | 好 | 资源丰富,价格比铝低 |

3.常见导线的分类及应用

电工所用的导线分为两大类,即电磁线和电力线。电磁线用来制作各种线圈,如制作变压器、电动机和电磁铁中的线圈。电力线则用来将各种电路连接成通路。每一大类的导线又分为许多品种和规格。

电磁线按绝缘材料分,有漆包线、丝包线、丝漆包线、纸包线和纱包线等多种;按截面的几何形状分,有圆形和矩形两种;按导线的线芯分,有铜线芯和铝线芯两种。

常用电力线分为绝缘导线和裸导线。

绝缘导线常用于照明电路和各种动力配件系统,即工作在交流 500V 或直流 1000V 的工作环境,其分类及用途如表 2-2 所示。

表 2-2 常用绝缘导线的分类及用途

| 产品名称 | 常用型号 | | 长期工作最高温度(℃) | 用 途 |
|---|---|---|---|---|
| | 铜芯 | 铝芯 | | |
| 聚氯乙烯绝缘导线 | BV | BLV | 65 | 用来作为交直流额定电压为500V及以下的户内照明和动力线路的敷设导线,以及户外沿墙支架线路的架设导线 |
| 橡皮绝缘导线 | BX | BLX | 65 | 固定敷设于室内,可用于室外,也可作设备内部安装用线 |
| 聚氯乙烯绝缘软导线 | BVR | — | 65 | 用于安装时要求柔软的场合 |
| 聚氯乙烯绝缘和护套导线 | BVV | BLVV | 65 | 用于潮湿的机械防护要求较高的场合,可直接埋在土壤中,内有两根或三根线芯 |

常用的裸导线有裸铝线和钢芯铝绞线两种。钢芯铝绞线的强度较高,用于电压较高或电杆间距较大的线路上。一般低压电力线路多采用裸铝线。

### 二、导线的连接

在进行电气线路、设备的安装过程中,如果当导线不够长或要分接支路时,就需要进行导线与导线间的连接,连接方法随芯线的金属材料、股数不同而异。

1. 导线连接的基本要求

导线连接是电工作业的一项基本工序,也是一项十分重要的工序。导线连接的质量直接关系到整个线路能否安全可靠地长期运行。对导线连接的基本要求是:连接牢固可靠、接头电阻小、机械强度高、耐腐蚀、耐氧化、电气绝缘性能好。

2. 导线连接的分类

需连接的导线种类和连接形式不同,其连接的方法也不同。常用的连接方法有绞合连接、紧压连接、焊接等。连接前应小心地剥除导线连接部位的绝缘层,注意不可损伤其芯线。

(1)绞合连接

绞合连接是指将需连接导线的芯线直接紧密绞合在一起。铜导线常用绞合连接。

①单股铜导线的直接连接

小截面单股铜导线的连接方法如图 2-17 所示。先将两导线的芯线、线头作"X"形交叉[见图 2-17(a)],再将它们相互缠绕 2～3 圈后扳直两线头[见图 2-17(b)],然后将每个线头在另一芯线上紧贴密绕 5～6 圈后剪去多余线头即可[见图 2-17(c)]。

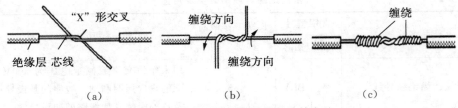

图 2-17  小截面单股铜导线的连接方法

大截面单股铜导线的连接方法如图 2-18 所示。先在两导线的芯线重叠处填入一根相同直径的芯线[见图 2-18(a)],再用一根截面约 1.5mm² 的裸铜线在其上紧密缠绕,缠绕长度为导线直径的 10 倍左右[见图 2-18(b)],然后将被连接导线的芯线线头分别折回,再将两端的缠绕裸铜线继续缠绕 5～6 圈后剪去多余线头即可[见图 2-18(c)]。

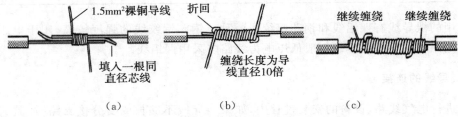

图 2-18  大截面单股铜导线的连接方法

不同截面单股铜导线的连接方法如图 2-19 所示。先将细导线的芯线在粗导线的芯线上紧密缠绕 5～6 圈[见图 2-19(a)],然后将粗导线芯线的线头折回紧压在缠绕层上[见图 2-19(b)],再用细导线芯线在其上继续缠绕 3～4 圈后剪去多余线头即可[见图 2-19(c)]。

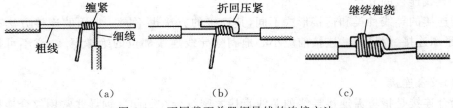

图 2-19  不同截面单股铜导线的连接方法

②单股铜导线的分支连接

单股铜导线的"T"字分支连接如图 2-20 所示,将支路芯线的线头紧密缠绕在干路芯线上 5～8 圈后剪去多余线头即可[见图 2-20(a)]。对于较小截面的芯线,可先将支路芯线的线头在干路芯线上打一个环绕结,再紧密缠绕 5～8 圈后剪去多余线头即可[见图 2-20(b)]。

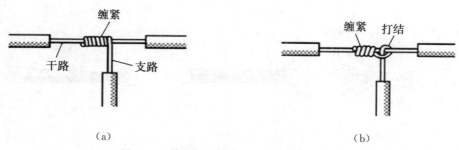

（a）　　　　　　　　　　　　　（b）

图 2-20　单股铜导线的"T"字分支连接方法

单股铜导线的"十"字分支连接如图 2-21 所示，将上、下支路芯线的线头紧密缠绕在干路芯线上 5～8 圈后剪去多余线头即可。可以将上、下支路芯线的线头向一个方向缠绕 [见图 2-21(a)]，也可以向左右两个方向缠绕[见图 2-21(b)]。

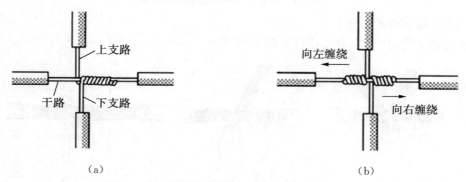

（a）　　　　　　　　　　　　　（b）

图 2-21　单股铜导线的"十"字分支连接方法

③多股铜导线的直接连接

多股铜导线（以七股芯线为例）的直接连接如图 2-22 所示。

a.将剥去绝缘层的多股芯线拉直，将其靠近绝缘层的约 1/3 芯线绞合拧紧，而将其余 2/3 芯线成伞状散开，另一根需连接的导线芯线也如此处理，如图 2-22(a)所示。

b.将两伞状芯线隔根对叉，并将两端芯线拉直，如图 2-22(b)所示。

c.将每一边的芯线线头分作 3 组，先将某一边的第 1 组线头翘起并紧密缠绕在芯线上，如图 2-22(c)所示。缠绕 2 圈后，把余下的芯线向右拉直，再将第 2 组线头翘起并紧密缠绕在芯线上，如图 2-22(d)所示。缠绕 2 圈后，也将余下的芯线向右扳直，把第 3 组的 3 根芯线扳直，与前面两组芯线的方向一致，压着前四根扳直的芯线紧密缠绕，如图 2-22(e)所示。

d.缠绕 3 圈后，切去每组多余的芯线，钳平线端，如图 2-22(f)所示。

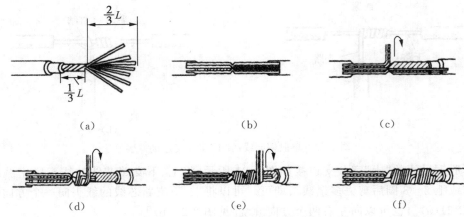

图 2-22 多股铜导线的直接连接方法

④多股铜导线的分支连接

多股铜导线的"T"字分支连接如图 2-23 所示。

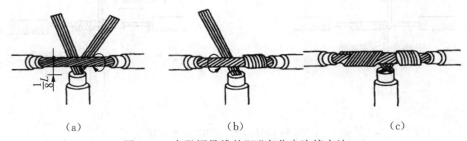

图 2-23 多股铜导线的"T"字分支连接方法

a.把分支芯线散开钳平,将距离绝缘层 1/8 处的芯线绞紧,再把支路线头 7/8 处的芯线分成 4 根和 3 根两组,并排齐;然后用螺钉旋具把干线的芯线撬开分为两组,把支线中 4 根芯线的一组插入干线两组芯线之间,把支线中另外 3 根芯线放在干线芯线的前面,如图 2-23(a)所示。

b.把 3 根芯线的一组在干线右边紧密缠绕 3～4 圈,钳平线端;再把 4 根芯线的一组按相反方向在干线左边紧密缠绕,如图 2-23(b)所示。缠绕 4～5 圈后,钳平线端,如图 2-23(c)所示。

⑤单股铜导线与多股铜导线的连接

单股铜导线与多股铜导线的连接方法如图 2-24 所示。

a.将多股导线的芯线绞合拧紧成单股状,如图 2-24(a)所示。

b.将其紧密缠绕在单股导线的芯线上 5～8 圈,最后将单股芯线线头折回并压紧在缠绕部位即可,如图 2-24(b)所示。

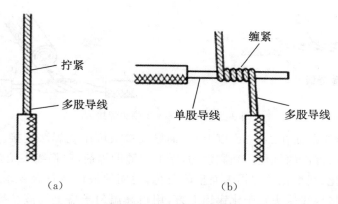

（a）　　　　　　　　　（b）

图 2-24　单股铜导线与多股铜导线的连接方法

（2）紧压连接

紧压连接是指用铜或铝套管套在被连接的芯线上，再用压接钳或压接模具压紧套管，使芯线保持连接。铜导线（一般是较粗的铜导线）和铝导线都可以采用紧压连接，铜导线的连接应采用铜套管，铝导线的连接应采用铝套管。紧压连接前应先清除导线芯线表面和套管内壁上的氧化层和黏污物，以确保接触良好。其方法步骤如下：

①根据多股导线规格选择合适的套管，套管截面有圆形和椭圆形之分。圆截面套管内可以穿入 1 根导线，椭圆截面套管内可以并排穿入 2 根导线。

②用钢丝刷清除铝芯线表面及套管内壁的氧化层或其他污物，并在其外表涂上一层中性凡士林。

③将两根导线线头相对插入套管内，并使两线端穿出套管 25～30mm，如图 2-25（a）所示。

④按图 2-25（b）所示进行压接。压坑的数目与连接点所处的环境有关，通常情况下，室内为 4 个，室外为 6 个。

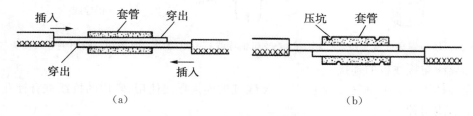

（a）　　　　　　　　　　　　（b）

图 2-25　导线的压接

（3）焊　接

焊接是指将金属（焊锡等焊料或导线本身）熔化融合而使导线连接。电工技术中，导线连接的焊接种类有锡焊、电阻焊、电弧焊、气焊、钎焊等。

①铜导线接头的锡焊。较细的铜导线接头可用大功率（如 150W）电烙铁进行焊接。焊接前应先清除铜导线接头部位的氧化层和黏污物。为提高连接可靠性和机械强度，可将待连接的两根芯线先行绞合，再涂上无酸助焊剂，用电烙铁蘸焊锡进行焊接即可，如图 2-26 所示。焊接中应使焊锡充分熔化渗入导线接头缝隙中，焊接完成的接点应牢固光滑。

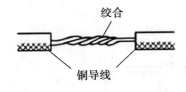
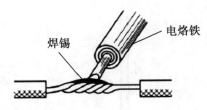

图 2-26  较细铜导线接头焊接

较粗(一般指横截面在 16mm² 以上)的铜导线接头可用浇焊法连接。浇焊前同样应先清除铜导线接头部位的氧化层和黏污物,涂上无酸助焊剂,并将线头绞合。将焊锡放在化锡锅内加热熔化,当熔化的焊锡表面呈磷黄色,说明锡液已达符合要求的温度,即可进行浇焊。浇焊时将导线接头置于化锡锅上方,用耐高温勺子盛上锡液从导线接头上面浇下,如图 2-27 所示。刚开始浇焊时因导线接头温度较低,锡液在接头部位不会很好渗入,应反复浇焊,直至完全焊牢为止。浇焊的接头表面也应光洁平滑。

②铝导线接头的焊接。铝导线接头的焊接一般采用电阻焊或气焊。

电阻焊是指用低电压、大电流通过铝导线的连接处,利用其接触电阻产生的高温、高热将导线的铝芯线熔接在一起。电阻焊应使用特殊的降压变压器(1kVA、初级 220V、次级 6~12V),配以专用焊钳和碳棒电极,如图 2-28 所示。

气焊是指利用气焊枪的高温火焰,将铝芯线的连接点加热,使待连接的铝芯线相互熔化连接。气焊前应将待连接的铝芯线绞合,或用铝丝或铁丝绑扎固定,如图 2-29 所示。

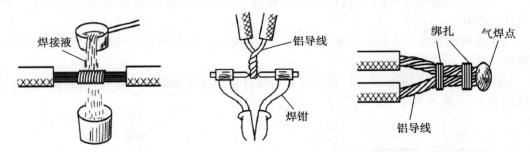

图 2-27  较粗铜导线接头浇焊    图 2-28  较粗铜导线接头电阻焊    图 2-29  较粗铜导线接头气焊

**3.导线与接线桩的连接**

在各种用电器或电气装置上,均有接线桩供连接导线使用,常用的接线桩有针孔式和螺钉平压式两种。

(1)线头与针孔式接线桩头的连接

在针孔式接线桩头上接线时,如果单股芯线与接线桩头插线孔大小适宜,只要把芯线插入针孔,旋紧螺钉即可。如果单股芯线较细,则要把芯线折成双根,再插入针孔,如果是多根细丝的软芯线,必须先绞紧软芯线,再插入针孔,切不可有细丝露在外面,以免发生短路事故,如图 2-30 所示。

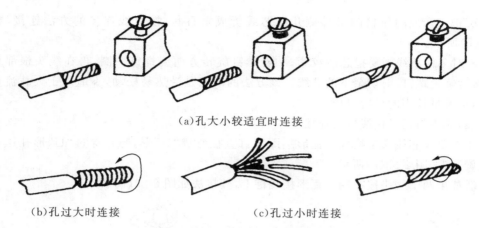

（a）孔大小较适宜时连接

（b）孔过大时连接　　　　　　　（c）孔过小时连接

图 2-30　线头与针孔式接线桩头连接

（2）线头与螺钉平压式接线桩头的连接

①单股导线线头与平压式接线桩连接。

a. 剥去线头绝缘层，在离导线绝缘层根部约 3cm 处向外侧折角，如图 2-31（a）所示。

b. 按略大于螺钉直径弯曲圆弧，再剪去芯线余端并修正圆圈，如图 2-31（b）（c）所示。

c. 把芯线弯成的圆圈套在螺钉上，圆圈弯曲的方向应跟螺钉旋转方向一致，拧紧螺钉，并通过垫圈紧压导线，如图 2-31（d）所示。

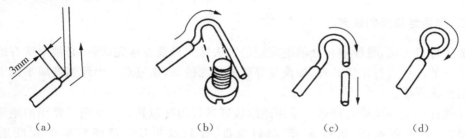

（a）　　　　　　　（b）　　　　　　　（c）　　　　　　　（d）

图 2-31　单股导线线头与平压式接线桩连接

②多段芯线压接圈的弯法。

a. 将芯线线头的 1/2 从根部绞紧，然后在绞紧部分的 1/3 处弯曲圆圈，如图 2-32（a）所示。

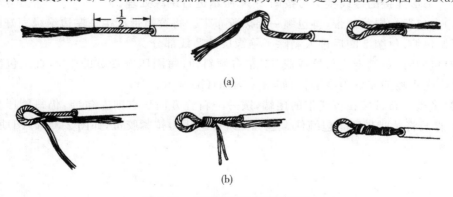

(a)

(b)

图 2-32　多段芯线压接圈的弯法

b.把已弯成的压接圈最外侧几股芯线折成垂直状,按直线连接的方法连接,如图2-32(b)所示。

c.对多根芯线则要把芯线绞紧,顺着螺钉旋转方向绕螺钉一圈,再在线头根部绕一圈,然后旋紧螺钉,剪切余下的芯线。该方法的缺点是受热易松动,不适用于大载流量的连接,载流量较小的场所可用。

(3)线头与瓦形接线桩的连接

①将单股芯线端按略大于瓦形垫圈螺钉直径弯成"U"形,螺钉穿过"U"形孔压在垫圈下旋紧,如图2-33(a)所示。

②如果两个线头接在同一瓦形接线桩上,其接法如图2-33(b)所示。

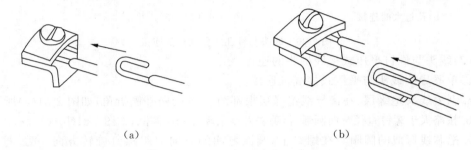

(a)　　　　　　　　　　　　　　　(b)

图2-33　线头与瓦形接线桩连接

### 三、导线绝缘层的恢复

为了进行连接,导线连接处的绝缘层已被去除。导线连接完成后,必须对所有绝缘层已被去除的部位进行绝缘处理,以恢复导线的绝缘性能,恢复后的绝缘强度应不低于导线原有的绝缘强度。

导线连接处的绝缘处理通常采用绝缘胶带进行缠裹包扎。一般电工常用的绝缘胶带有黄蜡带、涤纶薄膜带、黑胶布带、塑料胶带、橡胶胶带等。绝缘胶带的宽度通常为20mm,使用较为方便。

1.一般导线接头的绝缘处理

"一"字形连接的导线接头可按图2-34所示进行绝缘处理。

(1)先包缠一层黄蜡带,再包缠一层黑胶布带。将黄蜡带从接头左边绝缘完好的绝缘层上开始包缠,包缠2圈后进入剥除了绝缘层的芯线部分。

(2)包缠时,黄蜡带应与导线成55°左右倾斜角,每圈压叠带宽的1/2,直至包缠到接头右边2圈距离的完好绝缘层处,如图2-34(a)(b)所示。

(3)将黑胶布带接在黄蜡带的尾端,按另一斜叠方向从右向左包缠,仍每圈压叠带宽的1/2,直至将黄蜡带完全包缠住。包缠处理中应用力拉紧胶带,如图2-34(c)(d)所示。

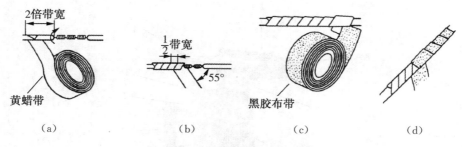

图 2-34　"一"字形接头绝缘处理

注意不可稀疏,更不能露出芯线,以确保绝缘质量和用电安全。对于 220V 线路,也可不用黄蜡带,只用黑胶布带或塑料胶带包缠两层。在潮湿场所应使用聚氯乙烯绝缘胶带或涤纶绝缘胶带。

2."T"字分支接头的绝缘处理

导线分支接头的绝缘处理基本方法同上,"T"字分支接头的包缠方向如图 2-35 所示,走一个"T"字形的来回,使每根导线上都包缠两层绝缘胶带,每根导线都应包缠到完好绝缘层的两倍胶带宽度处。

3."十"字分支接头的绝缘处理

对导线的"十"字分支接头进行绝缘处理时,包缠方向如图 2-36 所示,走一个"十"字形的来回,使每根导线上都包缠两层绝缘胶带,每根导线也都应包缠到完好绝缘层的两倍胶带宽度处。

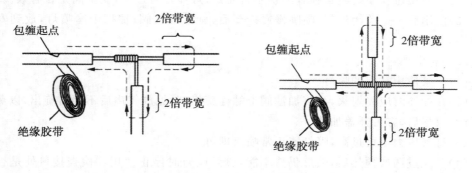

图 2-35　"T"字分支接头绝缘处理　　　　图 2-36　"十"字分支接头绝缘处理

**练一练**:请练习单股导线和多股导线的连接方式,并进行绝缘恢复处理。

## 知识拓展

### 一、喷　灯

喷灯是利用喷射火焰对工件进行加热的一种工具,常用于焊接时加热烙铁、铸造时烘烤砂型、热处理时加热工件、汽车水箱加热解冻等,如图 2-37 所示。按燃料不同,分为汽油喷灯、煤油喷灯和酒精喷灯。

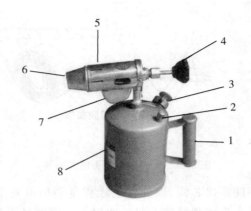

图 2-37　喷　灯
1—手柄　2—加油阀　3—打气阀　4—放油调节阀
5—喷油针孔　6—火焰喷射燃烧盘　7—点火碗　8—筒体

1．使用方法

(1)使用前——检查：油的类型(不能混装)、油量(应少于3/4)；是否漏气(丝扣)、漏油；油桶底部是否变形外凸；气道是否畅通，喷嘴是否堵塞。

(2)使用中——点火：关闭油门，适当打气；点火碗注入煤油点燃，待喷嘴烧热后，逐渐打开油量调节阀(打气时，油桶不能与地面摩擦。火力正常时，不宜多打气。点火时，应在避风处，远离带电设备，喷嘴不能对准易燃物品，人应站在喷灯的一侧，灯与灯之间不能互相点火)。使用过程中要经常检查油量是否充足，灯体是否过热，安全阀是否有效。

(3)使用后——关闭油门，喷嘴慢慢冷却后，旋开放气阀；擦拭干净喷灯，放到安全的地方。

2．注意事项

(1)严禁使用开焊的喷灯。

(2)在加油时应先熄火，再将加油阀上螺栓旋松，听见放气声后不要再旋出，以免油喷出，待气放尽后，方可开盖加油。

(3)打气压力不可过高，喷灯能正常喷火即可。

(4)若经过两次预热后，喷灯仍然不能点燃，应暂时停止使用。检查接口处是否漏气(可用火柴点燃检验)，喷出口是否堵塞(可用探针进行疏通)，灯芯是否完好(灯芯烧焦、变细，应更换)，待修好后方可使用。

(5)喷灯连续使用时间以 $30\sim40\text{min}$ 为宜。使用时间过长，筒体的温度逐渐升高，导致内部压强过大，喷灯会有崩裂的危险，可用冷湿布包住喷灯下端以降低温度。

(6)在使用中，如发现喷灯底部凸起时应立刻停止使用，查找原因(可能使用时间过长、灯体温度过高或喷口堵塞等)并作相应处理后方可使用。

(7)喷灯喷火时，喷嘴前严禁站人。

(8)在熄火后方可进行喷灯的加油、放油和修理。

(9)使用完毕，应将剩余的油气放掉。

### 二、冲击钻

**1.用　途**

冲击钻是依靠旋转和冲击来工作的,如图 2-38 所示,主要适用于在混凝土地面、墙壁、砖块、石料、木板和多层材料上进行冲击打孔。另外,还可以在木材、金属、陶瓷和塑料上进行钻孔和攻牙,并配备有电子调速等功能。

图 2-38　冲击钻

**2.使用方法及注意事项**

(1)操作前必须查看电源是否与电动工具上的常规额定电压(220V)相符,以免错接到 380V 的电源上。

(2)使用冲击钻前仔细检查机体绝缘防护、辅助手柄及深度尺调节等情况,并检查机器有无螺丝松动现象。

(3)冲击钻导线要完好,严禁乱拖,防止轧坏、割破。严禁把电线拖置油水中,以防止油水腐蚀电线。

(4)冲击钻必须按材料要求装入允许范围的合金钢冲击钻头或打孔通用钻头。严禁使用超越范围的钻头。

(5)装夹钻头用力要适当,使用前应空转几分钟,待转动正常后方可使用。

(6)钻孔时应使钻头缓慢接触工件,不可用力过猛,以免折断钻头、烧坏电机。

(7)操作机器时要确保立足稳固,并要随时保持平衡。

(8)使用冲击钻时切记不可用力过猛或出现歪斜操作,事前务必装紧合适钻头并调节好冲击钻深度尺,垂直、平衡操作时要徐徐均匀地用力,不可强行使用超大钻头。

(9)在干燥处使用冲击钻时,严禁戴手套,防止钻头绞住发生意外。在潮湿的地方使用冲击钻时,必须站在橡皮垫或干燥的木板上,以防触电。

(10)使用中如发现冲击钻漏电、振动、过热时,应立即停机,待冷却后再使用。

(11)停电、休息或离开工作地时,应切断电源。

(12)中途更换新钻头,沿原孔洞进行钻孔时,不要突然用力,防止折断钻头发生意外。

(13)登高或在防爆等危险区域内使用时,必须做好安全防护措施。

(14)不许随便乱放。工作完毕时,应将冲击钻及绝缘用品一并放到指定地方。

## 任务实施

### 一、低压验电器的使用

**1. 任务要求**

用低压验电器检测电源的通断和特点。

**2. 任务器材**

低压验电器、电源导线。

**3. 任务内容**

(1)判断低压验电器是否完好。

(2)区别相线和零线。

(3)判断三相四线制电源两导线间是同相还是异相。

(4)区别直流电的正负极性。

请将测试情况记录到表 2-3 中。

表 2-3　　　　　　　　　　　测试情况记录表

| 序号 | 项　目 | 内　容 |
|---|---|---|
| 1 | 区别相线与零线的测试过程 | |
| 2 | 区别导线间是同相还是异相的测试过程 | |
| 3 | 区别直流电的正负极性 | |

**4. 注意事项**

(1)低压验电器应先在已知带电体上使用,证明其完好后方可使用。

(2)使用时,验电器应保持干燥,使其逐渐靠近被测物体,直至氖管发亮。

(3)只有确定氖管不发亮时,人体才可与被测物体接触。

**5. 评分标准**

评分标准如表 2-4 所示。

表 2-4　　　　　　　　　　　评分标准

| 训练内容 | 分值 | 评分标准 | 扣分 | 得分 |
|---|---|---|---|---|
| 电工工具使用 | 20 | 低压验电器使用每错 1 处,扣 5 分 | | |
| 相线与零线测试 | 20 | 测试方法错误,扣 10 分<br>测试结果错误,扣 5 分 | | |
| 导线间同相、异相检测 | 20 | 测试方法错误,扣 10 分<br>测试结果错误,扣 5 分 | | |

续表

| 训练内容 | 分值 | 评分标准 | 扣分 | 得分 |
|---|---|---|---|---|
| 直流电正负极检测 | 20 | 测试方法错误,扣10分<br>测试结果错误,扣5分 | | |
| 安全文明生产 | 20 | 违反安全文明生产规程,扣5~10分 | | |
| 考核时间 | 15min | 每超过5min,扣5分 | | |
| 总成绩 | | 教师评价 | | |

### 二、导线绝缘层的剖削、连接与恢复

**1.任务要求**

完成单股和多股铜芯导线的剖削,并进行"一"字形、"T"字形和"十"字形连接,然后将连接好的各种导线恢复原有的绝缘能力。

**2.任务器材**

钢丝钳、断线钳、电工刀、剥线钳、导线若干、黑胶布带、黄蜡带。

**3.任务内容**

(1)分别使用剥线钳、钢丝钳和电工刀剥离 $1.5mm^2$、$2.5mm^2$ 和 $4.0mm^2$ 导线的绝缘层。

(2)完成铜芯导线的"一"字形、"T"字形和"十"字形连接。

(3)完成导线与柱形端子、瓦形垫圈端子的连接。

(4)将前面连接好的各种导线恢复原有的绝缘能力。

**4.注意事项**

(1)使用电工工具进行导线绝缘层剖削时,注意各工具使用方法及安全措施。

(2)用在380V线路上的导线恢复绝缘时,必须先包缠1~2层黄蜡带,然后再包缠1层黑胶布带。

(3)用在220V线路上的导线恢复绝缘时,先包缠1层黄蜡带,然后再包缠1层黑胶布带,也可只包缠2层黑胶布带。

(4)绝缘胶带包缠时,不能过疏,更不能露出线芯,以免造成触电或短路事故。

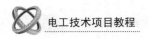

5.评分标准

评分标准如表 2-5 所示。

表 2-5　　　　　　　　　　　　评分标准

| 训练内容 | 分值 | 评分标准 | 扣分 | 得分 |
|---|---|---|---|---|
| 电工工具使用 | 15 | 电工工具使用每错 1 处,扣 4 分 | | |
| 绝缘导线剖削 | 15 | 导线剖削方法错误,扣 5 分<br>导线损伤,每根扣 5 分 | | |
| 导线直线连接 | 40 | 导线缠绕方法错误,扣 20 分<br>导线缠绕不整齐,扣 10 分<br>导线连接不紧、不平直、不圆,扣 10 分 | | |
| 绝缘层恢复 | 20 | 包缠方式错误,扣 10 分<br>包缠过疏,扣 15 分 | | |
| 安全文明生产 | 10 | 违反安全文明生产规程,扣 5～10 分 | | |
| 考核时间 | 20min | 每超过 5min,扣 5 分 | | |
| 总成绩 | | 教师评价 | | |

### 巩固与提高

1.常用电工工具有哪些?

2.如何使用低压验电器区分相线和零线?如何区分交流电和直流电?

3.钢丝钳的钳头都包括什么?各有什么作用?

4.使用电工刀剖削单股塑料铜芯线时,怎样操作才能做到既不损伤线芯又不划伤手?

5.恢复导线绝缘层应掌握哪些基本方法?380V 线路导线的绝缘层应怎样恢复?

# 任务二　常用电工仪表的使用

### 任务导入

在电工作业中,我们经常对电阻、电流、电压、功率、电能等电学量进行测量。测量这些电学量所用的仪器仪表,统称为"电工仪表"。如何合理地选择和使用这些电工仪表,是我们必须掌握的基本技能。常用电工仪表如图 2-39 所示。

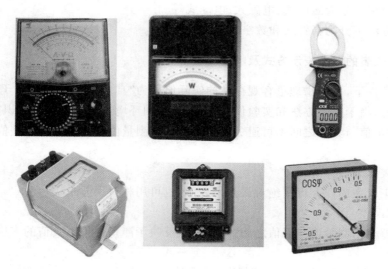

图 2-39 常用电工仪表

**任务描述**

　　要求学生在掌握安全用电常识和常用电工工具使用的前提下,合理选择常用电工仪表进行电阻、电流、电压、功率、电能等电学量的测量。

**实施条件**

　　(1)工作服、安全帽、绝缘鞋等劳保用品,学生每人一套。
　　(2)试电笔、尖嘴钳、螺钉旋具、斜口钳、剥线钳等电工常用工具。
　　(3)万用表、钳形电流表、兆欧表、功率表、电能表等电工仪表。

**相关知识**

## 知识点 1:仪表及其分类

仪表及其分类课件

### 一、电工仪表的分类

　　电工电子仪表仪器是电工电子测量过程中所需技术工具的总称。它的测量对象主要是电学量与磁学量。电学量又可分为电量与电参量,通常要求测量的电量主要有电流、电压、功率、电能、频率等,电参量则有电阻、电容、电感等。磁学量有磁感应强度、磁导率等。
　　电工电子仪表仪器是测量电磁类电量参数的仪表,它的分类有若干个不同的标准。
　　按测量方法可分为比较式和直读式两类。
　　按被测量种类可分为电流表、电压表、功率表、频率表、相位表等。
　　按电流种类可分为直流、交流和交直流两用等。

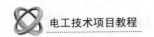

按工作原理可分为磁电式、电磁式、电动式等。

按显示方法可分为指针式和数字式两类。

**二、电工仪表的误差表示方式及精度等级**

在一定条件下,被测物理量客观存在的实际值称为"真值"。真值是一个理想的概念。在实际测量时,由于实验方法和实验设备不完善、周围环境影响以及人们认识能力有限等因素,使得测量值与真值之间不可避免地存在差异。测量值与真值之间的差值称为"测量误差"。

1. 误差表示方式

常用电工仪表的误差可用绝对误差来表示,也可用相对误差来表示。

(1)绝对误差

绝对误差是指测量值与真值之间的差值,它反映了测量值偏离真值的多少,即:

$$\Delta x = A_x - A_0 \tag{2-1}$$

式中,$A_0$ 为被测量实际真值,$A_x$ 为被测量实际值。

(2)相对误差

相对误差反映了测量值偏离真值的程度。

①实际相对误差是指绝对误差 $\Delta x$ 与被测量实际真值 $A_0$ 的百分比,用 $\gamma_A$ 表示,即:

$$\gamma_A = \frac{\Delta x}{A_0} \times 100\% \tag{2-2}$$

②示值相对误差是指绝对误差 $\Delta x$ 与被测量实际值 $A_x$ 的百分比,用 $\gamma_x$ 表示,即:

$$\gamma_x = \frac{\Delta x}{A_x} \times 100\% \tag{2-3}$$

2. 仪表精度等级

为了计算和划分仪表精度等级,引用误差来计算和划分仪表精度等级。

引用相对误差是指绝对误差 $\Delta x$ 与仪表满度值 $A_m$ 的百分比,用 $\gamma_m$ 表示,即:

$$\gamma_m = \frac{\Delta x}{A_m} \times 100\% \tag{2-4}$$

由于 $\gamma_m$ 是用绝对误差 $\Delta x$ 与一个常量 $A_m$(量程上限)的比值所表示,所以实际上给出的是绝对误差,这也是应用最多的表示方法。当 $\Delta x$ 取最大值($\Delta x_m$)时,其满度相对误差常用来确定仪表的精度等级。目前,我国电工仪表精度分为 7 级:0.1、0.2、0.5、1.0、1.5、2.5、5.0 级。

【例 2.1】 某温度计的量程为 0℃~500℃,校验时该表的最大绝对误差为 6℃,试确定该仪表的精度等级。

**解:** 根据题意知 $|\Delta x|_m = 6℃,A_m = 500℃$,得:

$$\gamma_m = \frac{x_m}{A_m} \times 100\% = \frac{6}{500} \times 100\% = 1.2\%$$

该温度计的基本误差介于 1.0% 与 1.5% 之间,因此,该表的精度等级应定位在1.5级。

### 3. 结　论

当仪表准确度等级选定后,测量值越接近满度值时,测量相对误差越小,测量越准确。因此,一般情况下应尽量使指针处在仪表满度值的 2/3 以上区域。但该结论只适用于正向线性刻度的一般电工仪表。对于万用表电阻挡等非线性刻度电工仪表,应尽量使指针处于满度值 1/2 左右的区域。

## 知识点 2:万用表

万用表又称为"复用表""多用表""三用表""繁用表"等,是电力电子等部门不可缺少的测量仪表,一般以测量电压、电流和电阻为主要目的。万用表依显示方式,分为指针式万用表和数字式万用表(见图 2-40)。万用表是一种多功能、多量程的测量仪表,一般可测量直流电流、直流电压、交流电流、交流电压、电阻和音频电平等,有的还可以测量电容量、电感量及半导体的一些参数(如 $\beta$)等。

（a）　　　　　　　　（b）

图 2-40　万用表

### 一、指针式万用表

#### 1. 结　构

MF47 型指针式万用表面板结构如图 2-40(a)所示,主要由表头指针、表盘、机械调零旋钮、转换开关、插孔及干电池组成。

指针式万用表的
使用课件

#### 2. 测量电路原理

万用表的基本原理是利用一只灵敏的磁电式直流电流表(微安表)作表头,当有微小电流通过表头时,就会有电流指示。但表头不能通过大电流,所以,必须在表头上并联与串联一些电阻进行分流和降压,从而测出电路中的电流、电压和电阻,如图 2-41 所示。

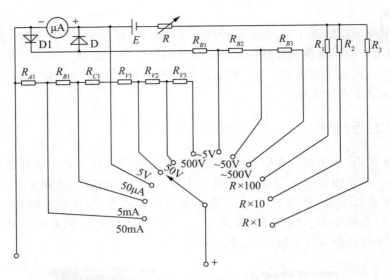

图 2-41　MF47 型万用表测量电路原理图

**3.表头与表盘**

表头是一只高灵敏度的磁电式直流电流表,有万用表心脏之称,万用表的主要性能指标就取决于其性能。

MF47 型万用表表盘的六条标度尺如图 2-42 所示。从上到下依次是电阻标度尺,用"Ω"表示;直流电压、交流电压及直流电流共用标度尺;电容容量标度尺,用"C($\mu$F)"表示;电感量标度尺,用"L(H)50Hz"表示;晶体管共发射极直流电流放大系数标度尺,用"$h_{FE}$"表示;音频电平标度尺,用"dB"表示。标度尺中部装有反光镜,以利于消除视觉误差。

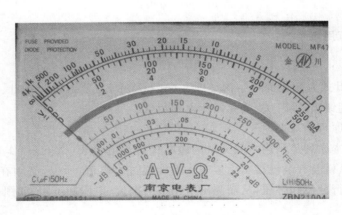

图 2-42　MF47 型万用表表盘

**4.操作方法**

(1)测量前的准备

①打开万用表背面电池盖板,把 1.5V 和 9V 电池各一节装入电池夹内。

②万用表有两支表笔,分别为红色和黑色,测量时将红表笔插入"＋"端,黑表笔插入

"一"端,如图 2-43 所示。

③万用表水平放置,观察表针是否在机械零位。如不指"零",则应旋动机械调零旋钮,使仪表指针准确地指在零点刻度上,如图 2-44 所示。

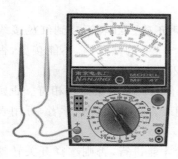

图 2-43　表笔安装

调零旋钮

图 2-44　机械调零

(2)测量直流电阻

①将转换开关旋到电阻挡中适当的电阻倍率(可先用最大量程测量,然后断开测量电路换到合适挡位)。

②将红、黑表笔短接,调整欧姆旋钮,使指针对准欧姆零点,然后进行测量。

③如电阻连接在电路中,应先将电源断开,再将电阻从被测电路中断开或取出。

④将表笔分别接到被测电阻两端。

⑤读出示数。

**电阻值＝指针示数×倍率**

例如:指针示数是 10,倍率(电阻挡)是"×1K",那么电阻值就等于 10kΩ。

⑥当测量电解电容漏电电阻时,可转动开关至"×1K"挡,红表笔必须接电容器负极,黑表笔接电容器正极。

(3)测量交、直流电压

①测交流 10～1000V 或直流 0.25～1000V 时,旋转开关至所需电压挡。当测量值超过 1000V 时,红表笔插入"2500V"插孔,旋转开关至"交、直流 1000V"挡。

②将两表笔分别接到被测电路的两端。

③读出示数。

**交、直流电压值＝每格电压值×格数**

例如:格数指针示数是 10,每格电压值是 50V,那么,交、直流电压值就等于 500V。

(4)测量直流电流

①测量 0.05～500mA 时,旋转开关至合适电流量程即可,测 500mA 以上直流电流时,旋转开关至 500mA 电流量程,而红表笔插入"10A"插孔。

②测量时将万用表串联在被测电路中,且电流为正进负出的方向,即红表笔接流入端,黑表笔接流出端。

③读出示数。

**电流值＝每格电流值×格数**

例如:格数指针示数是 10,每格电流值是 5mA,那么,电流值就等于 50mA。

(5)测量后万用表的放置

①用完万用表后,将旋钮旋至"OFF"挡或电压最高挡。

②将红、黑两表笔从插孔中拔出。

5.注意事项

(1)进行测量前,先检查红、黑表笔连接的位置是否正确。红表笔接到红色接线柱或标有"+"号的插孔内,黑表笔接到黑色接线柱或标有"-"号的插孔内,不能接反,否则在测量直流电量时会因正负极的反接而使指针反转,损坏表头部件。

(2)在表笔连接被测电路之前,一定要查看所选挡位与测量对象是否相符。否则误用挡位和量程,不仅得不到测量结果,而且还会损坏万用表。在此提醒初学者,万用表的损坏往往就是此原因造成的。

(3)测量中若需转换量程,必须在表笔离开电路后才能进行,否则选择开关转动产生的电弧易烧坏选择开关的触点,造成接触不良。

(4)在实际测量中,经常要测量多种电量,每一次测量前要注意根据每次测量任务把选择开关转换到相应的挡位和量程,这是初学者最容易忽略的环节。

**二、数字式万用表**

1.结　构

AT-9205B型数字式万用表面板结构如图 2-40(b)所示,其基本结构由测量线路及相关元器件、液晶显示器、插孔和转换开关组成。AT-9205B型数字万用表性能稳定、可靠性高,且具有高度防震的功能。

数字式万用表
使用课件

2.测量原理

直流数字电压表是数字式万用表的核心部分,各种电量或参数的测量,都是首先经过相应的变换器,将其转化为直流数字电压表可以接收的直流电压,然后送入直流数字电压表,经 A/D 转换器变换为数字量,再经计数器计数并以十进制数字显示出来,如图 2-45所示。

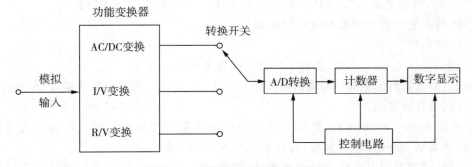

图 2-45　数字式万用表功能方框图

3.操作方法

(1)使用前的检查与注意事项

①将电源开关置于"ON"状态,显示器应有数字或符号显示。若显示器出现低电压

符号"⊟⊞"，应立即更换内置的9V电池。

②表笔插孔旁的"⚠"符号，表示测量时输入电流、电压不得超过量程规定值，否则将损坏内部测量线路。

③测量前旋转开关应置于所需量程。测量交、直流电压或交、直流电流时，若不知被测数值的高低，可将转换开关置于最大量程挡，根据测量值再调整到合适量程重新测量。

④显示器只显示"1"，表示量程选择偏小，转换开关应置于更高量程。

⑤在高压线路上测量电流、电压时，应注意人身安全。

（2）测量直流电压

①将黑表笔插入"COM"插孔，红表笔插入"V/Ω"插孔。

②将功能转换开关置于直流电压范围的合适量程。

③表笔与被测电路并联，红表笔接被测电路高电位端，黑表笔接被测电路低电位端。

（3）测量交流电压

①表笔插法同直流电压的测量。

②将转换开关置于交流电压范围的合适量程。

③测量时表笔与被测电路并联，但红、黑表笔不用分极性。

（4）测量直流电流

①将黑表笔插入"COM"插孔，测量最大值不超过200mA电流时，红表笔插入"mA"插孔；测0.2～20A范围电流时，红表笔应插入"20A"插孔。

②将转换开关置于直流电流范围的合适量程。

③将仪表与被测线路串联，且红表笔接高电位端，黑表笔接低电位端。

（5）测量交流电流

①表笔插法同直流电流的测量。

②将转换开关置于交流电流范围的合适量程。

③将仪表与被测量线路串联，但红、黑表笔不用分极性。

（6）测量电阻

①将黑表笔插入"COM"插孔，红表笔插入"V/Ω"插孔。

②将转换开关置于电阻范围的适当量程。

③红、黑表笔各与被测电阻一端接触。

（7）测量电容

①将转换开关置于电容范围的合适量程。

②将待测电容两脚直接插入"CX"插孔（不用表笔），即可读数。

（8）测量二极管

①将黑表笔插入"COM"插孔，红表笔插入"V/Ω"插孔。

②将转换开关置于"⊣▷⊢"位置。

③红表笔接二极管正极，黑表笔接其负极，即可测出二极管正向导通时电阻的近似值。

（9）测量三极管

①将转换开关置于"$h_{FE}$"位置。

②将已知 PNP 型或 NPN 型晶体管的三只引脚分别插入仪表面板右上方对应插孔（不用表笔），显示器将显示出 $h_{FE}$ 近似值。

**练一练**：请练习用万用表测量交流电压、直流电压、直流电流、电阻阻值、二极管特性等参数。

### 知识点 3：钳形电流表

用万用表测量线路中的电流时，需断开电路将万用表串联在线路中，且一般只能测量较小的电流。钳形电流表是一种便携式仪表，能在不断电的情况下测量大电流。

钳形电流表课件

#### 一、结构与分类

钳形电流表结构如图 2-46 所示，主要由把手、扳手、机械调零钮、电流表和卡口组成。根据其结构及用途，分为互感器式和电磁系两种。

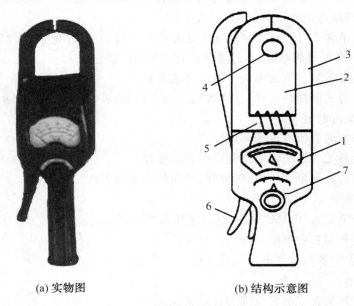

(a) 实物图　　　　　　(b) 结构示意图

图 2-46　钳形电流表结构示意图

1—电流表　2—电流互感器　3—铁芯　4—被测导线
5—二次绕组　6—手柄　7—量程选择开关

常用的是互感器式钳形电流表，由电流互感器和整流系仪表组成。它只能测量交流电流。电磁系仪表可动部分的偏转与电流的极性无关，因此，可以交、直流两用。

#### 二、测量原理

测量时，电流互感器的铁芯在捏紧扳手时可以张开。被测电流所通过的导线可以不必被切断就穿过铁芯张开的缺口,当放开扳手后铁芯闭合。穿过铁芯的被测电路导线就成为电流互感器的一次线圈,其中通过电流便在二次线圈中感应出电流。从而使与二次线圈相连接的电流表有显示——测出被测线路的电流。

### 三、操作方法及注意事项

**1.使用前的检查与注意事项**

（1）检测钳形电流表

使用前,检查钳形电流表有无损坏,指针是否指向零位。如发现没有指向零位,可用小螺丝刀轻轻旋动机械调零旋钮,使指针回到零位上。

检查钳口的开合情况以及钳口面上有无污物。如钳口面上有污物,可用溶剂洗净并擦干;如有锈斑,应轻轻擦去锈斑。

（2）选择合适的量程

测量前应将量程选择旋钮置于合适位置,使测量时指针偏转后能停在精确刻度上,以减少测量的误差。转换量程应在退出导线后进行。

**2.使用方法与技巧**

（1）紧握钳形电流表把手和扳手,按动扳手打开钳口,将被测线路的一根载流电线置于钳口内中心位置,再松开扳手使两钳口表面紧紧贴合,读取示数。

（2）测量电流时,应将被测载流导线置于钳口的中心位置,以免产生误差。

（3）为使读数准确,钳口必须保持良好的接触。当被测导线置于钳口后,若发现有明显的噪声或表针振动现象,应将钳形电流表的手柄转动几次或扳动扳手重新开合几次。若噪声依然存在,则应检查钳口是否有污垢。

（4）被测电流小于5A时,为了得到较准确的读数,若条件允许,可将被测导线绕几圈后套进钳口进行测量。此时,前行电流表读数除以钳口内导线根数,即为实际电流。

（5）不要在测量过程中切换量程。不可用钳形电流表去测量高压电路,否则会引起触电,造成事故。

**3.测量结束**

（1）测量后一定要把量程旋钮置于最大量程挡,以免下次使用时由于未经量程选择而损坏仪表。

（2）为消除铁芯剩磁的影响,应将钳口开合数次。

（3）钳形电流表应存放在干燥的室内,钳口铁芯相接触处应保持清洁和紧密接触。在携带和使用时,应避免其受到震动。

**练一练**:请练习用钳形电流表测量三相异步电动机定子绕组的电流情况(通电状态)。

### 知识点 4:兆欧表

数字兆欧表又叫"摇表""绝缘电阻测试仪",简称"兆欧表",是一种简便、常用的测量高电阻的直读式仪表,可用来测量电路、电机绕组、电缆、电气设备等的绝缘电阻。

兆欧表使用课件

## 一、结  构

兆欧表的种类很多,但其作用原理基本相同。常用 ZC25 型兆欧表外形和结构如图 2-47 所示,主要由手摇发电机、磁电系电流比率表和测量线路组成。手摇发电机的额定输出电压有 250V、500V、1kV、2.5kV、5kV 等几种规格。

 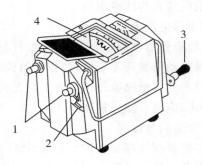

图 2-47　兆欧表外形和结构示意图

1—接线端钮　2—屏蔽端钮　3—手柄　4—刻度盘

## 二、测量原理

ZC25 型兆欧表内部线路如图 2-48 所示。与兆欧表表针相连的有两个线圈,一个同表内的附加电阻 $R_2$ 串联,另一个同被测电阻 $R_1$ 串联,然后一起接到手摇发电机上。当手摇发电机时,两个线圈中同时有电流通过,在两个线圈上产生方向相反的转矩,表针就随着两个转矩的合转矩的大小而偏转某一角度。这个偏转角度取决于两个电流的比值,附加电阻是不变的,所以,电流值仅取决于待测电阻的大小。

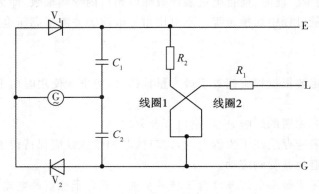

图 2-48　兆欧表内部线路图

## 三、操作方法及注意事项

### 1. 选  择

(1)兆欧表的额定电压一定要与被测电气设备或线路的工作电压相适应。

(2)兆欧表的测量范围要与被测绝缘电阻的范围相符合,以免引起大

兆欧表操作视频

的读数误差。一般测量低压电气设备绝缘电阻时,可选用 0～200MΩ 量程的仪表。测量高压电气设备或电缆时,可选用 0～2000MΩ 量程的仪表。具体量程选择如表 2-6 所示。

表 2-6　　　　　　　　　　兆欧表的量程选择

| 测量对象 | 被测对象额定电压(V) | 所选兆欧表额定电压(V) |
| --- | --- | --- |
| 线圈 | ＜500 | 500 |
| | ≥500 | 1000 |
| 电力变压器和电动机绕组 | ≥500 | 1000～2000 |
| 发电机绕组 | ≤80 | 1000 |
| 电气设备 | ＜500 | 500～1000 |
| | ≥500 | 2500 |
| 绝缘子 | — | 2500～5000 |

**2. 准备工作**

(1)测量前应对兆欧表进行一次开路和短路实验,检查兆欧表是否良好。

开路实验:在兆欧表未接通被测电阻之前,摇动手柄使发电机达到 120r/min 的额定转速,观察指针是否指在标度尺"∞"的位置。

短路实验:将端钮 L 和 E 短接,缓慢摇动手柄,观察指针是否指在标度尺"0"的位置。

(2)在进行测量前,应先切断被测线路或设备电源,并进行充放电(需 2～3min),以保证设备及人身安全。

(3)在进行测量前,应将与被测线路或设备相连的所有仪表和其他设备(如电压表、功率表、电能表及电压互感器等)断开,以免这些仪表及其他设备的电阻影响测量结果。

**3. 接线方法**

(1)兆欧表有 3 个接线端钮,分别标有 L(线路)、E(接地)和 G(屏蔽)。

(2)当测量电力设备对地的绝缘电阻时,应将端钮 L 接到被测设备上,端钮 E 可靠接地即可。

**4. 使用方法**

(1)观测被测设备和线路是否在停电的状态下进行测量,并且兆欧表与被测设备间的连接导线不能用双股绝缘线或绞线,应用单股线分别连接。

(2)将被测设备与兆欧表正确接线。摇动手柄时,应由慢渐快至额定转速 120r/min。

(3)正确读取被测绝缘电阻值的大小。

**5. 测量结束**

(1)测量电容器及较长电缆等设备绝缘电阻时,一旦测量完毕,应立即将端钮 L 的连线断开,以免兆欧表向被测设备放电而损坏仪表。

(2)测量完毕后,在手柄未完全停止转动及被测对象未放电前,切不可用手触及被测设备的测量部分及被拆线路,以免触电。

**练一练:**请练习用兆欧表分别测量线路间的绝缘电阻、线路与地间的绝缘电阻、电动

机定子绕组与机壳间的绝缘电阻、电缆缆芯与缆壳间的绝缘电阻以及变压器的绝缘电阻。

### 知识点5：功率表

功率表使用课件

功率表用于测量直流电路和交流电路的功率，又称"电力表""瓦特表"。在交流电路中，由于测量电流的相数不同，又分为单相功率表和三相功率表。

**一、结　构**

功率表的外观与结构如图2-49所示。它主要由固定线圈（电流线圈）和可动线圈（电压线圈）组成。固定线圈分为相同的两部分，一部分能获得较均匀的磁场，另一部分可得到两种电流量程。在可动线圈的转轴上装有指针和空气阻尼器的阻尼片。游丝除了产生反作用力矩，还起导流的作用（与磁电系仪表相同）。

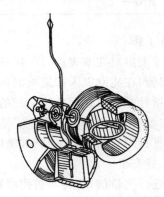

图 2-49　功率表

**二、操作方法及注意事项**

1. 选　择

功率表一般有2个电流量程、2个或3个电压量程。选用不同的电流、电压量程，可获得不同的功率量程。要正确选择功率表的电流、电压量程。在选择功率表时：

（1）要注意功率表线圈最大允许通过的电流和最高能承受的电压。

（2）可先分别测出电路中的电流和电压值，再选择功率表的量程。

2. 接线原则

电动系仪表转矩方向与两线圈的电流方向有关。因此，功率表接线遵守发电机端守则，即同名端守则。同名端又称"电源端""极性端"，通常用符号"＊"或"±"表示。接线时应使两线圈的同名端接在同一极性上，以保证两线圈电流都能从该端子流入。按此原则，正确接线有两种方式，如图2-50所示，图中 $R_S$ 为表头内电阻，$R_L$ 为负载。

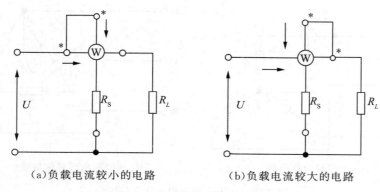

（a）负载电流较小的电路　　　　（b）负载电流较大的电路

图 2-50　功率表的正确接线

**3.测量线路和方法**

**（1）测单相电路功率**

被测电路功率小于功率表量程时,功率表可直接按图 2-50 所示接入电路。若被测电路功率大于功率表量程,必须加接电流互感器与电压互感器以扩大其量程,其电路如图 2-51所示。

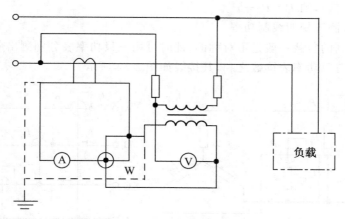

图 2-51　测单相电路功率电路图

这时电路的功率为:

$$P=k_1k_2P_1 \hspace{6em} (2-5)$$

式中,$P$ 为被测功率,$P_1$ 为功率表读数,$k_1$ 为电流互感器比率,$k_2$ 为电压互感器比率。

**（2）一表法测三相对称功率**

用一只单相功率表测得一相功率,然后乘以 3,即得三相负载的总功率,其接线如图 2-52所示。

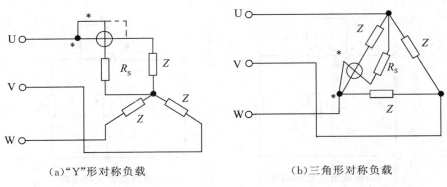

(a)"Y"形对称负载　　　　　　　　(b)三角形对称负载

图 2-52　一表法测三相对称负载接线

（3）二表法测三相三线制功率

二表法适用于测量所有的三相三线制电路的有用功功率，其接线如图 2-53 所示。

①当 $\cos\varphi=1$ 时，负载为纯电阻，此时两表读数相等，$P=2P_1$。

②当 $\cos\varphi=0.5$ 时，两表中有一只表的读数为零，此时 $P=P_1$。

③当 $\cos\varphi<0.5$ 时，两表中有一只表的指针反转，应切断电源，将反转表的电流端子反接（读数为负值），则 $P=P_1-P_2$。

（4）三表法测三相四线制功率

三相四线制的负载一般是不对称的，此时可用三只功率表分别测出各相功率，而三相总功率则等于三只功率表读数之和，其接线如图 2-54 所示。

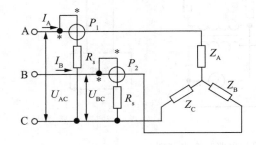

图 2-53　二表法测三相三线制负载接线　　　　图 2-54　三表法测三相四线制负载接线

4.注意事项

（1）选用功率表时应注意功率表的电流量程应大于被测电路的最大工作电流，电压量程也应大于被测电路的最高工作电压。

（2）功率表的表盘刻度只标明分格数，往往不标明功率数。不同电流量程和电压量程的功率表，每个分格所代表功率不一样。在测量时，应将指针所示分格数乘以分格常数，才能得到被测电路的实际功率。

**练一练**：请练习用单相功率表完成一表法、三表法测量三相负载功率。

### 知识点6：电能表

电能表也称为"电度表"，俗称"火表"，是用来计量电气设备所消耗电能的仪表，计量单位为 kW·h，1kW·h 即1度，如图2-55所示。

（a）单相电能表          （b）三相电能表

图2-55 电能表

#### 一、单相电能表的规格

单相电能表可以分为感应式单相电能表和电子式单相电能表两种。感应式单相电能表有十几种型号，虽然其外形和内部元器件的位置可能不同，但采用的方法及工作原理基本相同。常见单相电能表规格如表2-7所示。

表 2-7                     单相电能表规格

| 电能表安数（A） | 2.5 | 5 | 10 | 15 | 20 |
|---|---|---|---|---|---|
| 负载总瓦数（W） | 550 | 1100 | 2200 | 3300 | 4400 |

#### 二、电能表的测量原理

图2-56所示为三相电能表的结构，由电流线圈、电压线圈、铁芯、铝盘、转轴、轴承和数字盘等组成。电流线圈串联于电路中，电压线圈并联于电路中。在用电设备开始消耗电能时，电压线圈和电流线圈产生主磁通穿过铝盘，在铝盘上感应出电涡流并产生转矩，使铝盘转动，带动计数器计算耗电的多少。用电量越大，所产生的转矩就越大，计算出的用电量的数字就越大。

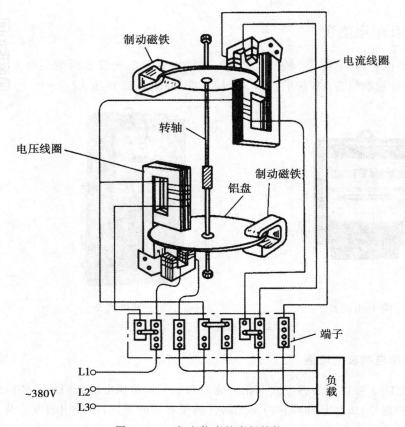

图 2-56　三相电能表的内部结构

（图中标注：制动磁铁、电流线圈、转轴、电压线圈、铝盘、制动磁铁、端子、负载、L1、L2、L3、~380V）

### 三、电能表的选用

单相电能表的选用要根据负载来确定,也就是说,所选电能表的容量或电流是根据计算电路中负载的大小来确定的。容量或电流选择大了,电能表不能正常转动,会因本身存在的误差影响计算结果的准确性;容量或电流选择小了,会有烧毁电能表的可能。一般应使所选用的电能表负载总功率数为实际用电总功率数的 1.25～4 倍。

电能表选择除了考虑电流、容量,还要注意表的内在质量,特别是电能表壳上的铅封是否损坏。一般电能表在出厂前,对表的准确性要进行校验。检查合格后,对电能表的可拆部位做铅封,使用者不得私自将铅封打开。

### 四、单相电能表的接线与安装

单相电能表有 4 个接线桩,从左到右按 1、2、3、4 编号,如图 2-57 所示。直接接线方法一般有两种:跳入式、顺入式。

（1）按编号 1、3 接进线（1 接相线,3 接零线）,2、4 接出线（2 接相线,4 接零线）,此连接方式为跳入式,如图 2-58(a)所示。

（2）按编号 1、2 接进线（1 接相线,2 接零线）,3、4 接出线（3 接相线,4 接零线）,此连接方式为顺入式,如图 2-58(b)所示。

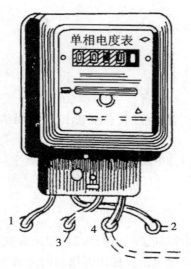

图 2-57　单相电能表接线桩

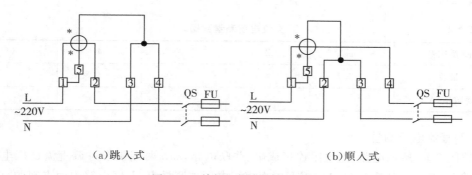

（a）跳入式　　　　　　　　　　（b）顺入式

图 2-58　单相电能表接线桩方法

### 五、电能表的读数

直接接入电路或与所标明的互感器配套使用的电能表,均可直接从电能表上读取被测电能。当电能表上标有"$10 \times kW \cdot h$"或"$100 \times kW \cdot h$"字样时,应将表的读数乘以 10 或 100,才是被测电能的实际值。

### 六、电能表的使用注意事项

(1)电能表接线较复杂,接线前必须分清电能表的电压端子和电流端子,然后按照技术说明书对号接入。对于三相电能表,还必须注意电路的相序,以避免电能表的错接引起错误指示。

(2)电能表只有在额定电压($20\% \sim 120\%$)、额定电流($20\% \sim 120\%$)和额定频率($50Hz$)的条件下工作时,才能保证标准准确度。偏离以上条件时,误差会增大。

(3)电能表不宜在小于规定电流 $5\%$ 和大于额定电流 $150\%$ 的情况下工作。

(4)停用半年以上的电能表应重新校准,长期使用的电能表需 $2 \sim 3$ 年校准一次。

**练一练**:请练习单相电能表跳入式和顺入式接线。

## 任务实施

### 一、万用表的测量

**1.任务要求**

用万用表测量交流电压、直流电压、直流电流、电阻阻值。

**2.任务器材**

验电器、钢丝钳、螺钉旋具、电工刀、尖嘴钳、活络扳手、剥线钳、万用表、交流调压器、直流稳压电源、电阻、面包板。

**3.任务内容**

（1）交流电压测量

测量前，先在实训室总电源处接一个调压器，用来改变工作台上插座盒的交流电源，以供测量使用，由教师调节测量电压。使用万用表的交流电压挡进行测量，并将测试数据填入表2-8中。

表 2-8　　　　　　　　　　　　　　　　交流电压测量数据

| 测量次数 | 1 | 2 | 3 | 4 | 5 |
|---|---|---|---|---|---|
| 量程 | | | | | |
| 读数值（V） | | | | | |

（2）直流电压测量

按图2-59所示电路，把电阻连接成串、并联电路，$a$、$b$两端接在可调直流稳压电源的输出端上，输出电压酌情确定。用万用表直流电压挡测量串、并联电路中两点间的直流电压，并将测量数据填入表2-9中。

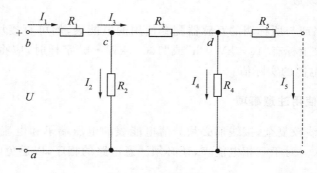

图 2-59　实测电路

**表 2-9** 　　　　　　　　　　　　　　直流电压测量数据

| 电压测量 | $U_{ab}$ | $U_{ac}$ | $U_{ad}$ | $U_{bc}$ | $U_{cb}$ |
|---|---|---|---|---|---|
| 量程 | | | | | |
| 读数值（V） | | | | | |

（3）直流电流测量

在各支路中串入万用表，用直流电流挡测量各支路的直流电流，测量数据填入表 2-10 中。

**表 2-10** 　　　　　　　　　　　　　　直流电流测量数据

| 电流测量 | $I_1$ | $I_2$ | $I_3$ | $I_4$ | $I_5$ |
|---|---|---|---|---|---|
| 量程 | | | | | |
| 读数值（mA） | | | | | |

（4）电阻阻值测量

使用万用表欧姆挡测量，并正确选择欧姆挡的倍率，将给定电阻的测量结果填入表 2-11 中。

**表 2-11** 　　　　　　　　　　　　　　电阻阻值测量数据

| 电阻测量 | 1 | 2 | 3 | 4 | 5 |
|---|---|---|---|---|---|
| 标称值 | | | | | |
| 欧姆挡倍率 | | | | | |
| 读数值（Ω） | | | | | |

4.注意事项

（1）通电工作要经指导教师检查无误且在场的情况下进行。

（2）要注意人体与带电体保持安全距离，手不得触及带电部分。

5.评分标准

评分标准如表 2-12 所示。

**表 2-12** 　　　　　　　　　　　　　　评分标准

| 训练内容 | 分值 | 评分标准 | 扣分 | 得分 |
|---|---|---|---|---|
| 测量交流电压 | 20 | 量程选择错误 1 次，扣 5 分<br>读数错误 1 次，扣 5 分 | | |
| 测量直流电压 | 20 | 量程选择错误 1 次，扣 5 分<br>读数错误 1 次，扣 5 分 | | |

**续表**

| 训练内容 | 分值 | 评分标准 | 扣分 | 得分 |
|---|---|---|---|---|
| 测量直流电流 | 20 | 量程选择错误1次,扣5分<br>读数错误1次,扣5分 | | |
| 测量电阻 | 20 | 量程选择错误1次,扣5分<br>读数错误1次,扣5分 | | |
| 安全文明生产 | 20 | 违反安全文明生产规程,扣5~10分 | | |
| 考核时间 | 30min | 每超过5min,扣5分 | | |
| 总成绩 | | 教师评价 | | |

### 二、钳形电流表、兆欧表的使用

**1. 任务要求**

(1)用钳形电流表测量三相异步电动机定子绕组的电流(通电状态)。

(2)用兆欧表分别测量线路间的绝缘电阻、线路与地间的绝缘电阻、电动机定子绕组与机壳间的绝缘电阻、电缆缆芯与缆壳间的绝缘电阻以及变压器的绝缘电阻。

**2. 任务器材**

验电器、钢丝钳、螺钉旋具、电工刀、尖嘴钳、活络扳手、剥线钳、万用表、钳形电流表、兆欧表、三相电动机、变压器。

**3. 任务内容**

(1)用钳形电流表测量三相异步电动机的电流并判断三相电流是否平衡。

(2)使用MG24型钳形电流表分别测量三相电动机和电源变压器的一次侧电流,将测量的电流数据填入表2-13中。

**表2-13**                           **电流测量数据**

| 测量项目 | 量　程 | 所测得的数据(A) |
|---|---|---|
| 电动机的U相 | | |
| 电动机的V相 | | |
| 电动机的W相 | | |
| 变压器的一次侧电流 | | |

(3)使用ZC25型兆欧表分别测量三相电动机和变压器的绝缘电阻,将绝缘电阻测量数据填入表2-14和表2-15中。

表 2-14                  三相电动机绝缘电阻测量数据

| 测量电动机 | U 对 V | U 对 W | V 对 W | U 对外壳 | V 对外壳 | W 对外壳 |
|---|---|---|---|---|---|---|
| 读数值(MΩ) | | | | | | |

表 2-15                  变压器绝缘电阻测量数据

| 测量变压器 | 一次侧对二次侧 $a$ | 一次侧对二次侧 $b$ | 一次侧对铁芯 | 二次侧 $a$ 对铁芯 | 二次侧 $b$ 对铁芯 |
|---|---|---|---|---|---|
| 读数值(MΩ) | | | | | |

①测量三相电动机的绝缘电阻。

②测量变压器的绝缘电阻。

a. 用兆欧表测定一次侧、二次侧线圈之间的绝缘电阻值。

b. 用兆欧表测定一次侧线圈与铁芯间的绝缘电阻值。

c. 用兆欧表测定二次侧线圈与铁芯间的绝缘电阻值。

4. 注意事项

(1)钳形电流表使用注意事项

①测量前,应检查仪表指针是否在零位。若不在零位,应调至零位。

②测量前,应先估计被测量值的大小,将量程旋钮置于合适的挡位。若测量值暂不能确定,应将量程旋至最高挡,然后根据测量值大小,调整至合适的量程。

③测量电流时,应将被测载流导线置于钳口的中心位置,以免产生误差。

④测量后一定要把量程旋钮置于最大量程挡,以免下次使用时,由于未经量程选择而损坏仪表。

⑤不要在测量过程中切换量程。不可用钳形电流表去测量高压电路,否则会引起触电,造成事故。

⑥为消除铁芯中剩磁的影响,应将钳口开合数次。

(2)兆欧表使用注意事项

①在进行测量前,应先切断被测线路或设备的电源,并进行充放电(需 2～3min),以保证设备及人身安全。

②在进行测量前,应将与被测线路或设备相连的所有仪表和其他设备(如电压表、功率表、电能表及电压互感器等)断开,以免这些仪表及其他设备的电阻影响测量结果。

③兆欧表与被测设备间的连接导线不能用双股绝缘线或绞线,应用单股线分别连接。

④测量电容器及较长电缆等设备的绝缘电阻时,一旦测量完毕,应立即将端钮 L 的连线断开,以免兆欧表向被测设备放电而损坏仪表。

⑤测量完毕后,在手柄未完全停止转动及被测对象未放电前,切不可用手触及被测设备的测量部分及被拆线路,以免触电。

5. 评分标准

评分标准如表 2-16 所示。

表 2-16 评分标准

| 训练内容 | 分值 | 评分标准 | 扣分 | 得分 |
|---|---|---|---|---|
| 钳形电流表使用 | 30 | 量程选择错误,扣 10 分<br>测量结果错误,扣 10 分 | | |
| 兆欧表使用 | 30 | 使用前没有检查仪表,扣 10 分<br>测量时未放平稳,扣 10 分<br>手柄摇动不均匀,扣 10 分 | | |
| 兆欧表测量绝缘电阻 | 30 | 接线错误,扣 5 分<br>读数错误,扣 5 分<br>绝缘体表面未处理干净,扣 10 分<br>没有按规定完成测量,扣 10 分 | | |
| 安全文明生产 | 10 | 违反安全文明生产规程,扣 5～10 分 | | |
| 考核时间 | 50min | 每超过 5min,扣 5 分 | | |
| 总成绩 | | 教师评价 | | |

### 三、功率表和电能表的使用

1. 任务要求

(1)用单相功率表完成一表法、三表法测量三相负载功率。

(2)熟悉单相电能表的构造,并掌握其接线方法。

2. 任务器材

验电器、钢丝钳、螺钉旋具、电工刀、尖嘴钳、活络扳手、剥线钳、万用表、单相功率表、单相电能表、三相刀开关、灯泡、导线。

3. 任务内容

(1)功率表的使用

①用一表法测量三相对称负载的功率。

a. 按图 2-60(a)所示连接好线路。

b. 将单相开关 SA 合上,再合上三相刀开关 QS,用一表法测量三相对称负载的功率,将测量结果填入下面的空白处:

功率表读数 $P_1 = $ _____ ,三相总功率 $P = $ _____ 。

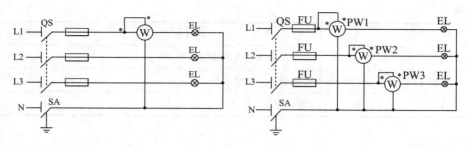

（a）一表法测量三相功率　　　（b）三表法测量三相功率

图 2-60　功率表测功率接线图

②用三表法测量三相不对称负载的功率

a.按图 2-60(b)所示连接好线路。

b.将单相开关 SA 合上,再合上三相刀开关 QS,用三表法测量三相不对称负载的功率,将测量结果填入下面的空白处：

功率表读数 $P_1 = \underline{\hspace{2cm}}$,$P_2 = \underline{\hspace{2cm}}$,$P_3 = \underline{\hspace{2cm}}$;

三相总功率 $P = P_1 + P_2 + P_3 = \underline{\hspace{2cm}}$。

（2）单相电能表的接线

①画出单相电能表的接线。

②按照接线图 2-58 进行接线。接线应安全可靠,布局合理,安装符合从上到下、从左到右的要求。

③接线完毕,经检查无误后,在指导教师的监护下,进行通电实验。通电实验时,应注意使电能表面板与地面垂直放置。

4.注意事项

(1)通电工作要经指导教师检查无误且在场的情况下进行。

(2)要注意人体与带电体保持安全距离,手不得触及带电部分。

(3)实训结束后,清理现场,将实验物品摆放整齐。

5.评分标准

评分标准如表 2-17 所示。

表 2-17　　　　　　　　　　　　　　评分标准

| 训练内容 | 分值 | 评分标准 | 扣分 | 得分 |
|---|---|---|---|---|
| 功率表的接线 | 30 | 线路连接错误,扣 10 分<br>负载安装错误,扣 10 分<br>通电操作步骤错误,扣 10 分 | | |
| 功率表读数 | 30 | 读数错误,扣 30 分 | | |
| 电能表的接线 | 30 | 不能准确画出接线图,扣 20 分<br>接线错误,扣 10 分 | | |

续表

| 训练内容 | 分值 | 评分标准 | 扣分 | 得分 |
|---|---|---|---|---|
| 安全文明生产 | 10 | 违反安全文明生产规程,扣5～10分 | | |
| 考核时间 | 60min | 每超过5min,扣5分 | | |
| 总成绩 | | 教师评价 | | |

## 巩固与提高

1.常用误差表示方式有几种?如何划分仪表精度等级?我国电工仪器仪表精度等级有几种?

2.用1.5级量程为250V的电压表分别测量220V和110V电压,试计算其最大相对误差各为多少?并说明正确选择量程的意义。

3.常见的万用表有几种?如何使用万用表寻找交流电源的火线与零线?

4.如何使用钳形电流表测量电动机的电流?

5.使用钳形电流表测量5A以下电流时应如何测量?

6.兆欧表测量前如何校验?

7.如何选择兆欧表?如何测量电动机的绝缘电阻?

8.画出三表法测三相四线制电路功率的接线图。若三相负载对称,功率表 $W_1$ 的读数为2.5kW,则电路耗用的总功率为多少?

9.画出单相电能表的接线图。若某用户的总负荷为3000W,则最少要选用多少安的电能表?

# 项目三　直流电路的安装与调试

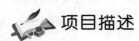 项目描述

　　本项目让学生了解直流电路的组成和功能,识别并检测电路中的常用电子元器件,掌握常用的电路分析方法,会应用其解决实际问题。通过本项目的学习,学生能够独立地设计典型的直流电路并进行安装和调试。

## 教学目标

　　1.能力目标

◆正确识别与检测常用电子元器件。

◆熟练使用焊接工具进行电路焊接。

◆掌握电路的三种工作状态及额定值,并解决实际问题。

◆应用基尔霍夫电压定律解决实际问题。

◆应用学习的方法分析电路和解决问题。

　　2.知识目标

◆掌握常用电子元器件的性能、主要技术参数、选用、识别及检测方法。

◆掌握焊接材料、焊接工具选用方法以及手工焊接工艺。

◆了解电路的组成和功能,理解电路主要物理量的概念。

◆熟悉电路模型和理想电路元件的概念。

◆熟悉电路的基本原理与定律。

◆掌握常用的电路分析方法。

　　3.素质目标

◆培养学生分析问题、解决问题的能力。

◆培养学生的沟通能力及团队协作精神。

◆培养学生爱岗敬业的职业精神和高度责任心。

◆培养学生严格执行工作程序、工作规范、设备安全操作规程的安全意识。

# 任务一  常用电子元器件的识别与焊接

## 任务导入

在电子产品的制作过程中,元器件的安装与焊接非常重要。

在电路中,往往会有很多元器件(见图 3-1),它们有哪些基本特性?有哪些主要参数?如何检测?如何准确选择它们?安装与焊接质量直接影响到电子产品的性能(如准确度、灵敏度、稳定性、可靠性等),有时会因虚焊、焊点脱落等造成电子产品无法正常、稳定工作。那么,在电路板中,常用元器件又是如何焊接的?

图 3-1  电子元器件

## 任务描述

手工安装与焊接技术是电子工作者和爱好者必须掌握的基本技术,要求学生在能识别、检测常用元器件的条件下,可以正确地选择常用元器件并能在电路板中熟练地进行焊接,焊点光滑圆润,不虚焊、短焊。

## 实施条件

(1)常用电子元器件、面包板、电烙铁、锡丝、松香。

(2)试电笔、尖嘴钳、镊子、斜口钳、剥线钳等电工常用工具。

(3)万用表、稳压电源、信号示波器等仪器仪表。

## 相关知识

### 知识点 1：常用电子元器件

电阻色标法视频

#### 一、电　阻

电阻在电路中用"$R$"加数字表示，如 $R_{15}$ 表示编号为 15 的电阻。电阻在电路中的主要作用为分流、限流、分压、偏置、滤波（与电容器组合使用）和阻抗匹配等。常见电阻的部分外形及电路符号如图 3-2 所示。

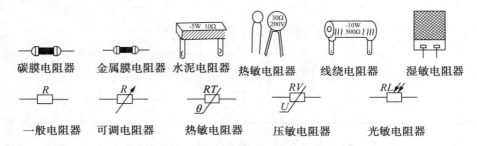

碳膜电阻器　　金属膜电阻器　水泥电阻器　热敏电阻器　　线绕电阻器　　湿敏电阻器

一般电阻器　　可调电阻器　　热敏电阻器　　压敏电阻器　　　光敏电阻器

图 3-2　常见电阻的部分外形及电路符号

电阻的基本单位为欧姆（Ω），还有千欧（kΩ）、兆欧（MΩ）等。换算关系是：$1\text{M}\Omega = 1000\text{k}\Omega = 1000000\Omega$。

电阻的参数标注方法有 3 种，即直标法、色环标注法和数标法。

数标法主要用于贴片等小体积的电路，其中 472 表示 $47 \times 10^2\,\Omega$（即 $4.7\text{k}\Omega$），$10^4$ 则表示 $10\text{k}\Omega$。

色环标注法是用不同颜色的色环表示电阻的阻值和误差，其中四色环电阻、五色环电阻（精密电阻）使用最多，如图 3-3 所示。现以四色环举例说明：靠近电阻端的是第一道色环，其余顺次是二、三、四道色环，第一道色环表示阻值的最大一位数字，第二道色环表示第二位数字，第三道色环表示阻值末应该有几个零，第四道色环表示阻值的误差。色环颜色所代表的数字或者意义如表 3-1 所示。

标称值第一位有效数字
标称值第二位有效数字
标称值有效数字后0的个数
允许误差

红　蓝　灰　银

标称值第一位有效数字
标称值第二位有效数字
标称值第三位有效数字
标称值有效数字后0的个数
允许误差

红　蓝　灰　绿　金

图 3-3　电阻的色环标注

表 3-1　　　　　　　　　　　　电阻色环颜色所代表的数字或意义

| 色别 | 第一色环最大一位数字 | 第二色环第二位数字 | 第三色环应乘的数 | 第四色环误差 |
|---|---|---|---|---|
| 棕 | 1 | 1 | 10 | — |
| 红 | 2 | 2 | 100 | — |
| 橙 | 3 | 3 | 1000 | — |
| 黄 | 4 | 4 | 10000 | — |
| 绿 | 5 | 5 | 100000 | — |
| 蓝 | 6 | 6 | 1000000 | — |
| 紫 | 7 | 7 | 10000000 | — |
| 灰 | 8 | 8 | 100000000 | — |
| 白 | 9 | 9 | 1000000000 | — |
| 黑 | 0 | 0 | 1 | ±5% |
| 金 | — | — | 0.1 | ±10% |
| 银 | — | 0.01 | ±20% | |

　　示例：①在电阻的一端标以彩色环,电阻的色标是由左向右排列的,图 3-4 的电阻为 27000Ω±0.5%。②精密度电阻的色环标志用 5 个色环表示。第 1~3 色环表示电阻的有效数字,第 4 色环表示倍乘数,第 5 色环表示容许偏差,图 3-5 的电阻为 17.5Ω±1%。又比如一个碳质电阻,它有棕、绿、黑三道色环,它的阻值就是 15Ω,误差是 ±20%。

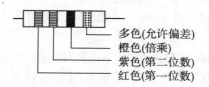

图 3-4　表示 27000Ω±5%

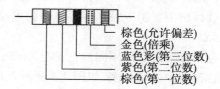

图 3-5　表示 17.5Ω±1%

　　电位器:一种阻值可以连续调节的电阻器,可用来进行阻值、电位的调节。由于它在电路中的作用是获得与输入电压(外加电压)成一定关系的输出电压,因此称为"电位器"。

　　电位器阻值的单位与电阻相同,基本单位也是欧姆,用符号"Ω"表示。电位器在电路中用字母 $R$ 或 $RP$(旧标准用 $W$)表示。电位器的外形和图形符号如图 3-6 所示。

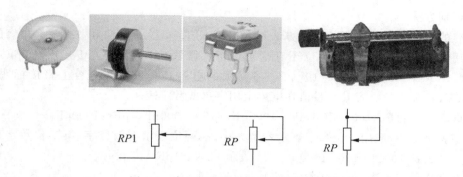

图 3-6　常见电位器的部分外形及电路符号

## 二、电　容

**1. 基本概念**

电容在电路中一般用"$C$"加数字表示，如 $C_{25}$ 表示编号为 25 的电容。电容是由两片金属膜紧靠，中间用绝缘材料隔开而组成的元件（见图 3-7）。电容的特性主要是隔直流、通交流。

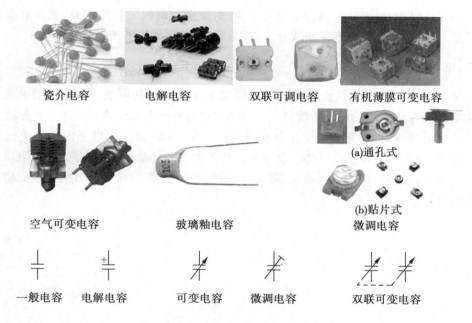

图 3-7　常见电容的部分外形及电路符号

电容容量的大小表示能储存电能的大小。电容对交流信号的阻碍作用称为"容抗"，它与交流信号的频率和电容量有关。容抗 $X_C = \dfrac{1}{2\pi f C}$（$f$ 表示交流信号的频率，$C$ 表示电容容量）。

常用的电容有电解电容、瓷片电容、贴片电容、独石电容、钽电容和涤纶电容等。

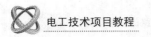

2. 识别方法

电容的识别方法与电阻的识别方法基本相同,分直标法、色标法和数标法。电容的基本单位用法拉(F)表示,其他单位还有毫法(mF)、微法($\mu$F)、纳法(nF)、皮法(pF)等,$1F=10^3mF=10^6\mu F=10^9nF=10^{12}pF$。容量大的电容其容量值在电容上直接标明,如 $10\mu F/16V$,容量小的电容其容量值在电容上用字母或数字表示。

字母表示法:$1F=1000mF,1mF=1000\mu F,1\mu F=1000nF,1nF=1000pF$。

数字表示法:一般用三位数字表示容量大小,前两位表示有效数字,第三位数字是倍率。如 102 表示 $10\times10^2pF=1000pF$;224 表示 $22\times10^4pF=0.22\mu F$。

3. 电容容量误差表(见表 3-2)

表 3-2　　　　　　　　　　　　　　　　电容容量误差表

| 符　号 | F | G | J | K | L | M |
|---|---|---|---|---|---|---|
| 允许误差 | ±1% | ±2% | ±5% | ±10% | ±15% | ±20% |

如一瓷片电容为 104J,表示容量为 $0.1\mu F$、误差为 ±5%。

4. 故障特点

在实际维修中,电容器的故障主要表现为:引脚腐蚀所致的开路故障;脱焊和虚焊所致的开路故障;漏液后造成容量小或开路故障;漏电、严重漏电和击穿故障。

## 三、电　感

电感在电路中常用"$L$"加数字表示,如 $L_6$ 表示编号为 6 的电感。电感线圈由绝缘的导线在绝缘的骨架上绕一定的圈数制成。电感的部分外形及电路符号如图 3-8 所示。

直流可通过线圈,直流电阻就是导线本身的电阻,压降很小。当交流信号通过线圈时,线圈两端将会产生自感电动势。自感电动势的方向与外加电压的方向相反,阻碍交流的通过。所以,电感的特性是通直流、阻交流,频率越高,线圈阻抗越大。电感在电路中可与电容组成振荡电路。

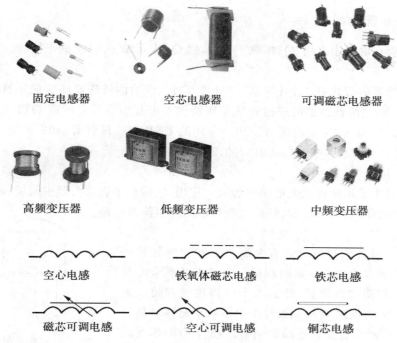

固定电感器　　　空芯电感器　　　可调磁芯电感器

高频变压器　　　低频变压器　　　中频变压器

空心电感　　　　铁氧体磁芯电感　　　铁芯电感

磁芯可调电感　　　空心可调电感　　　铜芯电感

图 3-8　电感的部分外形及电路符号

电感的基本单位为亨（H），$1H=10^3\,mH=10^6\,\mu H$。

电感一般分直标法和色标法。色标法与电阻类似，如棕、黑、金、金表示 $1\mu H$（误差 $\pm5\%$）的电感。

### 四、晶体二极管

晶体二极管在电路中常用"D"加数字表示，如 $D_5$ 表示编号为 5 的二极管。

1. 作　用

二极管的主要特性是单向导电性，也就是在正向电压的作用下，导通电阻很小；而在反向电压作用下，导通电阻极大或无穷大。正因为二极管具有上述特性，无绳电话机中常把它用在整流、隔离、稳压、极性保护、编码控制、调频调制和静噪等电路中。

晶体二极管按作用可分为：整流二极管（如 1N4004）、隔离二极管（如 1N4148）、肖特基二极管（如 BAT85）、发光二极管、稳压二极管等。

2. 识别方法

二极管的识别很简单，小功率二极管的 N 极（负极）在二极管外表大多采用一种色圈标出来，有些二极管也用二极管专用符号来表示 P 极（正极）或 N 极（负极），也有采用符号标志"P""N"来确定二极管极性的。发光二极管的正负极可从其引脚长短来识别，长脚为正，短脚为负。

3. 测试注意事项

用数字式万用表去测二极管时，红表笔接二极管的正极，黑表笔接二极管的负极，此时测得的阻值才是二极管的正向导通阻值，这与指针式万用表的表笔接法刚好相反。

### 五、晶体三极管

晶体三极管在电路中常用"Q"加数字表示,如 $Q_{17}$ 表示编号为 17 的三极管。

#### 1. 特　点

晶体三极管是内部含有 2 个 PN 结,并且具有放大能力的特殊器件。它分 NPN 型和 PNP 型两种类型,这两种类型的三极管从工作特性上可互相弥补。所谓 OTL 电路中的对管,就是 PNP 型和 NPN 型的配对使用。常用的 PNP 型三极管有 A92、9015 等型号;NPN 型三极管有 A42、9014、9018、9013、9012 等型号。

#### 2. 作　用

晶体三极管主要用于在放大电路中起放大作用,应用在多级放大器中间级、低频放大输入级、输出级或作阻抗匹配用高频或宽频带电路及恒流源电路。

#### 3. 识　别

常用晶体三极管的封装形式有金属封装和塑料封装两大类,引脚的排列方式具有一定的规律。对于小功率金属封装三极管,按底视图位置放置,使其 3 个引脚构成等腰三角形的顶点,从左向右依次为 e、b、c;对于中小功率塑料封装三极管,按图 3-9 所示位置使其平面朝向自己,3 个引脚朝下放置,则从左向右也依次为 e、b、c。

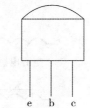

图 3-9　三极管引脚图

**练一练**：电阻色环颜色依次为橙、橙、红、红、棕,阻值为多少?

## 知识点 2：手工焊接技术

焊接实质上是将元器件高质量连接起来最容易实现的方法。

### 一、工　具

焊接常用的工具和材料包括电烙铁、焊料、助焊剂、吸锡器、钢丝钳、万用表等(见图 3-10)。

图 3-10　焊接工具和材料

#### 1. 电烙铁

电烙铁是焊接中最常用的工具,作用是把电能转换成热能对焊接部位进行加热,焊接是否成功很大一部分就是看对它的操控。一般来说,电烙铁的功率越大,热量越大,烙铁头的温度也越高。一般选用 20W 的内热式电烙铁就足够了,使用功率过大容易烧坏元件。一般情况下,二极管、三极管的结点温度超过 200℃就会被烧坏。

（1）烙铁的分类

按功率大小，电烙铁可分为低温烙铁、高温烙铁、恒温烙铁。

低温烙铁通常为 30W、40W 等，主要用于普通焊接。

高温烙铁通常指 60W 或 60W 以上的烙铁，主要用于大面积焊接，如电源线的焊接等。

恒温烙铁又可分为恒温烙铁和温控烙铁（温控烙铁可以调节温度）。温控烙铁主要用于集成电路（IC）或多脚密集组件的焊接，恒温烙铁则用于芯片（CHIP）组件的焊接。

按烙铁头，电烙铁又可分为尖嘴烙铁、斜口烙铁、刀口烙铁。尖嘴烙铁用于普通焊接，斜口烙铁用于 CHIP 组件的焊接，刀口烙铁用于 IC 或多脚密集组件的焊接。

（2）电烙铁的使用与保养

①电烙铁使用前应检查使用电压是否与电烙铁标称电压相符。

②电烙铁应该接地。

③电烙铁通电后不能任意敲击、拆卸及安装其电热部分零件。

④关闭电源后，利用余热在烙铁头上上一层锡，以保护烙铁头。

⑤当烙铁头上有黑色氧化层时，可用砂布擦去，然后通电，并立即上锡。

（3）手动焊接的方法与技巧

①烙铁的握法：为了人体安全，一般情况下，电烙铁离开人体鼻子的距离以 30cm 为宜。电烙铁的握法有三种。反握法[见图 3-11(a)]动作稳定，长时间操作不宜疲劳，适合于大功率电烙铁的操作。正握法[见图 3-11(b)]适合于中等功率烙铁或带弯头电烙铁的操作。一般在工作台上焊印制板等焊件时，多采用握笔法[见图 3-11(c)]。

（a）反握法 （b）正握法 （c）握笔法

图 3-11 电烙铁的握法

②烙铁头与所制电路板（PCB）的理想温度为 45℃。

③在焊接时，先将烙铁头呈 45℃角放在被焊物体上，再将锡丝放在烙铁头上，直到锡完全自然覆盖在焊接组件脚上（时间为 3～5s）。

④焊接完成后，先抽出锡丝，再拿出烙铁，否则待锡凝固后则无法抽出锡丝。

**注意**：焊接时，时间不能太长也不能太短，时间太长容易损坏器件，而时间太短锡丝又不能充分熔化，造成焊点不光滑、不牢固，还可能产生虚焊，一般最合适的是在 1.5～4s 内完成。

2.焊　料

焊料是一种易熔金属，其作用是使元件引脚与印刷电路板的连接点连接在一起。焊料的选择对焊接质量有很大的影响，最常用的一般是锡丝。

3. 助焊剂

助焊剂能使焊锡和元件更好地焊接，一般采用得最多的是松香。

4. 吸锡器

另外值得一提的是吸锡器，对于新手来说它十分实用。初次使用电烙铁，总是容易将焊锡弄得到处都是，吸锡器则可以帮你把电路板上多余的焊锡处理掉。除此之外，吸锡器在拆除元件时也十分有用，它能将焊点全部吸掉。而对于能熟练使用电烙铁的人来说，就完全没有必要了，用电烙铁完全可以代替。

手动吸锡器及使用方法：使用时，先把吸锡器末端的滑杆压入，直至听到"咔"一声，则表明吸锡器已被锁定。再用烙铁对焊点加热，使焊点上的锡熔化，同时将吸锡器靠近焊点，按下吸锡器上面的按钮即可将焊锡吸上，如图 3-12 所示。若一次未吸干净，可重复上述操作。

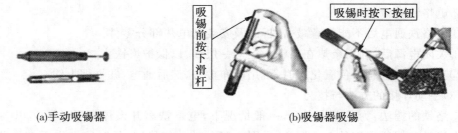

(a)手动吸锡器　　　　　　　　　　　(b)吸锡器吸锡

图 3-12　吸锡器使用方法

## 二、如何焊接元件

1. 焊前处理

焊接前，应对元件引脚或电路板的焊接部位进行焊前处理。可用断锯条制成的小刀刮去金属引线表面的氧化层，使引脚露出金属光泽（见图 3-13）。

对于印刷电路板，可用细砂纸将铜箔打光后，涂上一层松香酒精溶液。

2. 元件镀锡

在刮净的引线上镀锡时，可将引线蘸一下松香酒精溶液后，用带锡的热烙铁头压在引线上，并转动引线，即可在引线上均匀地镀上一层很薄的锡层（见图 3-14）。焊接导线前，应将绝缘外皮剥去，再经过以上处理，才能正式焊接。若是有多股金属丝的导线，打光后应先拧在一起，然后再镀锡。

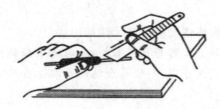

图 3-13　清除焊接部位的氧化层

图 3-14　元件镀锡

电烙铁五步
焊接法视频

### 3.五步焊接法(见图 3-15)

作为一种初学者掌握手工锡焊技术的训练方法,五步法是卓有成效的。正确的五步法分为:

**(a)准备**　　**(b)加热**　　**(c)加焊锡**　　**(d)去焊锡**　　**(e)去烙铁**

图 3-15　五步焊接法

(1)准备施焊:烙铁头和焊锡靠近被焊工件并认准位置,处于随时可以焊接的状态。此时,应保持烙铁头干净、可沾上焊锡。

(2)加热焊件:将烙铁头放在工件上进行加热,即烙铁头接触热容量较大的焊件。

(3)熔化焊锡:将焊锡丝放在工件上,熔化适量的焊锡。在送焊锡过程中,可以先将焊锡接触烙铁头,然后移动焊锡至与烙铁头相对的位置,这样做有利于焊锡的熔化和热量的传导。此时,注意焊锡一定要"润湿"被焊工件表面和整个焊盘。

(4)移开焊锡:待焊锡充满焊盘后,迅速拿开焊锡。也就是待焊锡用量达到要求后,应立即沿着元件引线的方向向上提起焊锡。

(5)移开烙铁:焊锡的扩展范围达到要求后,拿开烙铁。注意撤烙铁的速度要快,撤离时沿着元件引线的方向向上提起。

### 三、焊接质量的检查

焊接时,要保证每个焊点焊接牢固、接触良好。如图 3-16(a)所示,焊点应光亮,圆滑而无毛刺,锡量适中,锡和被焊物融合牢固,没有虚焊和假焊。

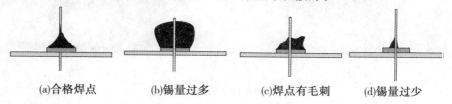

**(a)合格焊点**　　**(b)锡量过多**　　**(c)焊点有毛刺**　　**(d)锡量过少**

图 3-16　焊点质量检查

目视检查:就是从外观上检查焊接质量是否合格。有条件的情况下,建议用 $3\sim10$ 倍放大镜进行目检。

目视检查的主要内容有:

(1)是否有错焊、漏焊、虚焊。

(2)有没有连焊,焊点是否有拉尖现象。

(3)焊盘有没有脱落,焊点有没有裂纹。

（4）焊点外形应良好，焊点表面是不是光亮、圆润。

（5）焊点周围有无残留的焊剂。

（6）焊接部位有无热损伤和机械损伤现象。

手触检查：在外观检查中发现有可疑现象时，采用手触检查。主要是用手指触摸元器件，检查有无松动、焊接不牢的现象，用镊子轻轻拨动焊接部，或夹住元器件引线轻轻拉动，观察有无松动现象。

**四、焊接不良的种类和后果**

**1. 冷　焊**

特点：焊点呈不平滑状态，严重时会在引脚的周围呈现皱纹或开裂现象。

影响：焊点寿命较短，容易在使用一段时间后，因出现焊接不良等现象，而导致功能失效（见图 3-17）。

（a）合格　　　　　　　　　　　　　　　（b）不合格

图 3-17　冷焊

**2. 剪　脚**

要求：零件的引脚吃锡后，其焊点的外引线长度要求为 0.5～2.5mm，如图 3-18（a）所示。

（a）合格　　　　　　　　　　　　　　　（b）不合格

图 3-18　剪脚

剪脚［见图 3-18（b）］过长，则容易造成锡裂、引脚吃锡量不足、安全距离不足。

剪脚过短，容易造成虚焊、假焊。

焊接电路板时，一定要控制好时间。时间太长，电路板将被烧焦，或造成铜箔脱落。从电路板上拆卸元件时，可将烙铁头贴在焊点上，待焊点上的锡熔化后，将元件拔出。

**3. 焊　多**

特点：焊锡量过多，使焊锡点呈外突曲线。

影响：过大的焊点不会给电流的导通起到很好的帮助作用，只会使焊点的强度变弱，还有可能导致假焊(包焊),如图 3-19 所示。

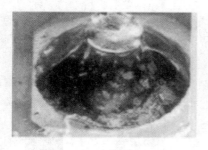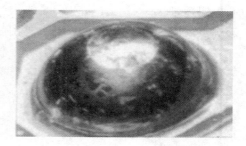

　　　　(a)合格　　　　　　　　　　　(b)不合格

图 3-19　焊多

4.虚焊(空焊)

如组件脚悬空于 PCB 空中,使铜箔和组件脚互不接触[见图 3-20(a)]。

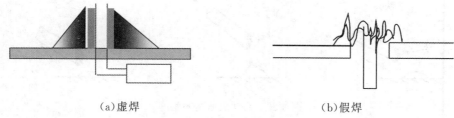

　　(a)虚焊　　　　　　　　　　　　　(b)假焊

图 3-20　虚焊、假焊

虚焊是焊点处只有少量锡焊住,会造成接触不良,时通时断。

5.假　焊

假焊,又称"包焊",是指表面上好像焊住了,但实际上并没有焊上,有时用手一拔,引线就可以从焊点中拔出。其现象有两种:

(1)焊点量大,完全覆盖组件脚,看不出组件脚的形状位置。

(2)焊点是围丘状,且与 PCB 铜箔接触位置有较小间隙[见图 3-20(b)]。

6.连　焊

常见现象为两个不相连的锡点连在一起,或组件脚连在一起,如图 3-21 所示。

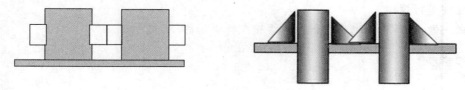

图 3-21　连　焊

想一想:焊接过程中,怎么避免虚焊、假焊?

**五、防虚焊技巧**

(1)保持烙铁头的清洁。

(2)焊前先刮。

（3）焊接温度要适当。

（4）上锡适量。

（5）焊点凝固过程中不要触动焊点（见图 3-22）。

(a)用镊子夹　　　　　　　　　　(b)用嘴吹

图 3-22　焊点凝固过程中的处理

（6）烙铁头撤离时注意角度（见图 3-23）。

图 3-23　烙铁头撤离的角度

**六、如何拆换元件**

拆换元件可用吸锡器完成，将元件管脚上的焊锡全部吸掉。现在的电路板大多做工精细，焊锡使用量很少，很难熔掉，那么我们可以先加点焊锡在管脚上，再利用吸锡器就容易多了。另一个方法就是直接使用电烙铁熔掉焊锡，但这样做存在不小的危险性，既怕焊点没完全被熔掉，又怕接触太久烧坏元件！常用的方法是在加温的时候就用镊子夹住元件外拉。当温度达到时，元件就会被拉出。但切记不要太用力，否则管脚断在焊锡中就麻烦了。为保险起见，两种方法可结合起来使用。因为有时由于元件插孔太小，焊锡很难被吸干净，此时撤走吸锡器就会粘住，形成虚焊，所以可以用电烙铁加热取掉。接下来换上所需元件进行焊接。

**做一做**：进行常用电子元器件的焊接和拆焊训练。

**知识拓展**

**一、常用电子元器件电压、电流的关系**

（1）理想电阻电压、电流的关系：$U=RI$。

（2）理想电感电压、电流的关系：$U=L\dfrac{\mathrm{d}I}{\mathrm{d}t}$。

（3）理想电容电压、电流的关系：$I=C\dfrac{\mathrm{d}U}{\mathrm{d}t}$。

### 二、贴片元件的手工焊接技巧

贴片元件的焊接：先在一个焊盘上点上焊锡，然后放上元件的一头，用镊子夹住元件，焊上一头之后，看看是否放正了；如果已放正，再焊上另外一头即可。

(1)焊前准备：清洗焊盘，然后在焊盘上涂上助焊剂(见图 3-24)。

(2)对角线定位：定位好芯片，点少量焊锡到尖头烙铁上，焊接两个对角位置上的引脚，使芯片固定而不能移动(见图 3-25)。

图 3-24　焊前准备　　　　　　　　图 3-25　对角线定位

(3)平口烙铁拉焊：使用平口烙铁，顺着一个方向烫芯片的管脚。注意力度均匀，速度适中，避免弄歪芯片的脚。另外，注意先拉焊没有定位的两边，这样就不会产生芯片错位。也可以再涂抹一些助焊剂在芯片的管脚上面，以便于焊接，如图 3-26 所示。

(4)用放大镜观察结果：焊完之后，检查一下是否有未焊好的或短路的地方，适当修补，如图 3-27 所示。

图 3-26　平口烙铁接焊　　　　　　图 3-27　用放大镜观察结果

(5)用酒精清洗电路板：用棉签擦拭电路板，主要是将助焊剂擦拭干净即可，如图 3-28所示。

图 3-28　用酒精清洗电路板

### 三、常用电子元器件的焊接要求及顺序

**1. 焊接要求**

（1）电阻器焊接：按要求将电阻器准确装入规定位置。要求标记向上，字向一致。装完同一种规格后再装另一种规格，尽量使电阻器的高低一致。焊完后，将露在印制电路板表面的多余引脚齐根剪去。

（2）电容器焊接：按图将电容器装入规定位置，并注意有极性的电容器的"＋"与"－"极不能接错，电容器上的标记方向要容易辨认。先装玻璃釉电容器、有机介质电容器、瓷介电容器，最后装电解电容器。

（3）二极管焊接：注意阳极、阴极的极性，不能装错；型号标记要容易辨认；焊接立式二极管时，最短引线焊接时间不能超过 2s。

（4）三极管焊接：e、b、c 三引线位置插接正确；焊接时间尽可能短，焊接时用镊子夹住引线脚，以利散热。焊接大功率三极管时，若需加装散热片，应将接触面平整、打磨光滑后再紧固，若要求加垫绝缘薄膜，切勿忘记加薄膜。管脚与电路板需连接时，要用塑料导线。

（5）集成电路焊接：首先按图纸要求，检查型号、引脚位置是否符合要求。焊接时先焊边沿的两只引脚，以使其定位，然后再从左到右、自上而下逐个焊接。对于电容器、二极管、三极管露在印制电路板面上多余的引脚，均需齐根剪去。

**2. 焊接顺序**

元器件装焊顺序依次为：电阻器、电容器、二极管、三极管、集成电路、大功率管，其他元器件顺序为先小后大。

## 任务实施

**学生练习**

（1）使用已经用过的废旧面包板练习焊接和拆焊电子元件。

（2）在熟练焊接电子元件的基础上，练习焊接小型电子产品。

（3）焊接完成后，对电子产品进行调试。

教学课件

## 任务考核与评价

### 考核要点

(1)电烙铁的使用方法。

(2)焊接过程中的注意事项。

(3)焊点是否标准。

(4)焊接调试完成后是否达到要求。

### 评分标准

评分标准如表3-3所示。

表 3-3　　　　　　　　　　评分标准

| 序号 | 考核内容 | 配分 | 扣分 | 得分 |
|------|----------|------|------|------|
| 1 | 严格检验领取的电子元件型号、参数保证是否符合设计要求 | 15 | 0~15 | |
| 2 | 焊点要求圆滑光亮,大小均匀,呈圆锥形 | 20 | 0~20 | |
| 3 | 是否出现虚焊、假焊、漏焊、错焊、连焊、包焊、堆焊、拉尖等现象 | 20 | 0~20 | |
| 4 | 焊接表面应清洁,不能有残渣存在 | 5 | 0~5 | |
| 5 | 电路板焊接不允许有铜箔翘起、断裂现象 | 15 | 0~15 | |
| 6 | 焊接完必须认真检查,确保焊接准确,调试后达到设计要求 | 20 | 0~20 | |
| 7 | 桌面工具、元器件、电路板摆放有序,禁止乱放 | 5 | 0~5 | |
| 教师评价 | | 总分 | | |

# 任务二　直流电路的安装测量

## 任务导入

日常生活中的照明电路是怎样连接的?由哪些部分组成?如果家里的照明电路出现了故障,我们该怎么检测并找出故障原因?

## 任务描述

要求学生自己按照电路图连接、安装电路,通过改变参数测量电流参数的改变,并会用仪表测量电路中的电压和电流,检测理论值和测量值是否相符合,对于电路中可能出现的故障进行诊断、维修。

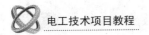

### 相关知识

### 知识点1：电路的概念及基本物理量

#### 一、电　路

1.电路的概念

电流所流过的路径称为"电路"，它是为了某种需要由电工设备或元件按一定方式组合起来的。

典型的生产任务：电路的结构形式和能完成的任务是多种多样的，最典型的是照明电路和手电筒电路。照明电路示意图如图3-29和图3-30所示。

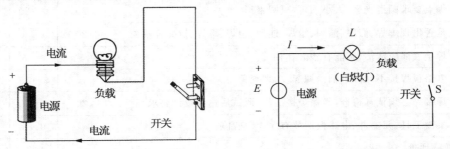

图3-29　照明电路实物图　　　　　　图3-30　照明电路原理图

手电筒电路如图3-31所示，外观及结构图如图3-32所示。

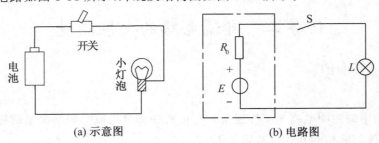

(a) 示意图　　　　　(b) 电路图

图3-31　手电筒电路

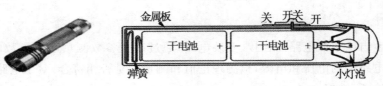

图3-32　手电筒外观及结构图

2.电路的组成

电源:可把其他形式的能量转换成电能,是电路中电能的来源。如干电池将化学能转换成电能,发电机将机械能转换成电能等。在电路中起激励作用,在它的作用下产生电流与电压。电源主要包括发电机、干电池、蓄电池等。

负载:是电路中的用电设备,它把电能转换成其他形式的能量。如白炽灯将电能转换成热能和光能,电动机将电能转换成机械能。

中间环节:传递信号、传输、控制、分配电能。如连接导线、控制和保护电路的元件、开关、按钮熔断器、接触器、继电器等,它们将电源和负载连接起来,形成电流通路。

3.电路的作用和分类

作用:进行电能和其他形式能量之间的转换。

分类:根据能量转换的侧重点不同,电路大体可以分为两大类。

(1)用于电能的传送、分配与转换——电力电路

电厂的发电机生产电能,通过变压器、输电线等送至用户,并通过负载把电能转换成其他形式的能量,这就组成了一个十分复杂的供电系统,这类电路就是电力电路。对这类电路的主要要求是传送的电功率要足够大、效率要高等。

(2)用于信息的传递和处理——信号电路

各种测量仪器、计算机、自动控制设备以及日常生活中的收音机、电视机等电子电路,都属于信号电路。对信号电路的主要要求是电信号不失真、抗干扰能力强等。

## 二、电路模型

实际使用的电路都是由实际的元器件组成的,不同的元器件具有不同的电磁性质。以电阻器为例,使用电阻器是要利用它对电流呈现阻力的性质,与此同时,电阻器将电能转换成热能,这种性质称为“电阻性”。除此之外,电流通过电阻会产生磁场,具有电感性;还会产生电场,具有电容性。如果把所有这些电磁特性都考虑进去,会使电路的分析与计算变得非常繁琐,甚至难以进行。因此,为了便于使用数学方法对电路进行分析,可将电路实体中的各种电器设备和元器件用一些能够表征它们主要电磁特性的理想元件(模型)来代替,而对其实际上的结构、材料、形状等非电磁特性不予考虑。于是,引入理想化电路元件的概念。

1.理想化电路元件(简称“电路元件”)

在一定条件下,忽略实际电工设备和电子元器件的一些次要性质,只保留它的一个主要性质,并用一个足以反映该主要性质的模型——理想化电路元件来表示。

**注意**:每一种理想化电路元件只具有一种电磁性质。如理想化电阻元件只具有电阻性,理想化电感元件只具有电感性,理想化电容元件只具有电容性。图 3-33 是几种常用的理想化电路元件的图形符号和文字符号。

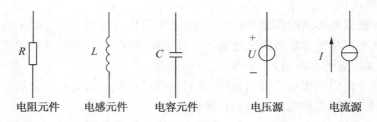

图 3-33　理想化电路元件的符号

一些电工设备或电子元器件只需用一种电路元件模型来表示,而某些电工设备或电子元器件则需用几种电路元件模型的组合来表示。如干电池这样的直流电源,既有一定的电动势又有一定的内阻,可以用电压源与电阻元件的串联组合来表示。

2.电路模型

对于实际电器元件,只考虑其主要物理性质,并近似看成理想元件,就是将实际元件等效成电路模型。

**注意**:电路模型中的导线也是理想化的导体,电阻为零。

图 3-31(b)就是图 3-31(a)所示的手电筒电路的电路模型。

电路模型具有普遍的使用意义。如电压源 $E$ 和电阻元件 $R_0$ 的串联组合,既可以表示干电池又可以表示任何直流电源;电阻元件 $R$,既可以表示白炽灯又可以表示电阻炉、电烙铁等电热器,所不同的只是它们的参数(电阻值)不一样。

理想电路元件通常分为理想无源元件和理想有源元件。理想无源元件包括理想电阻元件(电阻)、理想电容元件(电容)、理想电感元件(电感);理想有源元件包括理想电压源和理想电流源。

### 三、电流和电压的参考方向

电流和电压是表示电路状态及对电路进行定量分析的基本物理量。

1.电流的参考方向

(1)电流的形成:带电微粒有规则的定向运动形成电流。

(2)电流的大小:在直流电路中,假设在 $t$ 时间内,通过导体横截面的电荷量是 $Q$,则电流用 $I$ 表示为:

电压和电流参考
方向用法视频

$$I = \frac{Q}{t}$$

电流的单位为安培(A)。

(3)电流的方向:规定电流的实际方向为正电荷定向运动的方向。

在复杂电路中,一段电路中电流的实际方向有时很难预先确定。出于分析和计算的需要,引入了参考方向的概念

(4)参考方向:参考方向又称"假定正方向",就是在一段电路里,电流可能的两个实际方向中,任意选择一个作为标准或者说作为参考,并用实线箭头标出,如图 3-34 所示。

当电流的实际方向与该参考方向相同时,电流 $I$ 为正值($I>0$);当电流的实际方向与该参考方向相反时,电流 $I$ 为负值($I<0$)。

　　(a)实际方向与参考方向相同　　　　(b)实际方向与参考方向相反

图 3-34　电流的参考方向

总结:电流的参考方向是人为规定的;在选定了电流的参考方向之后,电流 $I$ 是一个代数量,可正、可负;参考方向与该代数量结合,便可确定电流的实际方向。

**想一想**:若不设参考方向,说某电流是＋2A 或 －2A 是否有意义?

电流对负载有各种不同的作用和效应,但热和磁效应总是伴随着一起发生(见图 3-35)的。

| 热效应<br>总是出现 | 磁效应<br>总是出现 | 光效应在气体和一些半导体中出现 | 化学效应在导电的溶液中出现 | 对人体生命的效应 |
|---|---|---|---|---|
| 电熨斗、电烙铁、熔断器 | 继电器线圈、开关装置 | 白炽灯、发光二极管 | 蓄电池的充电过程 | 事故、动物麻醉 |

图 3-35　电流的效应

**2.电压的参考方向**

(1)电压的定义:电压是衡量电场力推动正电荷运动的物理量。电路中 $A$、$B$ 两点之间的电压,在数值上等于电场力把单位正电荷从 $A$ 点移动到 $B$ 点所做的功,表达式为:

$$U_{AB}=\frac{W_{AB}}{Q}$$

(2)电压的方向:规定电压的实际方向为从高电位点指向低电位点。

在分析、计算电路问题时,往往难以预先知道一段电路两端电压的实际方向。为此,对电压也要选取参考方向。

(3)电压的参考方向:电压的参考方向也是假定的实际方向,有两种表示方法。

①用"＋""－"号分别表示假设的高电位点和低电位点。

②用双下标字母表示,如 $U_{AB}$,第一个下标字母 $A$ 表示假设的高电位点,第二个下标字母 $B$ 表示假设的低电位点,如图 3-36 所示。

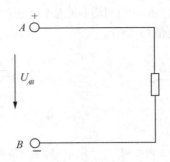

图 3-36　电压的表示方法

当电压的实际方向与参考方向一致时,电压是正值;不一致时,电压是负值。

③电流、电压的关联参考方向:电流、电压的参考方向可以任意选取,但是为了分析、计算的方便,对于同一段电路的电流和电压往往采用彼此关联的参考方向。

关联参考方向:电流、电压的关联参考方向就是指两者的参考方向一致,如图 3-37(a)所示。电阻元件端电压与电流的关系式是:

$$I = \frac{U}{R}$$

非关联参考方向:电流、电压的参考方向不一致,如图 3-37(b)所示。电阻元件端电压与电流的关系式是:

关联参考方向
视频

$$I = -\frac{U}{R}$$

为了简便,今后在分析、计算电路时,同一段电路的电流、电压一般均取关联参考方向。

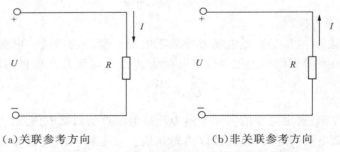

（a)关联参考方向　　　　　　　（b)非关联参考方向

图 3-37　电压和电流的关联和非关联参考方向

【例 3.1】　电路如图 3-38 所示,各段电路的电压、电流参考方向均已表示在图中,且知 $I_1 = 3A$, $I_2 = -2A$, $I_3 = 5A$, $U_1 = -10V$。

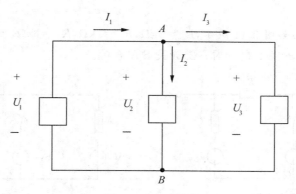

图 3-38 电路图

(1)指出哪一段电路电流、电压的参考方向关联一致,哪一段非关联一致;

(2)指出各段电路中电流的实际方向;

(3)确定 $AB$ 段电压的实际方向。

**解**:通过本例题进一步加深对电流、电压参考方向的理解。

(1)$U_2$ 和 $I_2$、$U_3$ 和 $I_3$ 都是关联参考方向,$U_1$ 和 $I_1$ 是非关联参考方向。

(2)电流 $I_1$、$I_3$ 为正值,表明它们的实际方向与图示的参考方向相同。$I_2$ 为负值,表明其实际方向与图示的参考方向相反,是流入 $A$ 点的。

(3)$U_1$ 为负值,表明其实际方向与图示的参考方向相反,即 $B$ 点是实际的高电位点,而 $A$ 点是低电位点,该段电压的实际方向是从 $B$ 点指向 $A$ 点。

### 四、电路中各点电位的计算

**1. 电 位**

(1)定义:电路中某一点的电位就是该点和参考点之间的电压。

(2)参考点:参考点的电位为零。电位参考点所在的导线常称为"地线"。电位参考点的图形符号如图 3-39 和图 3-40 中 $D$ 点处所示。在电路分析中,通常选取多条导线的交汇点作为电位参考点。

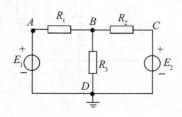

图 3-39 电位的计算

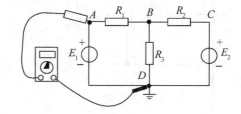

图 3-40 电位的测量

(3)优点:能够使表示电路状态的参数大为减少;简化电路的绘制——电位标注法。

(4)方法:先确定电路的电位参考点;用标明电源端极性及电位数值的方法表示电源的作用;略去电路中的地线,用接地点代替,并标注接地符号,省去电源与接地点的连线。

## 2.电位的计算

【例3.2】 电路如图3-41所示，$R_1=3\mathrm{k}\Omega$，$R_2=1\mathrm{k}\Omega$，$R_3=1\mathrm{k}\Omega$，计算以下两种情况下 $A$ 点的电位 $V_A$：(1)开关 S 断开时；(2)开关 S 闭合时。

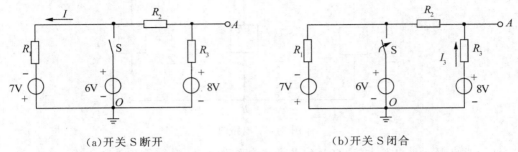

（a)开关 S 断开          （b)开关 S 闭合

图 3-41　电路图

**解**：(1)S 断开时,电流为：

$$I=\frac{8+7}{R_1+R_2+R_3}=\frac{15}{3+1+1}=3(\mathrm{mA})$$

$A$ 点电位：$V_A=U_{AO}=8-I\times R_3=8-3\times1=5(\mathrm{V})$。

(2)S 闭合时,对右侧回路列 KVL 方程,有：

$$I_3\times R_3+I_3\times R_2=8+6$$

$A$ 点电位：$V_A=U_{AO}=8-I_3\times R_3=7(\mathrm{V})$。

**做一做**：电位大小的判别。

(1)电路如图3-42所示,求 $A$、$B$ 点的电位;若在 $A$、$B$ 点之间连接一个 $4\Omega$ 电阻,请问 $A$、$B$ 点的电位有无变化?

(2)电路如图3-43所示,$E_1=21\mathrm{V}$,$E_2=12\mathrm{V}$,$R_0=0.5\Omega$,$R_1=R_2=4\Omega$,分别在以 $A$ 点、$B$ 点为参考电位点的情况下引入电位简化电路并画出电路图。

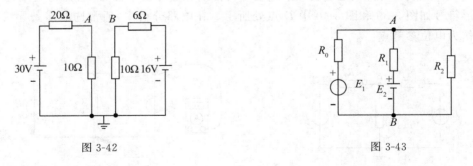

图 3-42          图 3-43

## 五、电源的电动势

(1)物理意义:电动势是衡量电源内部的电源力对电荷做功能力的物理量。

(2)定义:电动势 $E$ 在数值上等于电源力把单位正电荷从电源负极经过电源内部到达正极所做的功。单位为伏特(V),如图3-44所示。

(3)电动势的方向:规定电动势的真实方向是指向电位升高的方向,即从电源的负极指向电源的正极。

（4）电源的电动势与电源端电压的关系：当电源不接负载时，选择电压 $U_{AB}$ 的参考方向自电源正极指向电源负极，则电源的电动势与电源的开路电压大小相等，如图 3-45 所示。

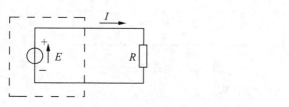

图 3-44　电源电动势　　　　　　　　　图 3-45　电动势和电压的关系

**练一练**：电压、电位、电动势三个物理量有什么不同？

### 六、电功率

（1）定义：一段电路或某一电路元件在单位时间内所吸收（消耗）或提供（产生）的电能称为"电功率"。

在直流电路中，电功率为：$P=UI$。单位为瓦特（W）。1W 功率等于每秒吸收或提供 1J 的能量。电功率可利用功率表测量。

（2）功率的正负及物理意义（分两种情况）：

①电流和电压取关联参考方向：如果 $P$ 是正值，则表明这一段电路是吸收电功率的；如果 $P$ 是负值，则表明这一段电路是提供电功率的，如图 3-46(a)所示。

②电流和电压取非关联参考方向：如果 $P$ 是正值，则这一段电路是提供电功率的；如果 $P$ 是负值，则表明这一段电路是吸收电功率的，如图 3-46(b)所示。

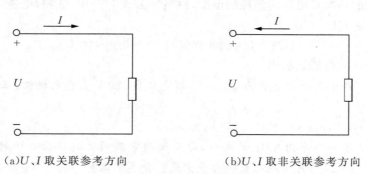

（a）$U$、$I$ 取关联参考方向　　　　　（b）$U$、$I$ 取非关联参考方向

图 3-46　电功率的正负

【**例 3.3**】　电路如图 3-47 所示，$I=4A$，$U_1=5V$，$U_2=3V$，$U_3=-2V$。计算各元件的功率，并指出是吸收还是提供电功率。

**解**：方法一：通过本例题的计算，进一步掌握判断一个元件或一段电路是提供还是吸收电功率的方法。

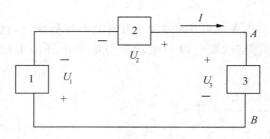

图 3-47　电路图

元件 1：$P_1=U_1\times I=5\times 4=20(\text{W})$。

$U_1$ 和 $I$ 为关联参考方向，$P>0$，是吸收电功率。

元件 2：$P_2=U_2\times I=3\times 4=12(\text{W})$。

$U_2$ 和 $I$ 为非关联参考方向，$P>0$，是提供电功率。

元件 3：$P_3=U_3\times I=(-2)\times 4=-8(\text{W})$。

$U_3$ 和 $I$ 为关联参考方向，$P<0$，是提供电功率。

整个电路吸收的电功率等于提供的总电功率，满足功率平衡关系。

方法二：可以在确定一段电路中电流、电压的实际方向之后，判断该段电路是吸收或提供电功率。当 $U$ 与 $I$ 的实际方向一致时，该段电路吸收电功率；反之，提供电功率。以元件 3 为例，电流 $I>0$，表明它的实际方向与图示正方向相同。电压 $U<0$，表明它的实际方向与图示正方向相反，$A$ 是低电位点、$B$ 是高电位点。$U$ 与 $I$ 的实际方向相反，电流（正电荷）自低电位点向高电位点移动，电位能增加，该元件是一个电源，提供电功率。

### 七、电　能

电场力做的功就是电路所消耗的电能，由电压公式 $U=W/Q$ 知，电能 $W=QU$，由于 $Q=It$，所以 $W=QU=UIt$。

$$1\text{kW}\cdot\text{h}=1000\text{W}\times 3600\text{s}=3.6\times 10^6\text{J}$$

电能可直接用电能表测出。

【例 3.4】　每千瓦时的电费为 0.45 元，额定功率 120W 彩色电视机，正常工作 5 小时的电费为多少？

解：电费 $=0.12\times 5\times 0.45=0.27(\text{元})$。

【例 3.5】　有一功率为 60W 的电灯，每天使用它照明的时间为 4 小时，如果平均每月按 30 天计算，那么每月消耗的电能为多少度？合多少焦？

解：该电灯平均每月工作时间 $t=4\times 30=120(\text{h})$，则 $W=P\cdot t=60\times 120=7200(\text{W}\cdot\text{h})=7.2(\text{kW}\cdot\text{h})$，即每月消耗的电能为 7.2 度，约合：$3.6\times 10^6\times 7.2\approx 2.6\times 10^7(\text{J})$。

### 八、电路的三种工作状态

1. 通　路

通路，指接通的电路。特征是电路中有电流，而且用电器正常工作。

**2.开　路**

开路,指断开的电路。特征是电路中无电流,用电器不能工作。

**3.短　路**

短路,指电源两端或用电器两端直接用导线连接起来(电流不经过用电器)。特征是电源短路,电路中有很大的电流,可能烧坏电源或导线的绝缘皮,很容易引起火灾。并联电路中,一旦一个支路发生短路,整个电路就短路了。

图 3-48 中,开关 S 闭合时为通路,S 断开时为开路。图 3-49 中,电源短接是短路。

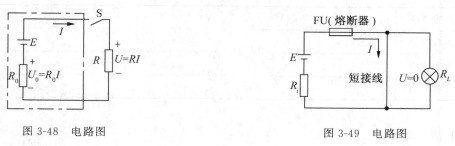

图 3-48　电路图　　　　　　　　　　　图 3-49　电路图

**4.故障电路**

断路:电路被切断,没有电流通过。

电源短路:电路中电流很大,会烧坏电源,引起火灾。

用电器短路:被短路的用电器不能工作。

## 知识点 2:直流电路中电压和电位的测量

### 一、电路图

电路图如图 3-50 所示。

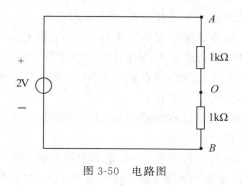

图 3-50　电路图

### 二、所需器材

万用表、电阻 2 只、直流稳压电源、导线若干。

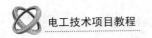

### 三、操作步骤

(1)按图接好电路,检查无误后,接通电源。

(2)将稳压电源输出电压调至 $E=2V$,分别以 $A$、$O$、$B$ 点为参考点,用直流电压表分别测其他两点的电位,记录在表 3-4 中。

(3)根据测量值,计算出 $U_{AB}$、$U_{OB}$、$U_{AO}$ 的电压,并填入表 3-4 中。

表 3-4                            电压、电位的测量

| 参考点的选择 | $V_A$(V) | $V_B$(V) | $V_C$(V) | $U_A$(V) | $U_O$(V) | $U_A$(V) |
|---|---|---|---|---|---|---|
| 以 $A$ 为参考点 | | | | | | |
| 以 $O$ 为参考点 | | | | | | |
| 以 $B$ 为参考点 | | | | | | |

### 四、思　考

(1)选择不同的参考点,电路中各点的电位是否发生变化?电压是否发生变化?

(2)误差产生的原因是什么?

## 知识拓展

### 一、电气设备的额定值

为了保证电气设备和电路元件能够长期安全地正常工作,都规定了额定电压、额定电流、额定功率等数据。

(1)额定电压:电气设备或元器件允许施加的最大电压。

(2)额定电流:电气设备或元器件允许通过的最大电流。

(3)额定功率:在额定电压和额定电流下消耗的功率,即允许消耗的最大功率。

(4)额定工作状态:电气设备或元器件在额定功率下的工作状态,也称"满载状态"。

(5)轻载状态:电气设备或元器件处在低于额定功率的工作状态。轻载时,电气设备不能得到充分利用或根本无法正常工作。

(6)过载(超载)状态:电气设备或元器件处在高于额定功率的工作状态。过载时,电气设备很容易被烧坏或造成严重事故。

轻载和过载都是不正常的工作状态,一般是不允许出现的。

【例 3.6】 标有 $100\Omega$、$4W$ 的电阻,如果将它接在 $20V$ 或 $40V$ 的电源上,能否工作?

**解:** 额定功率为 $4W$,若电阻消耗的功率超过 $4W$ 就会产生过热现象,甚至烧毁。

(1)$20V$ 电源作用下:

$$P=\frac{U^2}{R}=\frac{20^2}{100}=4(\text{W})$$

$P=P_N$,可以正常工作。

（2）40V 电源作用下：

$$P = \frac{U^2}{R} = \frac{40^2}{100} = 16(\text{W})$$

实际功率远大于额定功率（$P \gg P_\text{N}$），此时极易烧毁电阻，使其不能正常工作。

## 二、电子元器件的测量

### 1.二极管的测量

二极管的极性
判别视频

数字万用表可以测量发光二极管、整流二极管。测量时，表笔位置与测量电压时一样，将旋钮旋到二极管挡；用红表笔接二极管的正极，黑表笔接负极，这时会显示二极管的正向压降。肖特基二极管的压降约为 0.2V，普通硅整流管（1N4000、1N5400 系列等）约为 0.7V，发光二极管为 1.8～2.3V。调换表笔，显示屏显示"1"则为正常，因为二极管的反向电阻很大，否则此管已被击穿。

### 2.三极管的测量

三极管的极性
判别视频

表笔插位同上，其原理同二极管。先假定 A 脚为基极，用黑表笔与该脚相接，红表笔与其他两脚分别接触；若两次读数均为 0.7V 左右，然后再用红表笔接 A 脚，黑表笔接触其他两脚，若均显示"1"，则 A 脚为基极，否则需要重新测量，且此管为 PNP 管。可以利用"$h_\text{FE}$"挡来判断集电极和发射极：先将挡位打到"$h_\text{FE}$"挡，可以看到挡位旁有一排小插孔，分为 PNP 和 NPN 管的测量。前面已经判断出管型，将基极插入对应管型"b"孔，其余两脚分别插入"c""e"孔，此时可以读取数值，即 $\beta$ 值；再固定基极，其余两脚对调；比较两次读数，读数较大的管脚位置与表面"c""e"相对应。

注意事项：

①测电流、电压时，不能带电调换量程。

②选择量程时，要先选大的，后选小的，尽量使被测值接近于量程。

③测电阻时，不能带电测量。因为测量电阻时，万用表由内部电池供电。如果带电测量，则相当于接入一个额外的电源，可能损坏表头。

④用毕，应使转换开关在交流电压最大挡位或空挡上。满量程时，仪表仅在最高位显示数字"1"，其他位均消失，这时应选择更高的量程。

## 任务实施

教学课件

**电压和电位的测量**

（1）按图 3-51 所示电路接线，测量 $a$、$b$、$c$、$d$ 各点的电位。

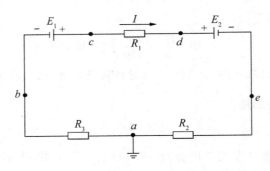

图 3-51  电路图

（2）所需器材：万用表、电压表、电流表、电阻 3 只、直流稳压电源、导线若干。其中 $R_1=300\Omega$，$R_2=200\Omega$，$R_3=100\Omega$，$E_1=10V$，$E_2=6V$。

将电压表的黑表笔与参考点 $a$ 点相连，红表笔分别与电路中的 $a$、$b$、$c$、$d$ 各点接触，这样便可测得对参考点 $a$ 的各点电位 $V_a$、$V_b$、$V_c$、$V_d$ 并填入表中。

若指针反偏，说明该电位为负，应调换表笔测量。

（3）测量 $ab$、$bc$、$cd$、$da$ 两端间的电压。测量时应把红表笔接前面的字母，黑表笔接后面的字母，所测电压为正。若指针反偏，说明该电压为负，应调换表笔测量。如测 $U_{ab}$，将电压表的红表笔接 $a$，黑表笔接 $b$，读出的 $U_{ab}$ 为正值；若将电压表的黑表笔接 $a$，红表笔接 $b$，读出的 $U_{ab}$ 则为负值。

（4）改变参考点重复上述测量。

（5）记录结果（见表 3-5）。

表 3-5　　　　　　　　　　　　　　　　　　测量结果

| 参考点 | | $V_a(V)$ | $V_b(V)$ | $V_c(V)$ | $V_d(V)$ | $V_e(V)$ | $U_{ab}(V)$ | $U_{bc}(V)$ | $U_{cd}(V)$ | $U_{de}(V)$ | $U_{ea}(V)$ | $E_1(V)$ | $E_2(V)$ |
|---|---|---|---|---|---|---|---|---|---|---|---|---|---|
| $a$ 点 | 理论 | | | | | | | | | | | | |
| | 测量 | | | | | | | | | | | | |
| $c$ 点 | 理论 | | | | | | | | | | | | |
| | 测量 | | | | | | | | | | | | |

（6）思考。

①根据测得的数据，证实电位的单值性、相对性及电压的绝对性。

②分析误差存在的原因（允许在 5% 以内）。

③有能力的学生可自行设计线路、参数和表格！

## 任务考核与评价

### 考核要点

（1）万用表的使用。

（2）电路的连接。

（3）电路的分析。

**评分标准**

评分标准如表3-6所示。

表 3-6 评分标准

| 序号 | 考核内容 | 配分 | 扣分 | 得分 |
|---|---|---|---|---|
| 1 | 元器件选用正确 | 10 | 0～10 | |
| 2 | 电路连接并调试正确 | 30 | 10～30 | |
| 3 | 使用万用表测量电压、电流正确 | 30 | 0～30 | |
| 4 | 测量结果记录正确 | 15 | 0～15 | |
| 5 | 误差分析正确 | 15 | 0～15 | |
| 教师评价 | | | 总分 | |

# 任务三 直流电路的分析

**任务导入**

在直流电路中，对于故障的诊断通常需要对电路参数进行计算和分析。直流电路的分析通常会用到几个定理，除了高中学过的欧姆定律，还有其他一些基本定理是我们学习电路必须掌握的。针对不同的电路，选择不同的定理去分析，往往能达到事半功倍的效果。

**任务描述**

对同一个电路，分别选用不同的定律对其进行分析、计算参数，验证结果的一致性。针对不同电路，选用不同的定律进行计算，可提高分析电路的效率。

**实施条件**

（1）试电笔、尖嘴钳、螺钉旋具、斜口钳、剥线钳等电工常用工具。

（2）万用表、电压表、电流表等仪器仪表。

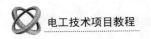
## 相关知识

### 知识点 1:电路的等效变换

**一、电路的串联与并联**

1. 电阻的串联

(1)串联电路特点

如图 3-52(a)所示为 $n$ 个电阻的串联电路,其特点是电路没有分支,由电流的连续性原理可知,电路中通过各串联电阻的电流相等。

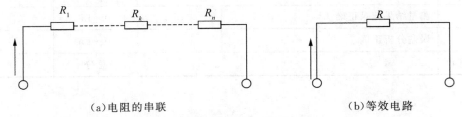

(a)电阻的串联          (b)等效电路

图 3-52　电阻串联的等效变换

根据能量守恒定律,可知:

$$UI = U_1 I + \cdots + U_k I + \cdots + U_n I$$

$$I^2 R = I^2 R_1 + \cdots + I^2 R_k + \cdots + I^2 R_n = I^2 (R_1 + \cdots + R_k + \cdots + R_n)$$

$$U = U_1 + \cdots + U_k + \cdots + U_n \tag{3-1}$$

即在串联电路中,总电压等于各段电压之和。

(2)串联电路的等效变换

由式(3-1)可以得到:

$$R = R_1 + \cdots + R_k + \cdots + R_n$$

$$R = \sum_{k=1}^{n} R_k \tag{3-2}$$

$R$ 称为 $n$ 个串联电阻的"等效电阻"。可见,串联电阻的等效电阻等于各个串联电阻之和,其等效条件是在同一电压作用下电流保持不变。

图 3-52 中,虽然两个电路的内部结构不同,但是它们的 $U$、$I$ 关系却完全相同,即它们在端钮处对外显示的伏安特性是相同的,所以称图(b)为图(a)的等效电路,这种替代称为"等效变换"。

（3）串联电阻上电压的分配

以两个电阻串联为例，如图 3-53 所示。

$$U_1 = IR_1 = \frac{U}{R_1 + R_2} R_1$$

$$U_2 = IR_2 = \frac{U}{R_1 + R_2} R_2$$

即：

$$U_1 = \frac{R_1}{R_1 + R_2} U$$

$$U_2 = \frac{R_2}{R_1 + R_2} U$$

（3-3） 图 3-53 串联电路

式（3-3）为两个电阻串联式的分压公式。可见，串联电路中各电阻所分得的电压与各电阻的阻值成正比。

（4）功率关系

由图 3-52 可知：

$$P = UI = I^2 R_1 + \cdots + I^2 R_k + \cdots + I^2 R_n = I^2 R \qquad (3\text{-}4)$$

即 $n$ 个电阻串联吸收的总功率，等于各个电阻吸收的功率之和，也等于等效电阻吸收的功率。

（5）应　用

串联接法常用于对负载电流进行限制、调整，或在功率很小的电路中用作分压器。

2.电阻的并联

（1）并联电路特点

由两个或更多个电阻连接在两个公共点之间，组成一个分支电路，各电阻两端承受同一电压，这样的连接方式就是电阻的并联，如图 3-54（a）所示。

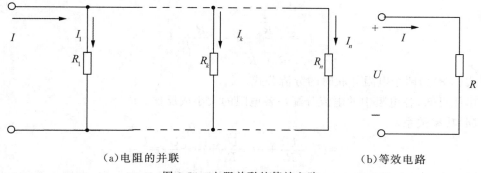

（a）电阻的并联　　　　　　　　　　　　（b）等效电路

图 3-54　电阻并联的等效电路

并联电路中，各电阻两端的电压相等，总电流等于流过各并联电阻的电流之和，即：

$$U = U_1 = \cdots = U_k = \cdots = U_n \qquad (3\text{-}5)$$

$$I = I_1 + \cdots + I_k + \cdots + I_n \qquad (3\text{-}6)$$

（2）并联电路的等效变换

由式（3-6）得：

$$\frac{U}{R} = \frac{U}{R_1} + \cdots + \frac{U}{R_k} + \cdots + \frac{U}{R_n}$$

$$\frac{1}{R} = \frac{1}{R_1} + \cdots + \frac{1}{R_k} + \cdots + \frac{1}{R_n} \tag{3-7}$$

即 $n$ 个并联电阻的等效电导，其倒数为等效电阻。可见，并联电阻的等效电导等于各个并联电阻倒数之和，其等效条件也是在同一电压作用下电流保持不变。当用等效电导（等效电阻）替代这些并联电导（电阻）后，图 3-54（a）就简化为图 3-54（b）。

图 3-54 中，虽然两个电路的内部结构不同，但是它们在端钮处的 $U$、$I$ 关系却完全相同，即它们在端钮处对外显示的伏安特性是相同的，所以图（b）为图（a）的等效电路。

（3）并联电路分流公式

以两个并联电阻为例，如图 3-55 所示。

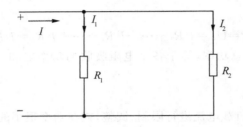

图 3-55　并联电路

$$I_1 = \frac{\dfrac{1}{R_1}}{\dfrac{1}{R_1} + \dfrac{1}{R_2}} I = \frac{R_2}{R_1 + R_2} I$$

$$\tag{3-8}$$

$$I_2 = \frac{\dfrac{1}{R_2}}{\dfrac{1}{R_1} + \dfrac{1}{R_2}} I = \frac{R_1}{R_1 + R_2} I$$

式（3-8）为两个电阻并联时的分流公式。

由此可知，各电阻中的电流分配与各电阻的大小成反比。

（4）功率关系

$$P = UI = \frac{U^2}{R_1} + \cdots + \frac{U^2}{R_k} + \cdots + \frac{U^2}{R_n} = \frac{U^2}{R} \tag{3-9}$$

即 $n$ 个电阻并联后吸收的总功率等于各个电阻吸收的功率之和，也等于等效电阻吸收的功率。

（5）应　用

并联接法的应用也很广泛，主要起分流、调节电流的作用。如工厂里的动力负载、民生用电和照明负载等，都以并联方式接到电网上。

### 3.电阻的串、并联

若在电路中,既有电阻的串联,又有电阻的并联,这种连接方式称为"电阻的串、并联",又称"混联"。串、并联电路形式多样,但经过串联和并联化简,仍可以得到一个等效电阻 $R$ 来替代原电阻,再应用欧姆定律求出总电流或总电压,应用分压公式和分流公式求出各电阻上的电压和电流。

**【例3.7】** 如图 3-56 所示电路,已知 $U_1=220V$,$R_L=50\Omega$,$R=100\Omega$。

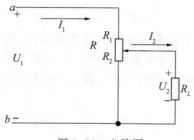

图 3-56　电路图

(1)当 $R_2=50\Omega$ 时,$U_2$ 是多少? 分压器的输入功率、输出功率及分压器本身消耗的功率为多少?

(2)当 $R_2=75\Omega$ 时,输出电压是多少?

**解**:(1)当 $R_2=50\Omega$ 时,$a$、$b$ 的等效电阻 $R_{ab}$ 为 $R_2$ 和 $R_L$ 并联后,再与 $R_1$ 串联而成,所以,

$$R_{ab}=R_1+\frac{R_2R_L}{R_2+R_L}=50+\frac{50\times50}{50+50}=75(\Omega)$$

滑动变阻器 $R_1$ 段流过的电流为:

$$I_1=\frac{U_1}{R_{ab}}=\frac{220}{75}=2.93(A)$$

负载电阻流过的电流可由分流公式得出:

$$I_2=\frac{R_2}{R_2+R_L}\times I_1=\frac{50}{50+50}\times2.93=1.47(A)$$

$$U_2=R_LI_2=50\times1.47=73.5(V)$$

分压器的输入功率为:

$$P_1=U_1I_1=220\times2.93=644.6(W)$$

分压器的输出功率为:

$$P_2=U_2I_2=73.5\times1.47=108(W)$$

分压器本身消耗的功率为:

$$P=R_1I_1^2+R_2(I_1-I_2)^2=50\times2.93^2+50\times(2.93-1.47)^2=535.8(W)$$

(2)当 $R_2=75\Omega$ 时,

$$R_{ab}=25+\frac{75\times50}{75+50}=55(\Omega)$$

$$I_1=\frac{220}{55}=4(A)$$

$$I_2 = \frac{75}{75+50} \times 4 = 2.4(\text{A})$$

### 二、电源的等效变换

#### 1.电压源

电压源是电动势 $E$ 和内阻 $R_0$ 串联的电源的电路模型,如图 3-57 所示。它向外电路提供的电压与电流关系为:

$$U = E - IR_0 \tag{3-10}$$

式中,$U$ 表示电源输出电压。它随输出电流的变化而变化,其外特性曲线如图 3-58 所示。一般情况下,当 $R_0 = 0$ 时,$U = E$,电流源的输出电压恒定不变,与通过的电流大小无关,电压源是恒压源。这种状态是理想化的,所以又称为"理想电压源"。

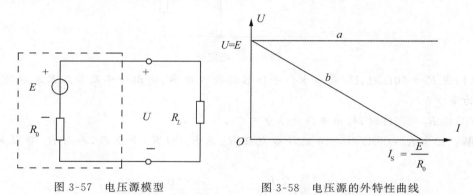

图 3-57　电压源模型　　　　　　　　图 3-58　电压源的外特性曲线

#### 2.电流源

电流源是电流 $I_S$ 和内阻 $R_0$ 并联的电源的电路模型,如图 3-59 所示。

其电流与电压间的关系为:

$$I = I_S - \frac{U}{R_0} \tag{3-11}$$

式中,$I_S$ 为短路电流,$I$ 为负载电流,$\frac{U}{R_0}$ 为流经电源内阻的电流。$U$ 随 $I$ 的变化而变化。当 $R_0 = \infty$ 或 $R_0 \gg R_L$ 时,电流 $I$ 恒等于 $I_S$,电源输出的电压由负载电阻 $R_L$ 和电流 $I$ 决定,此时电流源为恒流源,也称为"理想恒流源",其外特性曲线如图 3-60 所示。

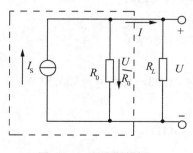
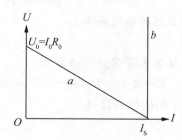

图 3-59　电流源模型　　　　　　　　图 3-60　电流源的外特性曲线

3.电压源与电流源的等效变换

（1）等效变换的条件

将电压源等效变换为电流源时，应遵守等效变换原则。即对外电路而言，输出电压、电流关系完全相同，可得到：

电压源和电流源的
等效变换视频

$$U = I_S R_0 - I R_0$$

$$E = I_S R_0$$

$$I_S = \frac{E}{R_0} \qquad (3-12)$$

由此可知，一个实际的电源既可以表示为电流源，也可以表示为电压源。

（2）说　明

①电压源和电流源的等效关系只对外电路而言，对电源内部则是不等效关系。如当 $R_L = \infty$ 时，电压源的内阻 $R_0$ 不损耗功率，而电流源的内阻 $R_0$ 则损耗功率。

②等效变换时，两电源的参考方向要一一对应，如图 3-61 所示。

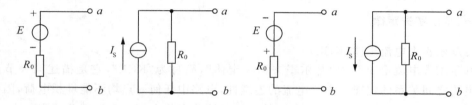

图 3-61　列举电路

③理想电压源与理想电流源之间无等效关系。

④任何一个电动势 $E$ 和某个电阻 $R$ 串联的电路，都可化为一个电流为 $I_S$ 和这个电阻并联的电路。

## 知识点 2：基尔霍夫定律与复杂电路计算

电路元件的伏安关系反映元件本身的电压、电流之间的关系。而由电路元件所组成的电路中，电压、电流之间也遵循一个基本规律，这就是基尔霍夫定律。基尔霍夫定律是任何集中参数电路都适用的基本定律，包含基尔霍夫电流定律和基尔霍夫电压定律。这两个定律和前面介绍的欧姆定律被人们统称为"电路的三大基本定律"。

支路：电路中流过同一电流的一个或几个元件连接成的分支。

节点：电路中 3 条或 3 条以上支路的连接点。

回路：电路中的任意闭合路径。

网孔：将电路画在平面上，内部不含任何支路的回路。

以图 3-62 为例，则有：支路 $ab$、$bc$、$ca$、$ad$、$db$、$dc$（共 6 条）；节点 $a$、$b$、$c$、$d$（共 4 个）；回路 $abda$、$abca$、$adbca$……（共 7 个）；网孔 $abd$、$abc$、$bcd$（共 3 个）。

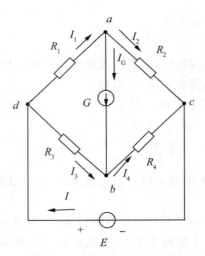

图 3-62　常用名词举例电路图

## 一、基尔霍夫定律

### 1. 基尔霍夫电流定律(KCL)

基尔霍夫电流定律又称"基尔霍夫第一定律",简写为"KCL",它是描述同一节点处支路电流之间关系的定律。由于电流的连续性,电路中任何一点均不能堆积电荷,因而在任一瞬间,流出某一节点的电流之和应等于流入该节点的电流之和。用公式表示为:

$$\sum I_{流入} = \sum I_{流出} \tag{3-13}$$

若规定流出节点的电流取"－"号,流入节点的电流取"＋"号,则基尔霍夫电流定律就可表述为:对于任何集中参数电路,在任一瞬间,通过某节点的电流的代数和恒等于零,其数学表达式为:

$$\sum I = 0 \tag{3-14}$$

以图 3-63 电路中的节点 $a$、$b$ 为例,假设电流流入为正、流出为负,列节点的电流方程。

对节点 $a$ 有: $I_1 + I_2 = I_3$ 或 $I_1 + I_2 - I_3 = 0$。

对节点 $b$ 有: $-I_1 - I_2 + I_3 = 0$ 或 $I_1 + I_2 = I_3$。

基尔霍夫电流定律不仅适用于节点,也适用于任意假想的封闭面,即通过任一封闭面的电流的代数和也恒等于零。这种假想的封闭面有时也称为电路的"广义节点"。

以图 3-64 为例,当考虑虚线所围成的闭合面时,应有: $I_A + I_B + I_C = 0$。

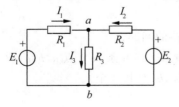

图 3-63　电路举例图

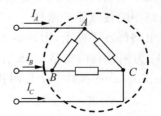

图 3-64　电路举例图

## 2. 基尔霍夫电压定律(KVL)

基尔霍夫电压定律又称"基尔霍夫第二定律",简写为"KVL",它是描述同一回路中各支路电压之间关系的定律。由于电位的单值性,从电路中任一点出发,沿任一闭合路径绕行一周,其间所有电位升高之和等于电位降低之和,即电位的变化等于零。

若规定电位降低的电压取"+"号,电位升高的电压取"−"号,则基尔霍夫电压定律就可表述为:对于任何集中参数电路,在任一瞬间,沿某一回路的全部支路电压的代数和恒等于零,其数学表达式为:

$$\sum U = 0 \qquad\qquad (3\text{-}15)$$

以图 3-65 为例,用环绕箭头表示所选择回路的绕行方向。由式(3-15)列回路的电压方程。

回路 $1: I_1 R_1 + I_3 R_3 - E_1 = 0$。

回路 $2: I_2 R_2 + I_3 R_3 - E_2 = 0$。

基尔霍夫电压定律不仅适用于闭合回路,也适用于任意开口电路,只要电位变化是首尾相接,各段电压构成闭合回路即可。即沿任一假想回路的各段电压的代数和恒等于零。

以图 3-66 为例,对回路 1 列电压的回路方程,则有:

$$I_2 R_2 - E_2 + U_{BE} = 0$$

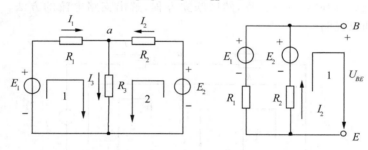

图 3-65　基尔霍夫电压定律举例电路　　图 3-66　开口电路

## 3. 说　明

根据 KCL 列写的节点电流方程,仅与该节点所连接的支路电流及其参考方向有关,而与支路中元件的性质无关;根据 KVL 列写的回路电压方程,仅与绕行方向、回路所包含的电压及其参考方向有关,而与回路中元件的性质无关;KCL 和 KVL 适用于任何集中参数电路。

【例 3.8】　基尔霍夫电压定律不只适用于闭合回路,也适用于开口电路。如图 3-67 所示,$I_S = 1\text{A}$,$U_S = 11\text{V}$,$R_1 = 1\Omega$,$R_2 = 4\Omega$,求 $U_{AB}$。

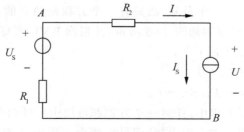

图 3-67　电路图

**解**：根据电流源的性质，在图示参考方向下，电路电流 $I=I_S=1A$。

假定电流源端电压 $U$ 的正方向如图中所示，列 KVL 方程为：

$$IR_1+IR_2+U=U_S$$

代入数据得：

$$U=6(\text{V})$$

据 KVL 的扩展应用可得：

$$IR_1+U_{AB}=U_S$$

代入数据得：

$$U_{AB}=U_S-IR_1=11-1\times1=10(\text{V})$$

或

$$U_{AB}=IR_2+U=1\times4+6=10(\text{V})$$

## 二、支路电流法

### 1.支路电流法概念

支路电流法就是以支路电流为未知量，根据基尔霍夫电流定律和基尔霍夫电压定律，列出与支路电流数相同的独立方程，然后联立方程，解出支路电流的方法。以图 3-68 所示电路为例，加以说明。

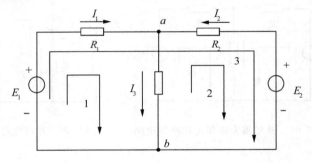

图 3-68　电路图

电路中，电压源和电阻已知，需求出各支路电流。首先根据电路结构确定该电路的支路数 $b=3$（由此可判断需列写 3 个独立的方程），节点数 $n=2$，回路数 $l=3$；其次设定支路电流参考方向，并根据 KCL 列写节点电流方程。

节点 $a$：$I_1+I_2-I_3=0$。

节点 $b$：$-I_1-I_2+I_3=0$。

此两节点电流方程只差一个负号，故只有一个方程是独立的，也称为"有一个独立节点"。然后设定回路的绕行方向如图 3-68 所示，并根据 KVL 列写回路电压方程。

回路 1：$-I_1R_1-I_3R_3+E_1=0$。

回路 2：$I_2R_2+I_3R_3-E_2=0$。

回路 3：$-I_1R_1+I_2R_2+E_1-E_2=0$。

在上面三个回路电压方程中，任何一个方程都可以由另外两个导出，即任何一个方程中的所有因式都在另外两个方程中出现，而另外两个方程中又各自具有对方所没有的因式,故有两个独立方程,也称为"有两个独立回路"(即两个网孔)。

从节点电流方程中任选一个,从回路电压方程中任选两个,得到三个独立方程,即：

节点 $a$：$I_1 + I_2 - I_3 = 0$。

回路 1：$-I_1 R_1 - I_3 R_3 + E_1 = 0$。

回路 2：$I_2 R_2 + I_3 R_3 - E_2 = 0$。

独立方程数恰好等于方程中未知支路电流数,联立这三个独立方程,可求得支路电流 $I_1$、$I_2$、$I_3$。

2.支路电流法求解复杂电路的步骤

(1)分析电路,准确判断电路的支路数、独立节点数和独立回路(网孔)数。

(2)标定各支路电流的参考方向。

(3)选定 $n-1$ 个独立节点,并根据基尔霍夫电流定律列出 $n-1$ 个独立节点电流方程式。

(4)选定 $b-(n-1)$ 个独立回路(或网孔),设定回路绕行方向,根据基尔霍夫电压定律列出 $b-(n-1)$ 个独立回路电压方程式。

(5)联立方程,求得各支路电流。

【例 3.9】 如图 3-69 所示,试用支路电流法求出各支路电流。已知 $U_{S1} = 10\text{V}$,$U_{S2} = 5\text{V}$,$R_1 = R_3 = 1\Omega$,$R_2 = R_4 = 2\Omega$。

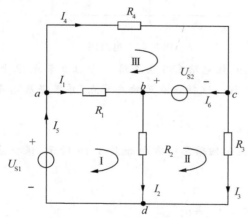

图 3-69　电路图

**解**：首先根据电路结构确定电路有 6 条支路,即 6 个电流变量,需列 6 个方程。节点 4 个,独立节点 3 个,独立回路 3 个。然后设定各支路电流的参考方向如图所示,任选 3 个节点并根据基尔霍夫电流定律列出独立节点电流方程：

节点 $a$：$I_1 + I_4 - I_5 = 0$。

节点 $b$：$-I_1 + I_2 - I_6 = 0$。

节点 $c$：$I_3 - I_4 + I_6 = 0$。

选定 3 个独立回路(一般选择网孔),并设定回路的绕行方向如图所示,根据基尔霍夫电压定律列出 3 个独立回路电压方程：

回路 Ⅰ：$I_1 R_1 + I_2 R_2 - U_{S1} = 0$。

回路 Ⅱ：$-I_2 R_2 + I_3 R_3 + U_{S2} = 0$。

回路Ⅲ：$-I_1R_1+I_4R_4-U_{S2}=0$。

联立方程，解得各支路电流：

$$I_1=2.5(\text{A}), I_2=3.75(\text{A}), I_3=2.5(\text{A})$$
$$I_4=3.75(\text{A}), I_5=6.25(\text{A}), I_6=1.25(\text{A})$$

由此题可以看出，当电路的支路数目较多时，利用支路电流法列出的联立方程数目也较多，使得求解过程比较麻烦。因此，支路电流法适合于支路数较少的复杂电路的分析计算。

【例 3.10】 电路如图 3-70 所示，已知 $U_S=5V$，$I_S=2A$，$R_1=5\Omega$，$R_2=10\Omega$，试用支路电流法求各支路电流及各元件功率。

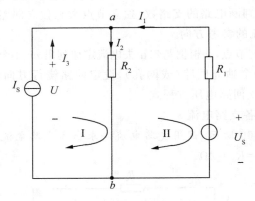

图 3-70 电路图

**解**：根据电路结构可知，该电路有 3 条支路、1 个独立节点、2 个网孔，以及 3 个电流变量 $I_1$、$I_2$ 和 $I_3$，需列 3 个方程。选择 $a$ 点为独立节点，并根据基尔霍夫电流定律列出独立节点电流方程：

节点 $a$：$-I_1+I_2-I_3=0$。

选定两个独立回路，设定回路绕行方向如图 3-70 所示，根据基尔霍夫电压定律列出 2 个独立回路电压方程：

回路Ⅰ：$I_2R_2-U=0$。

回路Ⅱ：$-I_1R_1-I_2R_2+U_S=0$。

因电流源电流已知，但电压 $U$ 未知，再补充一个方程：

$$I_3=I_S$$

联立方程，解得各支路电流：

$$I_1=-1(\text{A})$$
$$I_2=1(\text{A})$$
$$I_3=2(\text{A})$$

解得各元件的功率：

电阻 $R_1$ 的功率：$P_1=R_1I_1^2=5\times(-1)^2=5(\text{W})$。

电阻 $R_2$ 的功率：$P_2=R_2I_2^2=10\times1^2=10(\text{W})$。

电压源产生的功率：$P_3=U_SI=5\times(-1)=-5(\text{W})$。

电流源产生的功率：$P_4=UI_S=10\times2=20(\text{W})$。

由以上的计算可知,电源产生的功率与负载吸收的功率相等 $P=P_R=15\mathrm{W}$,可见电路功率平衡。

### 知识点3:戴维南等效电路

戴维南定理是电路分析中的一个重要定理,利用其能够比较容易地计算出复杂电路中某一支路的电流和电压。

戴维南定理视频

#### 一、戴维南定理的内容

任意一个含源线性单口网络(两端网络)$\mathrm{N_A}$,对于外接负载(或外电路)可以用一个电压源模型等效代替。该模型中,电压源的电动势 $E$ 等于含源线性单口网络 $\mathrm{N_A}$ 的开路电压 $U_0$;电阻 $R_0$ 等于含源单口网络内部除源后(电压源短路、电流源开路,此时的单口网络已变成为不含源的单口网络 $\mathrm{N_0}$)端口的等效电阻(见图 3-71 和图 3-72)。

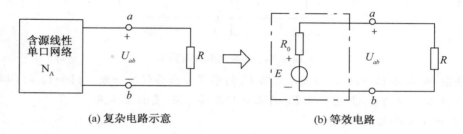

(a) 复杂电路示意　　　　　　(b) 等效电路

图 3-71　戴维南定理

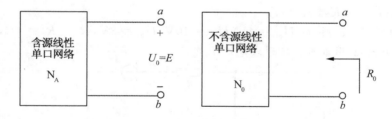

图 3-72　戴维南等效电源参数

电压源 $E$ 与电阻 $R_0$ 的串联模型可称为"戴维南等效电源"(电路)。

#### 二、戴维南定理的应用

【例3.11】　如图 3-73 所示,$E=24\mathrm{V}$,$I_\mathrm{S}=1.5\mathrm{A}$,$R_1=100\Omega$,$R_2=200\Omega$,求电阻 $R_2$ 的电流强度。

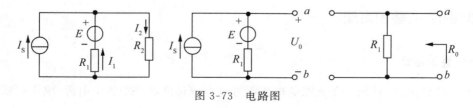

图 3-73　电路图

**解**:(1)断开 $R_2$ 支路,计算含源单口网络的开路电压 $U_0$。

列 KVL 方程:

$$U_0 = I_S R_1 + E = 1.5 \times 100 + 24 = 174(V)$$

(2)计算戴维南等效电源的内阻 $R_0$。

其等效电阻为:

$$R_0 = R_1 = 100(\Omega)$$

(3)戴维南等效电路如图 3-74 所示。

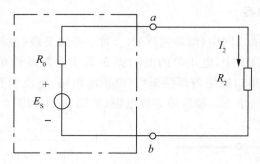

图 3-74　戴维南等效电路图

**注意**:电压源 $E_S$ 的极性与开路电压 $U_0$ 的参考方向要保持一致。例如 $U_0$ 的参考方向是 $a$ 点为正、$b$ 点为负,则电压源 $E_S$ 的正极对应接 $a$ 点、负极接 $b$ 点。

(4)计算支路电流为:

$$I_2 = \frac{E_S}{R_0 + R_2} = \frac{174}{100 + 200} = 0.58(A)$$

**做一做**:戴维南定理的应用。

电路如图 3-75 所示,$U_{S1} = 4V$,$U_{S2} = 10V$,$U_{S3} = 8V$,$R_1 = R_2 = 4\Omega$,$R_3 = 10\Omega$,$R_4 = 8\Omega$,$R_5 = 20\Omega$,用戴维南定理求电流 $I$。

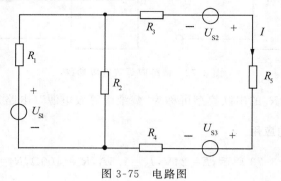

图 3-75　电路图

# 知识点 4:叠加定理

## 一、叠加定理

对于线性电路,任何一条支路的电流都可以看成是由电路中各个电源(电压源或电流源)分别作用时,在此支路中所产生的电流的代数和,这就是叠加定理(电压源除去时短接、电流源除去时开路,但所有电源的内阻保留不动)。以图 3-76(a)电路为例来说明叠加定理。当电流源除去时开路,如图 3-76(b)所示;当电压源除去时短接,如图 3-76(c)所示。

在图 3-76(b)中,当电压源单独作用时,

$$I'_1 = I'_2 = \frac{E}{R_1 + R_2}$$

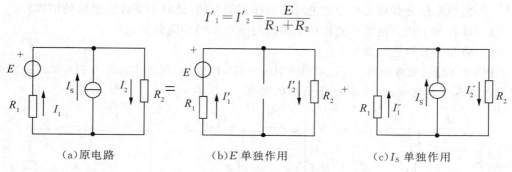

(a)原电路　　　　　　(b)$E$ 单独作用　　　　　　(c)$I_S$ 单独作用

图 3-76　叠加定理举例

在图 3-76(c)中,当电流源单独作用时,

$$I''_2 = \frac{R_1}{R_1 + R_2} I_S$$

$$I''_1 = \frac{R_2}{R_1 + R_2} I_S$$

根据叠加定理可得:

$$I_1 = I'_1 + I''_1 = \frac{E}{R_1 + R_2} - \frac{R_2}{R_1 + R_2} I_S$$

同理:

$$I_2 = I'_2 + I''_2 = \frac{E}{R_1 + R_2} + \frac{R_1}{R_1 + R_2} I_S$$

用支路电流法可知:

$$I_1 + I_S = I_2$$
$$E = I_1 R_1 + I_2 R_2$$

解方程得:

$$I_1 = \frac{E}{R_1 + R_2} - \frac{R_2}{R_1 + R_2} I_S = I'_1 + I''_1$$

$$I_2 = \frac{E}{R_1 + R_2} - \frac{R_1}{R_1 + R_2} I_S = I'_2 + I''_2$$

可见,用支路电流法证明了叠加定理思想是正确的。

## 二、说　明

(1)叠加原理只适用于线性电路。

(2)线性电路的电流或电压均可用叠加定理计算,但功率 $P$ 不能用叠加定理计算。

$$P_1 = I_1^2 R_1 = (I'_1 + I''_1)^2 R_1 \neq I'^2_1 R_1 + I''^2_1 R_1$$

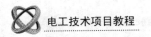
（3）不作用电源的处理，$E=0$，即将 $E$ 短路；$I_S=0$，即将 $I_S$ 开路。

（4）解题时要标明各支路电流、电压的参考方向。若分电流、分电压与原电路中的电流、电压的参考方向相反，叠加时相应项前要带负号。

### 三、使用叠加定理分析电路的步骤

（1）把原电路分解成每个独立电源单独作用的电路（此时不要改变电路的结构）。

（2）计算每个独立电源单独作用于电路时所产生的相应分量。

（3）将相应分量进行叠加。

【例3.12】 电路如图3-77(a)所示，$U_S=6V$，$I_S=3A$，$R_1=2\Omega$，$R_2=6\Omega$，试用叠加原理求电路各支路电流，并计算 $R_2$ 上消耗的功率。

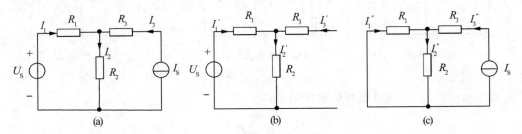

图3-77 电路图

**解**：由电路结构可知，电路中有两个独立电源，应分为两个电路进行计算，每个独立电源单独作用的电路如图3-77(b)(c)所示，假定各支路的电流参考方向如图所示。

在图3-77(b)所示电路中，各支路电流为：

$$I'_1=I'_2=\frac{U_S}{R_1+R_2}=\frac{6}{2+4}=1(A)$$

$$I'_3=0$$

在图3-77(c)所示电路中，各支路电流为：

$$I''_3=3(A)$$

$$I''_1=-\frac{R_2}{R_1+R_2}I''_3=-\frac{4}{2+4}\times3=-2(A)$$

$$I''_2=\frac{R_1}{R_1+R_2}I''_3=\frac{2}{2+4}\times3=1(A)$$

根据叠加定理有：

$$I_2=I'_2+I''_2=\frac{U_S}{R_1+R_2}-\frac{R_2}{R_1+R_2}I_S$$

$R_2$ 上消耗的功率为：$P_2=I_2^2R_2=2^2\times4=16(W)$。

应当注意，$P'_2+P''_2=(I'_2)^2R_2+(I''_2)^2R_2=1^2\times4+1^2\times4=8(W)$。

显然 $P_2\neq P'_2+P''_2$，所以功率计算不能采用叠加定理。

**任务实施**

**基尔霍夫定律的验证测试**

1.电路(见图 3-78)

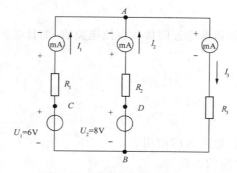

图 3-78　基尔霍夫定律的验证

2.所需器材

(1)双路直流稳压电源。

(2)直流电流表。

(3)万用表。

(4)3 只电阻($R_1 = 100\Omega$,$R_2 = 200\Omega$,$R_3 = 300\Omega$)。

(5)导线若干。

3.操作步骤

(1)用万用表的欧姆挡测电阻 $R_1$、$R_2$、$R_3$ 的阻值(在通电前进行),并将所测结果填入表 3-7 中。

表 3-7　　　　　　　　　　　　　　　　　电路参数

| $U_1$(V) | $U_2$(V) | $R_1$(Ω) | $R_2$(Ω) | $R_3$(Ω) |
|---|---|---|---|---|
| | | | | |

(2)接通直流稳压电源,使其输出电压为 $U_1 = 6V$,$U_2 = 8V$,并在实验当中保持不变。

(3)按图 3-78 连接好电路,检查无误后,接通电源。

(4)测量各支路电流 $I_1$、$I_2$、$I_3$ 的值及电压 $U_{CD}$ 的值,并将所测结果填入表 3-8 中。

表 3-8　　　　　　　　　　　　　　　　KCL、KVL 数据的测量

| $I_1$(mA) | $I_2$(mA) | $I_3$(mA) | $U_{CD}$(V) |
|---|---|---|---|
| | | | |

(5)根据测量结果计算验证下列关系。

①沿 $CBD$ 回路有: $U_{CD}=U_1-U_2$。

②沿 $CAD$ 回路有: $U_{CD}=I_1R_1-I_2R_2$。

此两值相比较可得出什么结论?

4．思　考

(1)依据电路参数,利用基尔霍夫定律计算各支路电流值,并和实测值比较,分析产生误差的原因。

(2)实验中是否可以依据参考方向接入直流电流表,为什么?

## 任务考核与评价

**考核要点**

(1)测量仪表、电压表、电流表的使用。

(2)元器件的选择、电路的连接。

(3)电路的分析。

(4)误差的分析。

**评分标准**

评分标准如表3-9所示。

表 3-9　　　　　　　　　　　　　　　　评分标准

| 序号 | 考核内容 | 配分 | 扣分 | 得分 |
|---|---|---|---|---|
| 1 | 元器件选用正确 | 10 | 0~10 | |
| 2 | 电路连接并调试正确 | 30 | 10~30 | |
| 3 | 万用表的测量正确 | 30 | 0~30 | |
| 4 | 测量结果的验证正确 | 20 | 0~20 | |
| 5 | 误差的分析正确 | 10 | 0~10 | |
| 教师评价 | | | 总分 | |

## 巩固与提高

1．简述电路的组成和功能。

2．简述电路组成基本元件的性质。

3．电气设备额定值的含义是什么?

4．额定电压相同、额定功率不等的两个白炽灯,能否串联使用?

5．有一个"220V 60W"的电灯。(1)试求电灯的电阻;(2)当接到220V电压下工作时,求其电流;(3)如果每晚用三个小时,一个月(按30天计算)用多少电?

6. 将一个 40W、220V 的电灯泡和一个 60W、220V 的电灯泡串联后,接在 380V 电压上。(1)求两电灯泡的电阻;(2)求两电灯泡上的电压;(3)求两电灯泡各自消耗的功率,并指出哪个电灯泡亮些;(4)如将两电灯泡并联后,接入 220V 的电压,则又是哪一个较亮?

7. 如图 3-79 所示,两个实际电压源并联后给负载 $R_3$ 供电,$U_{S1} = 130V$,$U_{S2} = 117V$,$R_1 = 1\Omega$,$R_2 = 0.6\Omega$,$R_3 = 24\Omega$,求各支路电流。

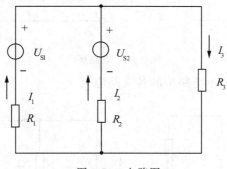

图 3-79  电路图

8. 如图 3-80 所示,$E_1 = 12V$,$E_2 = 4V$,$R_1 = 4\Omega$,$R_2 = 4\Omega$,$R_3 = 2\Omega$。当开关断开和闭合时,分别计算 $A$、$B$ 两点间的电压 $U_{AB}$。

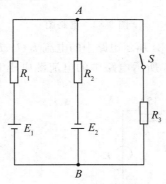

图 3-80  电路图

9. 在如图 3-81 所示电路中,$E_1 = 4V$,$E_2 = 10V$,$R_1 = 4\Omega$,$R_2 = 2\Omega$,$R_3 = R_4 = R_5 = 8\Omega$,求电阻 $R_5$ 所吸收的功率。

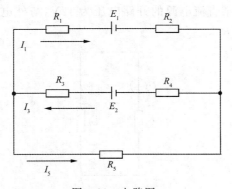

图 3-81  电路图

10. 如图 3-82 所示电路，求 $U$ 及 $I$。

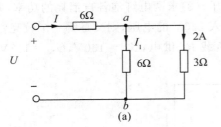 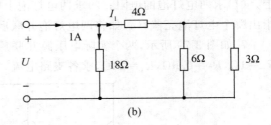

(a)      (b)

图 3-82 电路图

11. 试分别求图 3-83 所示电路中的各支路电流。

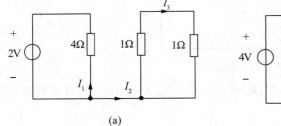 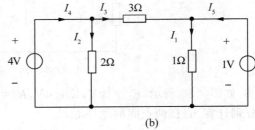

(a)      (b)

图 3-83 电路图

12. 试用支路电流法，求图 3-84 所示电路中的电流 $I_1$、$I_2$、$I_3$、$I_4$ 和 $I_5$（只列方程不求解）。

13. 试用叠加定理求图 3-85 所示电路中的电流源电压 $U$。

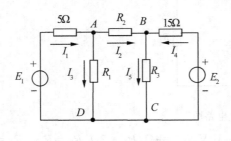 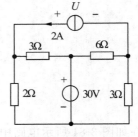

图 3-84 电路图      图 3-85 电路图

14. 如图 3-86 所示，某直流电源的开路电压为 12V，与外电阻接通后，用电压表测得 $U=10V$，$I=5A$，求 $R$ 及 $R_s$。

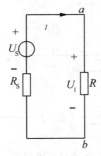

图 3-86 电路图

# 项目四　照明电路的安装与测量

 **项目描述**

本项目让学生学会安装、调试照明电路，并能对日光灯电路进行测量与分析，知道提高电路功率因数的意义和方法。

**教学目标**

1. 能力目标

◆会进行白炽灯照明电路、电感式镇流器日光灯电路的安装、检测与维修。

◆能够对日光灯电路进行测试，并掌握提高电路功率因数的方法。

2. 知识目标

◆掌握正弦交流电路负载电压与电流的关系。

◆知道提高电路功率因数的实际意义。

3. 素质目标

◆培养学生自主学习、独立思考的能力。

◆培养严谨务实的工作作风。

## 任务一　照明电路的安装与调试

**任务导入**

照明电路是我们生活中接触最为频繁的电路（见图 4-1）。那么，你能够对日常生活中的照明电路进行安装吗？通过本任务的学习，你就能掌握安装照明电路的方法。

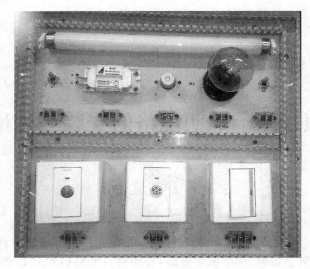

图 4-1　照明电路

要求学生根据控制电路原理图,画出控制电路接线图,选择电器元件、导线、工具,合理美观地布置元件位置,正确连接电路,经检查无误后通电试车。同时,遵守 7S 标准。

实施条件

(1)电工电路综合实训台,实训台配有日光灯、镇流器、启辉器、白炽灯。

(2)电工常用工具、导线、万用表、交流电压表、交流电流表。

相关知识

照明电路课件

### 知识点 1:照明电路

照明电路由用电器、电源、开关及保护环节等组成。

#### 一、白炽灯

白炽灯为热辐射光源,是靠电流加热灯丝至白炽状态而发光的。白炽灯有普通照明灯泡和低压照明灯泡两种。普通照明灯泡额定电压一般为 220V,功率为 10～1000W,灯头有卡口和螺口之分,其中 100W 以上的一般采用瓷质螺纹灯口,用于常规照明。低压灯泡额定电压为 6～36V,功率一般不超过 100W,用于局部照明和携带照明。

白炽灯由玻璃泡壳、灯丝、支架、引线、灯头等组成。在非充气式灯泡中,玻璃泡内抽成真空;而在充气式灯泡中,玻璃泡内抽成真空后再充入惰性气体。

白炽灯照明电路由负荷、开关、导线及电源组成。安装方式一般为悬吊式、壁式和吸顶式。而悬吊式又分为软线吊灯、链式吊灯和钢管吊灯。白炽灯在额定电压下使用时,其寿命一般为1000h;电压升高5％时,寿命将缩短50％;电压升高10％时,其发光率提高17％,而寿命缩短到原来的28％。但电压降低20％时,其发光率降低37％,寿命却增加一倍。因此,灯泡的供电电压以低于额定值为宜。

## 二、插座、插头

插座的种类很多,按安装位置分,有明插座和暗插座;按电源相数分,有单相插座和三相插座;按插孔数分,有两孔插座和三孔插座。目前,新型的多用组合插座或接线板更是品种繁多,将两孔与三孔、插座与开关、开关与安全保护等合理地组合在一起,既安全又美观,广泛应用于家庭和宾馆等。

## 三、开　关

开关在电路中通常可分为单联开关与双联开关两种。单联开关也有一位、两位、三位等多位开关。

## 四、电　源

室内照明电路的电源一般为220V单相交流电。其导线的颜色一般规定如下:
(1)相线用红(或黄、绿)线,一般与室内电源引入线相同。
(2)中性线用蓝线。
(3)接地线用黄绿双色线,插头所用的护套线中的接地线多用黑线。

## 五、日光灯

1. 日光灯的组成

日光灯又叫"荧光灯",是较为普遍的一种照明工具,主要由灯管、镇流器、启辉器等组成。

(1)灯　管

灯管是内壁涂有荧光粉的玻璃管,两端有钨丝,钨丝上涂有易发射电子的氧化物。玻璃管抽成真空后充入一定量的氩气和少量水银,氩气具有使灯管易发光和保护电极、延长灯管寿命的作用。灯管由玻璃管、灯丝和灯丝引出脚组成,其外形结构如图4-2所示。

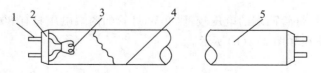

图4-2　日光灯外形结构图

1—灯脚　2—灯头　3—灯丝　4—荧光粉　5—玻璃管

(2)镇流器

镇流器是一个具有铁芯的线圈。在日光灯启动时,它和启辉器配合产生瞬间高压,促

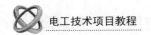

使灯管导通、管壁荧光粉发光。灯管发光后其在电路中起限流作用。镇流器的外形如图 4-3 所示。

（3）启辉器

启辉器的外壳用铝或塑料制成，壳内有一个充有氖气的小玻璃泡和一个纸质电容器。玻璃泡内有两个电极，其中弯曲的触片由热膨胀系数不同的双金属片（冷态常开触头）制成。电容器的作用是避免启辉器触片断开时产生的火花将触片烧坏，也可消除管内气体放电时产生的电磁波辐射对收音机、电视机的干扰。启辉器的外形与结构如图 4-4 所示。

图 4-3　镇流器的外形

双金属片

静触片

图 4-4　启辉器的外形与结构

**做一做**：在家用白炽灯电路中串联一个启辉器，接通电源，看看有什么现象？

2.日光灯的工作原理

当接通电源瞬间，由于启辉器还没工作，电源电压都加在启辉器内氖泡的两电极之间。泡内气体产生辉光放电，倒"U"形双金属片在正、负离子的冲击下受热膨胀，趋于伸直，使两触片闭合。这时日光灯的灯丝通过电极与电源构成一个闭合回路，如图 4-5（a）所示。灯丝因有电流（称为"启动电流"或"预热电流"）通过而发热，从而使灯丝上的氧化物发射电子。

同时，启辉器两端电极接通后电极间电压为零，于是气体放电停止，双金属片经冷却而恢复到原来的位置，两触头重新断开。在此瞬间，回路中的电流突然断电，于是镇流器两端产生一个比电源电压高得多的感应电压，连同电源电压一起加在灯管两端，使灯管内的惰性气体电离而产生弧光放电。随着管内温度的逐步升高，水银蒸气游离，并猛烈地碰撞惰性气体而放电。水银蒸气弧光放电时，辐射出紫外线，紫外线激励灯管内壁的荧光粉后发出可见光。

在正常工作时，灯管两端的电压较低（30W 灯管的两端电压只有 80V 左右）。灯管正常工作时的电流路径如图 4-5（b）所示。

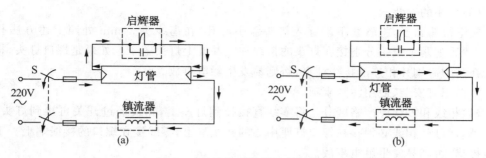

图 4-5　日光灯电路的工作原理图

### 六、电能表

单相电能表又称"电能表"或"千瓦时表",是用来对用电设备消耗的电能进行统计的仪表。单相电能表只能用于交流电路。

## 知识点2:照明电路的安装

照明电路的
安装课件

### 一、白炽灯的安装

**1. 主要步骤与工艺要求**

室内用白炽灯通常有吸顶式、壁式和悬吊式三种。

**(1)木台的安装**

先在准备安装挂线盒的地方打孔,预埋木枕或膨胀螺栓,然后在木台底面用电工刀刻两条槽,木台中间钻3个小孔,最后将两根电源线端头分别嵌入圆木的两条槽内,并从两边小孔穿出,通过中间小孔用木螺钉将圆木固定在木枕上。

**(2)挂线盒的安装**

将木台上的电源线从线盒底座孔中穿出,用木螺钉将挂线盒固定在木台上,然后将电源线剥去 2mm 左右的绝缘层,分别旋紧在挂线盒接线柱上,并从挂线盒的接线柱上引出软线,软线的另一端接到灯座上。由于挂线螺钉不能承担灯具的自重,因此在挂线盒内应将软线打个线结,使线结卡在盒盖和线孔处,如图 4-6 所示。

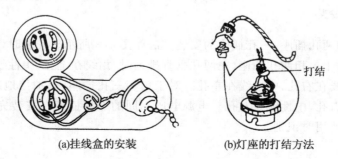

(a)挂线盒的安装　　　(b)灯座的打结方法

图 4-6　挂线盒的安装

（3）灯座的安装

旋下灯头盖子，将软线下端穿入灯头盖中心孔，在离线头 30mm 处照上述方法打一个结，然后把两个线头分别接在灯头的接线柱上并旋上灯头盖子。如果是螺口灯头，相线应接在与中心铜片相连的接线柱上，否则易发生触电事故。

2.白炽灯安装、使用注意事项

（1）相线和零线应严格区分。将零线直接接到灯座上，相线经过开关再接到灯头上。对于螺口灯座，相线必须接在螺口灯座中心的接线端上，零线接在螺口的接线端上。千万不能接错，否则易发生触电事故。

（2）用双股棉织绝缘软线时，有花色的一根导线接相线，没有花色的接零线。

（3）导线与接线螺钉连接时，先将导线的绝缘层剥去合适的长度，再将导线拧紧，以免松动，最后环成圆扣。圆扣的方向应与螺钉拧紧的方向一致，否则旋紧螺钉时，圆扣就会松开。

（4）当灯具需接地（或零）时，应采用单独的接地导线（如黄绿双色）接到电网的零干线上，以确保安全。

**二、开关的安装**

开关不能安装在零线上，必须安装在灯具电源侧的相线上，确保开关断开时灯具不带电。开关的安装分明、暗两种方式。

明开关安装时，应先敷设线路，然后在装开关处打好木枕，固定木台，并在木台上装好开关底座，然后接线。

暗开关安装时，先将开关盒按施工图要求位置预埋在墙内，开关盒外口应与墙的粉刷层在同一平面上。然后在预埋的暗管内穿线，再根据开关板的结构接线，最后将开关板用木螺钉固定在开关盒上，如图 4-7 所示。

安装扳动式开关时，无论是明装还是暗装，都应装成扳柄向上扳时电路接通，扳柄向下扳时电路断开。安装拉线开关时，应使拉线自然下垂，方向与拉向保持一致，否则容易损坏拉线。

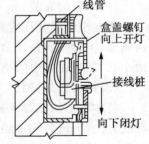

图 4-7 暗开关的安装

**三、插座的安装**

普通的单相两孔插座、三孔插座的安装方法如图 4-8 所示。安装时，插线孔必须按一定顺序排列。对于单相两孔插座，在两孔垂直排列时，相线在上孔，中性线（零线）在下孔；水平排列时，相线在右孔，中性线在左孔。对于单相三孔插座，保护接地线（保护接零线）在上孔，相线在右孔，中性线在左孔。电源电压不同的邻近插座在安装完毕后，都要有明显的标志，以便使用时识别。

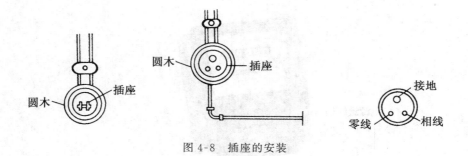

图 4-8　插座的安装

### 四、日光灯的安装

**1. 主要安装步骤及要求**

（1）准备灯架

根据日光灯灯管长度的要求，购置或制作与之配套的灯架。

（2）组装灯架

将镇流器、启辉器座、灯脚等，按电路图进行连线。连线完毕后，要对照电路图详细检查，以免错接、漏接。

（3）固定灯架

固定灯架的方式有吸顶式和悬吊式两种。

安装前，先在设计的固定点打孔预埋合适的紧固件，然后将灯架固定在紧固件上。最后把启辉器旋入底座，把日光灯管装入灯座，开关等按白炽灯的安装方法进行接线。检查无误后，即可进行通电试用。

（4）日光灯的安装步骤

安装镇流器→安装灯座→安装启辉器座→连接导线→检查连接是否正确。

**2. 日光灯安装注意事项**

（1）安装日光灯时必须注意，各个零件的规格一定要配合好，灯管的功率和镇流器的功率相同，否则灯管不能发光，或使灯管和镇流器损坏。

（2）如果所用灯架是金属材料的，应注意绝缘，以免短路或漏电，发生危险。

（3）要了解启辉器内双金属片的构造，可以取下启辉器外壳来观察。用废日光灯管解剖了解灯丝的构造时，因灯管内的水银蒸气有毒，应注意通风。

（4）日光灯上安装电容器，是为了减少电力输送时的损失（即提高功率因数），对日光灯的启动并没有作用。有电容器时，可将其并联在电源两端。

**想一想**：镇流器两端的电压与灯管两端的电压之和是否等于总电压？

### 五、电能表的安装

电能表的接线有多种方式，但在实际使用中，一般遵循"1、3 接进线，2、4 接出线"的原则，即电能表的 1、3 端子电源接进线，其 1 号端子接火线，3 号端子接零线；电能表的 2、4 端子接出线，2 号端子为火线，4 号端子为零线，具体如图 4-9 所示。

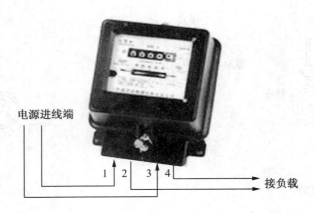

图 4-9　电能表的连线

## 知识点 3：照明电路常见故障及处理方法

### 一、白炽灯常见故障及处理方法

白炽灯常见故障及处理方法如表 4-1 所示。

照明电路故障
及处理课件

表 4-1　　　　　　　　　　　白炽灯常见故障及处理方法

| 序号 | 故障现象 | 故障原因 | 处理方法 |
|---|---|---|---|
| 1 | 灯泡不亮 | (1)灯丝烧断<br>(2)灯丝引线焊点开焊<br>(3)灯头或开关接线松动、触片变形、接触不良<br>(4)线路断线<br>(5)电源无电或灯泡与电源电压不相符，电源电压过低，不足以使灯丝发光<br>(6)行灯变压器一、二次侧绕组断路或熔丝熔断，使二次侧无电压<br>(7)熔丝熔断、自动开关跳闸<br>①灯头绝缘损坏<br>②多股导线未拧紧，未刷锡引起短路<br>③螺纹灯头、顶芯与螺丝口相碰短路<br>④导线绝缘损坏引起短路<br>⑤负荷过大，熔丝熔断 | (1)更换灯泡<br>(2)重新焊好焊点或更换灯泡<br>(3)紧固接线，调整灯头或开关的触点<br>(4)找出断线处进行修复<br>(5)检查电源电压，选用与电源电压相符的灯泡<br>(6)找出断路点进行修复，或重新绕制线圈，或更换熔丝<br>(7)判断熔丝熔断及断路器跳闸原因，找出故障点并做相应处理 |

续表

| 序号 | 故障现象 | 故障原因 | 处理方法 |
|---|---|---|---|
| 2 | 灯泡忽亮忽暗或熄灭 | (1)灯头、开关接线松动,或触点接触不良<br>(2)熔断器触点与熔丝接触不良<br>(3)电源电压不稳定,或有大容量设备启动,或超负荷运行<br>(4)灯泡灯丝已断,但断口处距离很近,灯丝晃动后忽接忽断 | (1)紧固压线螺钉,调整触点<br>(2)检查熔断器触点和熔丝,紧固熔丝,压紧螺钉<br>(3)检查电源电压,调整负荷<br>(4)更换灯泡 |
| 3 | 灯光暗淡 | (1)灯泡寿命快到,泡内发黑<br>(2)电源电压过低<br>(3)有地方漏电<br>(4)灯泡外部积垢<br>(5)灯泡额定电压高于电源电压 | (1)更换灯泡<br>(2)调整电源电压<br>(3)查看电路,找出漏电原因并排除<br>(4)去垢<br>(5)选用与电源电压相符的灯泡 |
| 4 | 灯泡通电后发出强烈白光,灯丝瞬时烧断 | (1)灯泡有搭丝现象,电流过大<br>(2)灯泡额定电压低于电源电压<br>(3)电源电压过高 | (1)更换灯泡<br>(2)选用与电源电压相符的灯泡<br>(3)调整电源电压 |
| 5 | 灯泡通电后立即冒白烟,灯丝烧断 | 灯泡漏气 | 更换灯泡 |

**二、日光灯常见故障及处理方法**

1. 灯管故障

灯不亮而且灯管两端发黑,用万用表的电阻挡测量一下灯丝是否断开。

2. 镇流器故障

一种是镇流器线匝间短路,其电感减小,致使感抗 $X_L$ 减小,使电流过大而烧毁灯丝;另一种是镇流器断路,使电路不通,灯管不亮。

3. 启辉器故障

日光灯接通电源后,只见灯管两头发亮,而中间不亮,这是由于启辉器两电极碰粘在一起分不开或启辉器内电容被击穿(短路),需更换启辉器。

常见家庭照明
线路课件

## 知识拓展

**一、常见家庭照明线路**

照明线路由电源、导线、开关和照明灯组成。在日常生活中,可以根据不同的工作需要,用不同的开关来控制照明灯具。通常用一个开关来控制一盏或多盏照明灯。有时也可以用多个开关来控制一盏照明灯,如楼道灯的控制等,以实现照明电路控制的灵活性。

用一只单联开关控制一盏灯,如图 4-10 所示。开关必须接在相线上。转动开关至"开",电路接通,灯亮;转动开关至"关",电路断开,灯熄灭,灯具不带电。

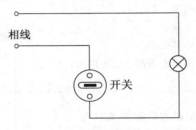

图 4-10    一只单联开关控制一盏灯

用两只双联开关在两个地方控制一盏灯,常用于楼梯和走廊,如图 4-11 所示。在电路中,两个双联开关通过并行的两根导线相连接,不管开关处在什么位置,总有一条线连接于两只开关之间。如果灯现在处于熄灭状态,转动任意一个双联开关,即可使灯点亮;如果灯现在处于点亮状态,转动任意一个双联开关,即可使灯熄灭。如此,从而实现了"一灯两控"。

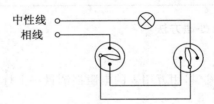

图 4-11    两只双联开关控制一盏灯

如图 4-12 所示,用两只双联开关和一只三联开关在三个地方控制一盏灯,也常用于楼梯和走廊。

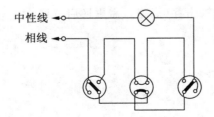

图 4-12    两只双联开关和一只三联开关控制一盏灯

双控开关实际上就是两个单刀双掷开关串起来后再接入电路。每个单刀双掷开关有3个接线端,分别连着两个触点和一个刀。

## 任务实施

**学生分组练习**

(1)根据电路原理图(见图4-13)进行布局设计。

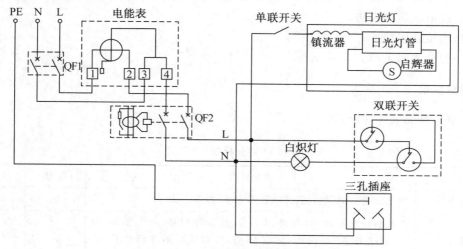

图4-13　照明电路的原理图

(2)绘制电路接线图及电路连接。

(3)按照工艺要求进行安装。

接线原则:

①横平竖直,拐弯成直角,少用导线,少交叉,多线合拢一起走。

②元件布置整齐、美观、合理。

③接线牢固,接触良好,线头露铜1~2mm。

(4)进行通电前电路器件测试:测插座连线是否正确、测镇流器是否损坏等。

①选择正确的挡位检测电路。将万用表转至欧姆挡中"×100"挡位,并短接表笔调零。

②检测零线、火线、地线三线间有没短路。在没装电灯等电器的情况下,将表笔放置在零线、火线端口处,观察电阻,电阻应该为∞。如果指针有摆动,证明有短路;如果为零,证明严重短路,零线和火线可能直接接在一起了。

③检测零线、火线、地线路上各点是否导通。同一种线的点,在电路上是通的。如果有开关,要进行关断测试。

④检测白炽灯是否安装正确。在安装上灯泡后,此时零线、火线端口处电阻应为500Ω(500Ω是灯泡的电阻值),而且要进行开关测试。

(5)电路接线检查,学习电路安装测试安全注意事项。

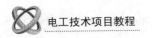 

(6)在教师指导下通电试运行。

## 任务考核与评价

### 考核要点

(1)能够合理布局,并正确绘制电路接线图。
(2)能够按照工艺要求安装元器件,并且布线美观。
(3)通电试运行成功。
(4)团结合作精神。
(5)安全文明生产。

### 评分标准

评分标准如表4-2所示。

表4-2 评分标准

| 评分内容 | 评分标准 | 配分 | 得分 |
|---|---|---|---|
| 布局设计 | 接线图绘制错误,元器件布置不合理,扣10～20分 | 20 | |
| 线路安装 | 各元器件安装松动,每处扣5分;元器件损坏,每个扣除10分;相线未进开关内部,扣除10分;管线安装不符合要求,每处扣5分 | 40 | |
| 通电实验 | 安装线路错误,造成短路、断路故障,每通电1次扣10分,扣完20分为止 | 20 | |
| 团结协作 | 小组成员分工协作不明确,扣5分;成员不积极参与,扣5分 | 10 | |
| 安全文明生产 | 违反安全文明操作规程,扣5～10分 | 10 | |
| 教师评价 | | 总分 | |

# 任务二  照明电路的分析与测量

## 任务导入

我们最熟悉和最常用的家用电器采用的都是交流电,如电视、电脑、照明灯、冰箱、空调等。即便是像收音机、复读机等采用直流电源的家用电器,也是通过相关设备将交流电转变为直流电后再被使用的。这些电器设备的电路模型在交流电路中的规律与直流电路中的规律是不一样的,因此,分析交流电路的特征及相应电路模型的交流响应是我们的重要任务。

## 任务描述

要求学生根据一单相交流电路(如家庭中的日光灯电路),在实训室连接日光灯电路,分析电路中电压与电流之间的关系以及功率因数的提高方法,从而掌握描述正弦交流电路特性的各物理量。

## 实施条件

(1)电工电路综合实训台,实训台配有日光灯、镇流器、启辉器等。

(2)交流电压表、交流电流表、数字万用表、功率表等电工仪表。

## 相关知识

### 知识点1:正弦交流电的基础知识

正弦交流电的
基础知识课件

#### 一、交流电的基本概念

大小随时间按一定规律作周期性变化,且在一个周期内平均值为零的电压、电流和电动势称为"交流电"。随时间按正弦规律变化的电压、电流统称为"正弦电量",或称为"正弦交流电",如图4-14(a)所示。

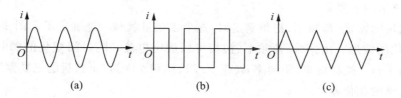

(a) (b) (c)

图4-14　常见的交流电波形

#### 二、描述正弦交流电特征的物理量

常用以下物理量描述正弦交流电的特征。

1. 正弦量的三要素

(1)振幅值和瞬时值

正弦量是一个等幅振荡、正负交替变化的周期函数。振幅值是正弦量在整个振荡过程中达到的最大值,又称"峰值",通常用大写字母加下标 m 来表示。如 $I_m$,表示电流的振幅值或最大值。振幅值表示正弦量瞬时值变化的范围或幅度。瞬时值指交流电在某一瞬时的值,用小写字母表示,如 $i$、$e$、$u$,分别表示电流、电动势、电压的瞬时值。

(2)周期和频率

正弦量变化一周所需的时间称为"周期"。通常用 $T$ 表示,如图4-15所示。其单位为秒(s)、毫秒(ms)、微秒(μs)、纳秒(ns)等。

正弦量 1s 内重复变化的次数称为"频率",用 $f$ 表示,其单位为赫兹(Hz)。

周期和频率两者的关系为:

$$f = \frac{1}{T} \qquad (4-1)$$

周期和频率表示正弦量变化的快慢程度。周期越短,频率越高,变化越快。

正弦量变化的快慢程度除用周期和频率表示,还可用角频率 $\omega$ 表示,单位为 rad/s。因为一个周期经历了 $2\pi$ 弧度,所以 $\omega$、$T$、$f$ 之间的关系为:

$$\omega = \frac{2\pi}{T} = 2\pi f \qquad (4-2)$$

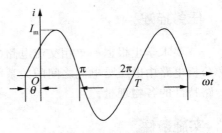

图 4-15　正弦交流电的波形

**(3)相位和初相**

正弦电量在任意瞬间的变化状态是由该瞬间的电角度 $\omega t + \theta$ 决定的。把正弦电量在任意瞬间的电角度 $\omega t + \theta$ 称为"相位角",简称"相位"。相位反映了正弦量的每一瞬间的状态或随时间变化的进程。相位的单位一般为弧度(rad)。

$\theta$ 是正弦量在 $t=0$ 时刻的相位,称其为正弦量的"初相位"(角),简称"初相"。初相反映了正弦量在计时起点处的状态(初始状态),由它确定正弦量的初始值。正弦量的初相与计时起点(即波形图上的坐标原点)的选择有关,且在 $t=0$ 时,函数值的正负与对应 $\theta$ 的正负号相同。

**(4)正弦量的三要素**

当正弦量的振幅、角频率、初相确定时,这个正弦量就唯一地确定了。图 4-15 是电流 $i$ 随时间变化的波形。由振幅、角频率、初相可以确定电流 $i$ 随时间变化的瞬时表达式为 $i = I_m \sin(\omega t + \theta)$。故将振幅、角频率 $\omega$(或 $f$、$T$)、初相 $\theta$ 称为"正弦量的三要素"。

**2.正弦量的相位差**

**(1)正弦量的相位差**

对于两个同频率的正弦量而言,虽然都随时间按正弦规律变化,但是它们随时间变化的进程可能不同。为了描述同频率正弦量随时间变化进程的先后,引入了相位差。这里所述的相位差就是两个同频率的正弦量的相位之差,用 $\varphi$ 带双下标表示。

设两个同频率的正弦量:

$$u_1 = U_{1m}\sin(\omega t + \theta_1)$$
$$u_2 = U_{2m}\sin(\omega t + \theta_2)$$

它们之间的相位差为:

$$\varphi_{12} = (\omega t + \theta_1) - (\omega t + \theta_2) = \theta_1 - \theta_2 \qquad (4-3)$$

可见,两个同频率正弦量的相位差等于它们的初相之差。

**(2)正弦量相位差的几种情况**

同频率正弦量初相相同(即相位差为零)时称为"同相",如图 4-16(a)所示的 $u$ 和 $i$。如果两个正弦量到达某一确定状态(如最大值)的先后次序不同,则称先到达者为超前,后到达者为滞后,如图 4-16(b)所示的 $u_1$ 和 $u_2$。当 $\theta_1 > \theta_2$,则称电压 $u_1$ 超前电压 $u_2$,或者说电压 $u_2$ 滞后电压 $u_1$。

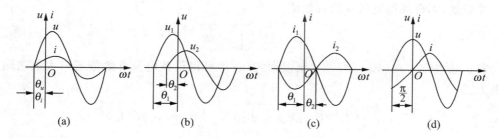

图 4-16 相位差的几种情况

如果两个正弦量的相位差为 $\pi(180°)$,称为"反相",如图 4-16(c)所示的 $i_1$ 和 $i_2$。同一正弦量,相反参考方向下的 $i_{ab}$ 和 $i_{ba}$ 反相。

如果两个正弦量的相位差为 $\frac{\pi}{2}(90°)$,称为"正交",如图 4-16(d)所示的 $u$ 和 $i$。

(3)说　明

在正弦电路的分析计算中,为了比较同一电路中同频率的各正弦量之间的相位关系,可选其中一个为参考正弦量,取其初相为零,这样其他正弦量的初相便由它们与参考正弦量之间的相位差来确定。各正弦量必须以同一时刻为计时起点才能比较相位差,故一个电路中只能有一个参考正弦量,究竟选哪一个则是任意的。不同频率的正弦量之间比较是无意义的。

3. 正弦量的有效值

正弦波是一种周期波,对其可以用有效值来表征它的大小。正弦电量的有效值是按电流的热效应来确定的。根据热效应相等原理,把正弦电量换算成直流电的数值,即正弦电量的有效值是热效应与它相等的直流电量的数值。当正弦电流 $i$ 和直流电流 $I$ 分别流过阻值相等的电阻时,如果在正弦电流的一个周期内它们所产生的热量相等,则这一直流电流的数值就称为"正弦电流的有效值"。正弦电量的有效值用大写字母表示。

设有两个相同的电阻 $R$,分别通以周期电流 $i$ 和直流电流 $I$。当周期电流 $i$ 流过电阻 $R$ 时,该电阻在一个周期 $T$ 内所消耗的电能为:

$$\int_0^T P dt = \int_0^T i^2 R dt = R \int_0^T i^2 dt$$

当直流电流 $I$ 流过电阻 $R$ 时,在相同的时间 $T$ 内所消耗的电能为:

$$PT = RI^2 T$$

根据正弦电量有效值的概念,如令以上两式相等,亦即:

$$RI^2 T = R \int_0^T i^2 dt$$

由上式可得有效值的定义式为:

$$I = \sqrt{\frac{1}{T} \int_0^T i^2 dt} \tag{4-4}$$

由式(4-4)所示的有效值定义可知,周期电流的有效值等于它的瞬时值的平方在一个周期内积分的平均值再取平方根,因此,有效值又称为"方均根值":

类似地,可得周期电压 $u$ 的有效值。

$$U = \sqrt{\frac{1}{T}\int_0^T u^2\,dt} \tag{4-5}$$

若正弦电流 $i = I_m\sin(\omega t + \theta_i)$,则根据式(4-4)可得正弦电流有效值与最大值之间的关系为:

$$I = \sqrt{\frac{1}{T}\int_0^T I_m^2\sin(\omega t + \theta)\,dt} = \frac{1}{\sqrt{2}}I_m \approx 0.707I_m$$

类似地,可得:

$$U = \frac{1}{\sqrt{2}}U_m \approx 0.707U_m \tag{4-6}$$

由此可见,正弦波的有效值为其振幅的 $\frac{1}{\sqrt{2}}$ 倍。有效值可代替振幅作为正弦量的一个要素。

**三、正弦量的表示方法**

1. 正弦量用波形图表示

设有一正弦电压的瞬时解析式为 $u = U_m\sin(\omega t + \varphi)$,则波形图可用图 4-17 表示。

正弦波和有向线段
表示正弦量动画

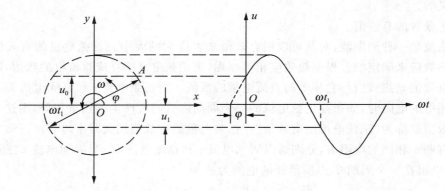

图 4-17  用正弦波形和旋转有向线段来表示正弦量

2. 正弦量用旋转有向线段表示

如果有向线段 $OA$ 长度等于 $U_m$,有向线段 $OA$ 与横轴夹角等于初相位 $\varphi$,有向线段以速度 $\omega$ 按逆时针方向旋转,则该旋转有向线段每一瞬时在纵轴上的投影即表示相应时刻正弦量的瞬时值(见图 4-17)。

3. 正弦量的相量表示法

在正弦交流电路中,用复数表示正弦量,用于正弦交流电路分析计算的方法称为"相量表示法"。

正弦量的相量表示法就是用复数形式来表示正弦量的有效值和初相位,使正弦交流电路的分析和计算转化为复数运算的一种方法。这种方法使得正弦交流电路的分析计算相当简便。在线性正弦交流电路中,所有电压、电流都是同频率的正弦量。所以,要确定这些正弦量,只要确定它们的有效值和初相位就可以了。

为了与一般的复数相区别,我们把表示正弦量的复数称为"相量",并在大写字母上打"·"表示。设某正弦电流为 $i=\sqrt{2}I\sin(\omega t+\theta_i)$,其对应的相量表示为 $\dot{I}=Ie^{j\theta_i}=I\angle\theta_i$,而式中 $\dot{I}=I\angle\theta_i$ 是一个与时间无关的复常数,其模是正弦量的有效值,辐角是正弦量的初相,两者是正弦量三要素的两个要素。当角频率 $\omega$ 给定时,它们就完全确定了一个正弦量。由于在正弦电路中,所有电流、电压都是同频率的正弦量,频率常是已知的,$\dot{I}$ 便是一个足以表示正弦电流的复数。像这样一个能表示正弦量有效值及初相的复数 $\dot{I}$,就叫作"正弦量的相量"。

特别注意,相量只能表征或代表正弦量而并不等于正弦量。两者不能用等号表示相等的关系,这一关系可用双箭头"↔"符号来表明,如 $i(t)\leftrightarrow\dot{I}$。

### 四、正弦量的相量图

相量作为一个复数,也可以在复平面上用有向线段表示,如图 4-18 所示。相量在复平面上的图示称为"相量图"。

相量的表示法
讲解视频

相量与 $e^{\omega}$ 的乘积则是时间 $t$ 的复值函数,在复平面上可用恒定角速度 $\omega$ 逆时针方向旋转的相量表示。这是因为这一乘积的幅角为 $\omega t+\theta$,它不是常量,而是随时间的增长而增加的,如果相量的模按它所表示的正弦量的振幅取值,例如 $U_m$,则该相量旋转时,在虚轴上的投影为 $U_m\sin(\omega t+\theta)$,亦即为该正弦电压的瞬时值 $u$,如图 4-19 所示。

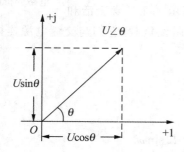

图 4-18　电压相量图

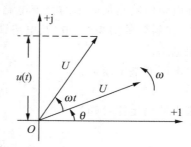

图 4-19　电压旋转相量图

必须指出,只有同频率正弦量的相量才可以画在同一相量图上。在相量图上可以直观反映各正弦量的相位关系。

【例 4.1】　同频率的正弦电压和正弦电流分别为 $u=141\sin(\omega t+60°)$ V,$i=14.14\sin(\omega t-45°)$ A,试写出 $u$ 和 $i$ 的相量。

**解**:电压相量:$\dot{U}=\dfrac{141}{\sqrt{2}}e^{j60°}=100e^{j60°}=100\angle60°$(V)。

电流相量：$\dot{I} = \dfrac{14.14}{\sqrt{2}}\mathrm{e}^{\mathrm{j}-45°} = 10\mathrm{e}^{\mathrm{j}-45°} = 10\angle -45°(\mathrm{A})$。

【例 4.2】 已知两个同频率正弦电流分别为 $i_1 = 10\sqrt{2}\sin(314t + \pi/3)\mathrm{A}$，$i_2 = 22\sqrt{2}\sin(314t - 5\pi/6)\mathrm{A}$，求 $i_1 + i_2$，并画出相量图。

**解**：设 $i = i_1 + i_2 = \sqrt{2}I\sin(\omega t + \varphi_i)$，其相量为 $\dot{I} = I\angle\varphi_i$（待求），可得：

$$\dot{I} = \dot{I}_1 + \dot{I}_2 = 10\angle 60° + 22\angle -150°$$
$$= (5 + \mathrm{j}8.66) + (-19.05 - \mathrm{j}11)$$
$$= -14.05 + \mathrm{j}2.34 = 14.24\angle -170.54°(\mathrm{A})$$

所以，$i = i_1 + i_2 = 14.24\sqrt{2}\sin(314t - 170.54°)(\mathrm{A})$。

相量图如图 4-20 所示。

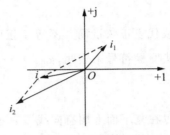

图 4-20　相量图

## 知识点 2：单一参数的正弦交流电路分析

### 一、纯电阻电路

1. 电压与电流间的关系

纯电阻电路是最简单的交流电路，如图 4-21 所示。在日常生活和工作中，接触到的白炽灯、电炉、电烙铁等，都属于电阻性负载，它们与交流电源连接组成纯电阻电路。

设电阻两端电压为：

$$u(t) = U_{\mathrm{m}}\sin\omega t$$

则由欧姆定律可知：

$$i(t) = \frac{u(t)}{R} = \frac{U_{\mathrm{m}}}{R}\sin\omega t = I_{\mathrm{m}}\sin\omega t$$

比较电压和电流的关系式可知，电阻两端电压 $u$ 和电流 $i$ 在数值上满足关系式：

$$I_{\mathrm{m}} = \frac{U_{\mathrm{m}}}{R}$$

$$I = \frac{U}{R} \qquad\qquad (4-7)$$

用相量表示电压与电流的关系为：

$$\dot{I} = \frac{\dot{U}}{R} \qquad\qquad (4-8)$$

相位关系是电压与电流同相。从波形图 4-22 也可以不难看出。电阻元件的电流、电压相量图如图 4-23 所示。

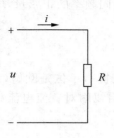

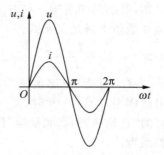

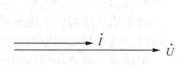

图 4-21  纯电阻元件交流电路　　图 4-22  电压、电流的波形图　　图 4-23  电阻电路中电压
　　　　　　　　　　　　　　　　　　　　　　　　　　　　　　　　　　与电流的相量图

### 2.电阻元件功率

（1）瞬时功率

在正弦交流电路中,通过电阻元件的电流及其两端电压的大小和方向随时间在变动,电阻吸收的功率也必然是随时间变化的。把电阻在任一瞬间所吸收的功率称为"瞬时功率",用小写字母 $p$ 表示。

设 $u$、$i$ 参考方向关联,则瞬时功率等于同一瞬时电压和电流瞬时值的乘积,即：

$$p=ui=U_m\sin\omega t \cdot I_m\sin\omega t=U_mI_m\sin^2\omega t=UI(1-\cos2\omega t) \qquad (4-9)$$

由于电阻元件的电压、电流同相位,它们的瞬时值总是同时为正或为负,所以瞬时功率 $p$ 总为正值,如图 4-24 所示。这表明,电阻元件在每一瞬间都在消耗电能,所以电阻元件是耗能元件。

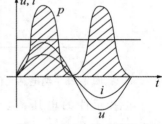

图 4-24  纯电阻电路瞬时
功率的波形图

（2）平均功率

由于瞬时功率是随时间变化的,使用时很不方便,因而工程上所说的功率指的是瞬时功率在一个周期内的平均值,称为"平均功率",用大写字母 $P$ 表示,又称为"有功功率",单位为瓦特（W）或千瓦（kW）。

$$P = \frac{1}{T}\int_0^T p\,\mathrm{d}t = \frac{1}{T}\int_0^T UI(1-\cos2\omega t)\mathrm{d}t = UI = I^2R = \frac{U^2}{R} \qquad (4-10)$$

式中,$U$、$I$ 是电压、电流的有效值。

（3）结　论

在电阻元件的交流电路中,电流和电压是同相的。电压的幅值（或有效值）与电流的幅值（或有效值）的比值,就是电阻 $R$。

### 二、纯电感电路

#### 1.电压与电流间的关系

纯电感线圈电路如图 4-25 所示。

设电感电路中正弦电流为 $i=I_m\sin\omega t$。

在电压、电流关联参考方向下,电感元件两端电压为：

$$u = L\frac{di}{dt} = \omega L I_m \cos\omega t = \omega L I_m \sin(\omega t + 90°) = U_m \sin(\omega t + 90°)$$

比较电压和电流的关系式可知,电感两端电压 $u$ 和电流 $i$ 也是同频率的正弦量,电压的相位超前电流 $90°$,电压与电流在数值上满足关系式:

$$U_m = \omega L I_m \text{ 或 } \frac{U_m}{I_m} = \frac{U}{I} = \omega L \tag{4-11}$$

在式(4-11)中,令 $X_L = \omega L = 2\pi f L$,称为"电感电抗",简称"感抗",单位是欧姆($\Omega$),它反映电感线圈对交流电流的阻碍作用。当 $f = 0$ 时,$X_L = 0$,表明线圈对直流电流相当于短路。这就是线圈本身所固有的"直流畅通,高频受阻"作用。

用相量表示电压与电流的关系为:

$$\dot{U} = jX_L \dot{I} = j\omega L \dot{I} \tag{4-12}$$

相位关系是电压超前电流 $90°$。从波形图(见图 4-26)也可以不难看出。

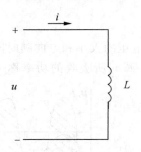

图 4-25　纯电感元件电路

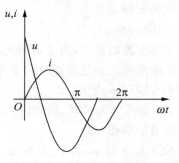

图 4-26　电感元件波形图

电感元件的电压、电流相量图如图 4-27 所示。

2.电感元件的功率

(1)瞬时功率

在电压、电流取关联参考方向下,电感元件吸收的瞬时功率为:

$$p = ui = U_m \sin(\omega t + \frac{\pi}{2}) \cdot I_m \sin\omega t$$

$$= U_m I_m \cos\omega t \cdot \sin\omega t$$

$$= \frac{U_m I_m}{2}\sin 2\omega t = UI\sin 2\omega t \tag{4-13}$$

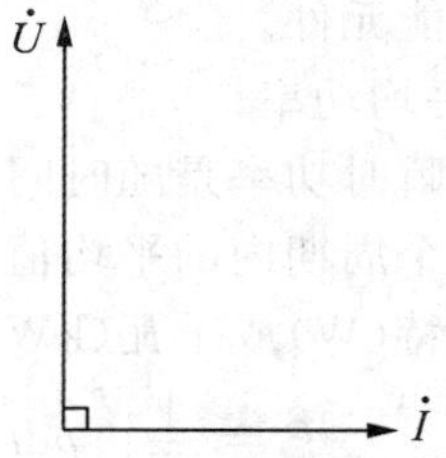

图 4-27　电感电路相量图

从瞬时功率的数学表达式可以看出,瞬时功率也是随时间变化的正弦函数,其幅值为 $UI$,并以角速度随时间变化。由图 4-28 可知,在一个周期内,瞬时功率的平均值为零,说明电感元件不消耗能量,但电感元件也存在着与电源之间的能量交换。$u$ 和 $i$ 同为正值或负值,瞬时功率 $p$ 大于零,这一过程实际是电感将电能转换为磁场能存储起来,从电源吸取能量。在第二个和第四个 $T/4$ 内,$u$ 和 $i$ 一个为正值,另一个则为负值,故瞬时功率小于零,这一过程实际上是电感将磁场能转换为电能释放出来。电感不断地与电源交换能量,在一个周期内吸收和释放的能量相等,因此平均功率为零。这说明电感不消耗能量,是一个储能元件。

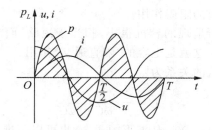

图 4-28　纯电感电路瞬时功率的波形图

（2）平均功率

电感元件瞬时功率的平均值（即平均功率）为：

$$p = \frac{1}{T}\int_0^T p\,\mathrm{d}t = \frac{1}{T}UI\sin2\omega t\,\mathrm{d}t = 0 \tag{4-14}$$

（3）无功功率

为反映电感元件与电源间能量相互转换的规模，把瞬时功率的最大值定义为无功功率，大小为：

$$Q = UI = X_L I^2 = \frac{U^2}{X_L} \tag{4-15}$$

无功功率与有功功率在形式上是相似的，但无功功率不是消耗电能的速率，而是交换能量的最大速率。无功功率虽具有功率的量纲，但它终究不是元件实际消耗的功率，它的单位也与功率的单位有所区别。为了区别无功功率和有功功率，将无功功率的单位命名为乏（var），工程上还会用到千乏（kvar），1kvar＝$10^3$ var。

（4）结　论

电感元件交流电路中，$u$ 比 $i$ 超前 90°；电压有效值等于电流有效值与感抗的乘积；平均功率为零，但存在着电源与电感元件之间的能量交换，所以瞬时功率不为零。为了衡量这种能量交换的规模，取瞬时功率的最大值，即电压和电流有效值的乘积。

### 三、纯电容电路

1. 电压与电流间的关系

纯电容线圈电路如图 4-29 所示。

若设加在电容 $C$ 两端的正弦电压为 $u(t)=U_\mathrm{m}\sin\omega t$。

则有：

$$i = C\frac{\mathrm{d}u}{\mathrm{d}t} = CU_\mathrm{m}\frac{\mathrm{d}}{\mathrm{d}t}(\sin\omega t)$$
$$= \omega CU_\mathrm{m}\cos\omega t = \omega CU_\mathrm{m}\sin(\omega t + 90°)$$
$$= I_\mathrm{m}\sin(\omega t + 90°)$$

比较电压和电流的关系式可知，电容两端电压 $u$ 和电流 $i$ 也是同频率的正弦量，电流的相位超前电压 90°，电压与电流在数值上满足关系式：

$$I_\mathrm{m} = \omega CU_\mathrm{m} \quad \text{或} \quad \frac{U_\mathrm{m}}{I_\mathrm{m}} = \frac{U}{I} = \frac{1}{\omega C} \tag{4-16}$$

在式（4-16）中，令 $X_C = \frac{1}{\omega C} = \frac{1}{2\pi fC}$，称为"电容电抗"，简称"容抗"，单位是欧姆（Ω），

它反映电容线圈对交流电流的阻碍作用。

电容元件对高频电流所呈现的容抗很小，相当于短路；而当频率 $f$ 很低或 $f=0$（直流）时，电容就相当于开路。这就是电容的"隔直通交"作用。

用相量表示电压与电流的关系为：

$$\dot{U} = -\mathrm{j}\frac{\dot{I}}{\omega C} = \frac{\dot{I}}{\mathrm{j}\omega C} \tag{4-17}$$

相位关系是电流超前电压 90°，从波形图 4-30 也可以不难看出。

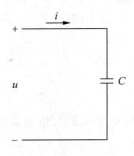

图 4-29　电容电路

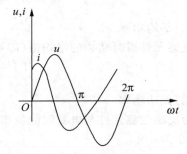

图 4-30　电容的电压、电流波形图

电容元件的电压、电流相量图如图 4-31 所示。

**2. 电容元件的功率**

（1）瞬时功率

$$
\begin{aligned}
p = ui &= U_{\mathrm{m}}\sin\omega t \cdot I_{\mathrm{m}}\sin\left(\omega t + \frac{\pi}{2}\right)\\
&= U_{\mathrm{m}}I_{\mathrm{m}}\sin\omega t \cdot \cos\omega t\\
&= \frac{U_{\mathrm{m}}I_{\mathrm{m}}}{2}\sin 2\omega t = UI\sin 2\omega t
\end{aligned}
\tag{4-18}
$$

从瞬时功率的数学表达式可以看出，瞬时功率也是随时间变化的正弦函数，其幅值为 $UI$，并以 $2\omega$ 角速度随时间变化，如图 4-32 所示。在一个周期内，瞬时功率的平均值为零，说明电容元件不消耗能量，但这并不意味着电容元件不从电源获取能量。在第一个和第三个 $T/4$ 内，$u$ 和 $i$ 同为正值或负值，瞬时功率 $p$ 大于零，这一过程实际是电容将电能转换为电场能存储起来，从电源吸取能量。在第二个和第四个 $T/4$ 内，$u$ 和 $i$ 一个为正值，另一个则为负值，故瞬时功率小于零，这一过程实际上是电容将电场能转换为电能释放出来。电容不断地与电源交换能量，在一个周期内吸收和释放的能量相等，因此平均功率为零。这说明电容不消耗能量，也是一个储能元件。

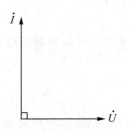

图 4-31　电容电路的相量图

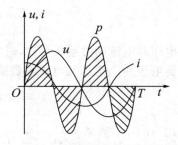

图 4-32　纯电容电路瞬时功率的波形图

（2）平均功率

电容元件瞬时功率的平均值，即为"平均功率"：

$$p = \frac{1}{T}\int_0^T p\,\mathrm{d}t = \frac{1}{T}\int_0^T UI\sin2\omega t\,\mathrm{d}t = 0 \tag{4-19}$$

电容元件的平均功率为零，但存在着与电源之间的能量交换，电源要供给它电流，而实际上电源的额定电流是有限的，所以电容元件对电源来说仍是一种负载，它要占用电源设备的容量。

（3）无功功率

与电感元件一样，采用无功功率来衡量这种能量的交换，它仍等于瞬时功率的最大值，其大小为：

$$Q = UI = X_C I^2 = \frac{U^2}{X_C} \tag{4-20}$$

（4）结　论

在电容元件电路中，在相位上电流比电压超前90°；电压的幅值（或有效值）与电流的幅值（或有效值）的比值为容抗 $X_C$；电容元件是储能元件，瞬时功率的最大值（即电压和电流有效值的乘积）称为"无功功率"；为了与电感元件的区别，电容的无功功率取负值。

（5）说　明

①$X_C$、$X_L$ 与 $R$ 一样，有阻碍电流的作用。

②适用欧姆定律，等于电压、电流有效值之比。

③$X_L$ 与 $f$ 成正比，$X_C$ 与 $f$ 成反比，$R$ 与 $f$ 无关。

④对直流电，$f=0$，$L$ 可视为短路，$X_C$ 趋于无穷大，可视为开路。

⑤对交流电，$f$ 愈高，$X_L$ 愈大，$X_C$ 愈小。

【例4.3】 把一个 $100\Omega$ 的电阻元件接到频率为 $50\mathrm{Hz}$、电压有效值为 $10\mathrm{V}$ 的正弦电源上，则电流是多少？如保持电压值不变，而电源频率改变为 $5000\mathrm{Hz}$，这时电流将为多少？若将 $100\Omega$ 的电阻元件改为 $25\mu\mathrm{F}$ 的电容元件，电流又将如何变化？

**解：**因为电阻与频率无关，所以电压有效值保持不变时，频率虽然改变但电流有效值不变，即：

$$I = \frac{U}{R} = \frac{10}{100} = 0.1 = 100(\mathrm{mA})$$

当 $f=50\mathrm{Hz}$ 时，

$$X_C = \frac{1}{2\pi f C} = \frac{1}{1\times3.14\times50\times(25\times10^{-6})} = 127.4(\Omega)$$

$$I = \frac{U}{X_C} = \frac{10}{127.4} = 0.078 = 78(\mathrm{mA})$$

当 $f=5000\mathrm{Hz}$ 时，

$$X_C = \frac{1}{2\times3.14\times5000\times(2\times10^{-6})} = 1.274(\Omega)$$

$$I = \frac{10}{1.274} = 7.8(\mathrm{A})$$

可见，在电压有效值一定时，频率越高，则通过电容元件的电流有效值越大。

多参数组合的正弦
交流电路分析课件

## 知识点 3：多参数组合的正弦交流电路分析

**一、$RLC$ 串联电路的电压与电流关系**

电路图如图 4-33 所示。

根据 KVL 定律可列出：

$$u = u_R + u_L + u_C$$

若设电路中的电流为 $i = I_m \sin\omega t$，则电阻元件上的电压 $u_R$ 与电流同相，即：

$$u_R = RI_m \sin\omega t = U_{Rm} \sin\omega t$$

电容元件上的电压 $u_C$ 比电流滞后 90°，即：

$$u_C = \frac{I_m}{\omega C} \sin(\omega t - 90°) = U_{Cm} \sin(\omega t - 90°)$$

电感元件上的电压 $u_L$ 比电流超前 90°，即：

$$u_L = \omega L I_m \sin(\omega t + 90°) = U_{Lm} \sin(\omega t + 90°)$$

电源电压为 $u = u_R + u_L + u_C = U_m \sin(\omega t + \varphi)$。

用相量法求和，可得：

$$\dot{U} = \dot{U}_R + \dot{U}_L + \dot{U}_C \tag{4-21}$$

画出相应的相量图（见图 4-34）。

由电压相量所组成的直角三角形，称为"电压三角形"，如图 4-35 所示。利用这个电压三角形，可求得电源电压的有效值，即：

$$U = \sqrt{U_R^2 + (U_L - U_C)^2} = \sqrt{(RI)^2 + (X_L I - X_C I)^2} = I\sqrt{R^2 + (X_L - X_C)^2} \tag{4-22}$$

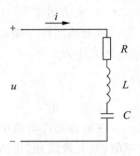

图 4-33  串联电路

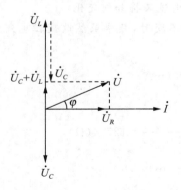

图 4-34  $RLC$ 串联电路相

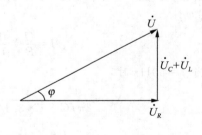

图 4-35  电压三角形

电路中，电压与电流的有效值（或幅值）之比为 $\sqrt{R^2 + (X_L - X_C)^2}$，它的单位也是欧姆，也具有对电流起阻碍作用的性质，称为电路的"阻抗模"，用 $|Z|$ 代表，即：

$$|Z| = \sqrt{R^2 + (X_L - X_C)^2} = \sqrt{R^2 + \left(\omega L - \frac{1}{\omega C}\right)^2} \tag{4-23}$$

其中，$X=X_L-X_C$ 称为"电抗"，单位为欧姆($\Omega$)。

$|Z|$、$R$ 和 $|X_L-X_C|$ 三者之间的关系也可用一个直角三角形——阻抗三角形来表示，如图4-36所示。

电源电压 $u$ 与电流 $i$ 之间的相位差也可从电压三角形得出，即：

$$\varphi=\arctan\frac{U_L-U_C}{U_R}=\arctan\frac{X_L-X_C}{R} \quad (4-24)$$

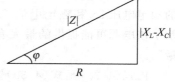

图4-36 阻抗三角形

若采用复数运算，则为：

$$\dot{U}=R\dot{I}+\mathrm{j}X_L\dot{U}-\mathrm{j}X_C\dot{U}=[R+\mathrm{j}(X_L-X_C)]\dot{I}=Z\dot{I} \quad (4-25)$$

式(4-25)中，

$$Z=R+\mathrm{j}(X_L-X_C)=|Z|\angle\varphi \quad (4-26)$$

$Z$ 称为"复阻抗"。阻抗的幅角 $\varphi$ 即为电流与电压之间的相位差。

电路特性：

如果 $X_L>X_C$，则 $\varphi>0$，电流滞后于电压，电路称为"感性电路"。

如果 $X_L<X_C$，则 $\varphi<0$，电流超前于电压，电路称为"容性电路"。

如果 $X_L=X_C$，则 $\varphi=0$，电流与电压同相，电路称为"电阻性电路"。

## 二、$RLC$ 串联电路的功率

1. 瞬时功率和有功功率

设 $i=I_{\mathrm{m}}\sin\omega t$，$u=U_{\mathrm{m}}\sin(\omega t+\varphi)$。

瞬时功率：

$$p=ui=U_{\mathrm{m}}I_{\mathrm{m}}\sin\omega t\cdot\sin(\omega t+\varphi) \quad (4-27)$$
$$=UI\cos\varphi-UI\cos(2\omega t+\varphi)$$

有功功率：

$$P=\frac{1}{T}\int_0^T p\,\mathrm{d}t=UI\cos\varphi \quad (4-28)$$

令 $\lambda=\cos\varphi$ 称为"功率因数"，它是交流供电线路运行的重要指标之一。

2. 无功功率

在电路中，电源的能量一部分消耗在电阻元件上，转化为其他形式的能量，另外还有一部分与阻抗中的电抗分量进行能量交换。

无功功率正是用来表征电源与阻抗中的电抗分量进行能量交换的规模大小的物理量。

$$Q=Q_L-Q_C=(U_L-U_C)I=UI\sin\varphi \quad (4-29)$$

3. 视在功率

由于 $RLC$ 串联电路中电压和电流存在相位差，因此，电路的平均功率不等于电压和电流的有效值的乘积 $UI$。$UI$ 具有功率的形式，但它既不是有功功率，也不是无功功率，把它称为"视在功率"，用大写字母 $S$ 表示。为了与有功功率和无功功率区别，视在功率的单位为伏·安($\mathrm{V}\cdot\mathrm{A}$)。

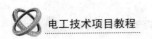 

$$S=UI=\sqrt{P^2+Q^2} \qquad (4-30)$$

视在功率是有实际意义的。如交流电源都有确定的额定电压 $U_N$ 和额定电流 $I_N$,其视在功率 $U_N I_N$ 就表示了该电源可能提供的最大有功功率,称为电源的"容量"。

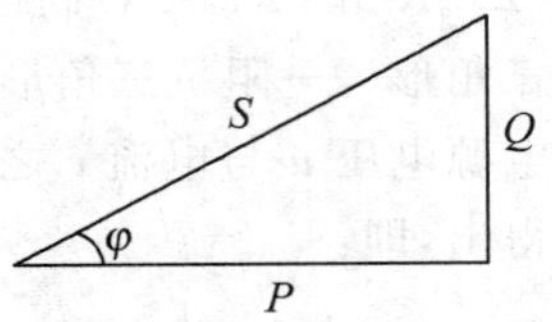

由式(4-28)至式(4-30)知 $P$、$Q$、$S$ 三者也构成直角三角形的关系,称为"功率三角形",如图4-37所示。

在 $RLC$ 串联电路中,如果将功率三角形的三条边除以电流的有效值,便可以得到电压三角形。功率三角形与电压三角形为相似三角形,$\varphi$ 角即为"功率因数角"。

图 4-37　功率三角形

【例 4.4】　在 $RLC$ 串联电路中,已知 $R=30\Omega$,$L=127\mathrm{mH}$,$C=40\mu\mathrm{F}$,$u=220\sqrt{2}\sin(314t+20°)\mathrm{V}$。

求:(1)电流的有效值与瞬时值;(2)各部分电压的有效值与瞬时值;(3)有功功率 $P$、无功功率 $Q$ 和视在功率 $S$。

解:由已知可得:

$$X_L=\omega L=314\times127\times10^{-3}=40(\Omega)$$

$$X_C=\frac{1}{\omega C}=\frac{1}{314\times40\times10^{-6}}=80(\Omega)$$

$$|Z|=\sqrt{R^2(X_L-X_C)^2}=\sqrt{30^2(40-80)^2}=50(\Omega)$$

(1)
$$I=\frac{U}{|Z|}=\frac{220}{50}=4.4(\mathrm{A})$$

$$\varphi=\arctan\frac{X_L-X_C}{R}=\arctan\frac{40-80}{30}=-53°$$

因为 $\varphi=\varphi_u-\varphi_i=-53°$,且 $\varphi_u=20°$,所以 $\varphi_i=73°$。

则 $i=4.4\sqrt{2}\sin(314t+73°)(\mathrm{A})$。

(2)
$$U_R=RI+4.4\times30=132(\mathrm{V})$$

$$u_R=132\sqrt{2}\sin(314t+73°)(\mathrm{V})$$

$$U_L=IX_L=4.4\times40=176(\mathrm{V})$$

$$u_L=176\sqrt{2}\sin(314t+163°)(\mathrm{V})$$

$$U_C=IX_C=4.4\times80=352(\mathrm{V})$$

$$u_C=352\sqrt{2}\sin(314t-17°)(\mathrm{V})$$

(3)
$$P=UI\cos\varphi=220\times4.4\times\cos(-53°)=580.8(\mathrm{W})$$

或
$$P=U_R I=I^2 R=580.8(\mathrm{W})$$

$$Q=UI\sin\varphi=220\times4.4\times\sin(-53°)=-774.4(\mathrm{var})$$

或
$$Q=(U_L-U_C)I=I^2(X_L-X_C)=-774.4(\mathrm{var})$$

### 知识点 4：功率因数

功率因数课件

#### 一、功率因数在实际中的意义

在交流电路中，一般负载多为电感性负载，通常它们的功率因数都比较低。交流感应电动机在额定负载时，功率因数为 $0.8 \sim 0.85$，轻载时只有 $0.4 \sim 0.5$，空载时更低，仅为 $0.2 \sim 0.3$。不装电容器的日光灯的功率因数为 $0.45 \sim 0.6$。功率因数低，会引起一些不良后果：电源设备的容量不能得到充分的利用，增加了线路上的功率损耗和电压降。

综上可知，提高功率因数可以使电源设备的能力得到充分的发挥，并使输送电能损耗和线路压降大大降低。因此，提高电网功率因数是增产节电的重要途径，对国民经济的发展有着十分重要的意义。

#### 二、提高功率因数的方法

我们一般可以从两方面来考虑提高功率因数。一方面是提高自然功率因数，主要办法有改进电动机的运行条件、合理选择电动机的容量、采用同步电动机等；另一方面是采用人工补偿，也叫"无功补偿"，就是在通常广泛应用的电感性电路中，人为地并联电容性负载，利用电容性负载的超前电流来补偿滞后的电感性电流，以达到提高功率因数的目的。

图 4-38(a) 给出了一个电感性负载并联电容时的电路图，图(b)是它的相量图。

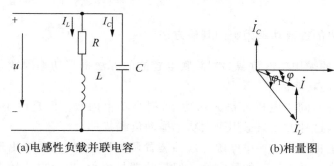

(a)电感性负载并联电容　　　　(b)相量图

图 4-38　功率因数的提高

并联电容前，有 $P = U I_1 \cos\varphi_1$，$I_1 = \dfrac{P}{U\cos\varphi_1}$。

并联电容后，有 $P = U I \cos\varphi$，$I = \dfrac{P}{U\cos\varphi}$。

由图 4-38(b) 可以看出，

$$I_C = I_1 \sin\varphi_1 - I\sin\varphi = \frac{P\sin\varphi_1}{U\cos\varphi_1} - \frac{P\sin\varphi}{U\cos\varphi} = \frac{P}{U}(\tan\varphi_1 - \tan\varphi)$$

又知 $I_C = \omega C U$，

代入上式可得：

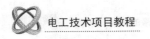

$$\omega CU = \frac{P}{U}(\tan\varphi_1 - \tan\varphi)$$

即:
$$C = \frac{P}{\omega U^2}(\tan\varphi_1 - \tan\varphi) \tag{4-31}$$

应用式(4-31)就可以求出把功率因数从 $\cos\varphi_1$ 提高到 $\cos\varphi$ 所需的电容值。

在实用中往往需要确定电容器的个数,而制造厂家生产的补偿用的电容器的技术数据也是直接给出其额定电压 $U_N$ 和额定功率 $Q_N$。为此,就需要计算补偿的无功功率 $Q_C$。

因为,
$$Q_C = I_2 X_C = \frac{U^2}{X_C} = \omega CU^2$$

所以,
$$C = \frac{Q_C}{\omega U^2}$$

代入式(4-31)可得:
$$Q_C = P(\tan\varphi_1 - \tan\varphi) \tag{4-32}$$

应该注意,所谓提高功率因数,并不是提高电感性负载本身的功率因数。负载在并联电容前后,由于端电压没变,其工作状态不受影响,负载本身的电流、有功功率和功率因数均无变化。提高功率因数只是提高了电路总的功率因数。用并联电容来提高功率因数,一般补偿到 0.9 左右即可,而不是补偿到更高。因为补偿到功率因数接近于 1 时,所需电容量大,反而不经济了。

**想一想:** 为什么用并联电容的方法提高电感性负载的功率因数?串联电容行不行?为什么?

### 三、工程上常见的提高功率因数的其他方法

除了上述常用的采用感性负载两端并联电容器的方法提高功率因数,工程上还采用下列几种方法来提高功率因数。

(1)利用过励磁的同步电机补偿无功功率,提高功率因数。但是由于同步电机造价高、设备复杂,因此,这种方法只适用于大功率拖动负载。

(2)利用调相电机作无功功率电源。这种装置调整性能好,在系统出现故障时,还能维持电压水平,提高了系统运行的稳定性。但是装置投资大,损耗也比较大,一般装在电力系统的中枢变压所。

(3)异步电机的同步运行。这种方法的电机自身损耗大,因此一般很少采用。

**【例4.5】** 如图 4-39 所示为一日光灯装置等效电路,已知 $P=40W$, $U=220V$, $I=0.4A$, $f=50Hz$。(1)求此日光灯的功率因数;(2)若要把功率因数提高到 0.9,需补偿的无功功率 $Q_C$ 及电容量 $C$ 各为多少?

**解:**(1)因为 $P=UI\cos\varphi$。

所以 $\cos\varphi = \dfrac{P}{UI} = \dfrac{40}{220 \times 0.4} = 0.455$。

（2）由 $\cos\varphi_1=0.455$，得 $\varphi_1=63°$，$\tan\varphi_1=1.96$。

由 $\cos\varphi_2=0.9$，得 $\varphi_2=26°$，$\tan\varphi_2=0.487$。

利用式（4-32）可得，

$$Q_C=40(1.96-0.487)=58.9(\text{V}\cdot\text{A})$$

即 $C=\dfrac{Q_C}{\omega U^2}=\dfrac{58.9}{2\times3.14\times50\times220^2}$

$$=3.88\times10^{-6}=3.88(\mu\text{F})$$

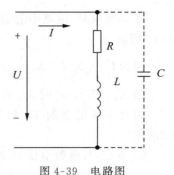

图 4-39　电路图

## 知识拓展

**一、串联谐振**

**1.谐振条件**

如图 4-40 所示的 $RLC$ 串联电路，其总阻抗为：

$$Z=R+j\omega L-j\frac{1}{\omega C}=R+j(X_L-X_C)$$

$$=R+jX=|Z|\angle\varphi$$

$$|Z|=\sqrt{R^2+\left(\omega L-\frac{1}{\omega C}\right)^2}$$

$$X=X_L-X_C=\omega L-\frac{1}{\omega C}$$

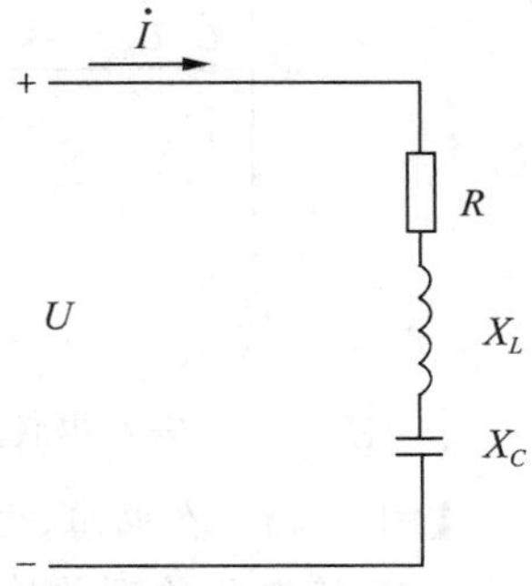

当 $\omega$ 为某一值，恰好使感抗 $X_L$ 和容抗 $X_C$ 相等时，则 $X=0$，此时电路中的电流和电压同相位，电路的阻抗最小，且等于电阻（$Z=R$）。电路的这种状态称为"谐振"。由于是在 $RLC$ 串联电路中发生的谐振，故又称为"串联谐振"。

对于 $RLC$ 串联电路，谐振时应满足以下条件：

$$X=\omega L-\frac{1}{\omega C}=0$$

图 4-40　$RLC$ 串联谐振图

或　　　　　　　　　　　　$$\omega L=\frac{1}{\omega C} \qquad\qquad (4-33)$$

$\omega$ 为角频率，$\omega_0$ 用表示谐振角频率，则，

$$\omega_0=\frac{1}{\sqrt{LC}} \qquad\qquad (4-34)$$

电路发生谐振的频率称为"谐振频率"。

$$f_0=\frac{1}{2\pi\sqrt{LC}} \qquad\qquad (4-35)$$

**2.谐振电路分析**

电路发生谐振时，$X=0$，因此 $|Z|=R$。电路的阻抗最小，因而在电源电压不变的情况下，电路中的电流将在谐振时达到最大，其数值为：

$$I=I_0=\frac{U}{R} \qquad\qquad (4-36)$$

发生谐振时,电路中的感抗和容抗相等,而电抗为零。电源电压 $\dot{U}=\dot{U}_R$,相量图如图 4-41 所示。

因为 $U_L=X_LI=X_L\dfrac{U}{R}$,$U_C=X_CI=X_C\dfrac{U}{R}$。

当 $X_L=X_C>R$ 时,$U_L$ 和 $U_C$ 都高于电源电压 $U$。

因为串联谐振时 $U_L$ 和 $U_C$ 可能超过电源电压许多倍,所以,串联谐振也称为"电压谐振"。

$U_L$ 或 $U_C$ 与电源电压 $U$ 的比值,通常用品质因素 $Q$ 来表示。

$$Q=\frac{U_L}{U}=\frac{U_C}{U}=\frac{X_L}{R}=\frac{X_C}{R} \tag{4-37}$$

在 $RLC$ 串联电路中,阻抗随频率的变化而改变。在外加电压 $U$ 不变的情况下,$I$ 也将随频率变化,这一曲线称为"电流谐振曲线",如图 4-42 所示。

应用:常用在收音机的调谐回路中。

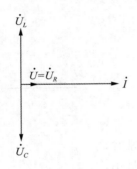

图 4-41 $RLC$ 串联谐振相量图　　　　图 4-42 电流谐振曲线

【例 4.6】 在电阻、电感、电容串联谐振电路中,$L=0.05\text{mH}$,$C=200\text{pF}$,品质因数 $Q=100$,交流电压的有效值 $U=1\text{mV}$。试求:(1)电路的谐振频率 $f_0$;(2)谐振时电路中的电流 $I$;(3)电容上的电压 $U_C$。

解:(1)电路的谐振频率为:

$$f_0=\frac{1}{2\pi\sqrt{LC}}=\frac{1}{2\times3.14\times\sqrt{5\times10^{-5}\times2\times10^{-10}}}=1.59(\text{MHz})$$

(2)由于品质因数为:

$$Q=\frac{1}{R}\sqrt{\frac{L}{C}}=\frac{1}{100}\sqrt{\frac{5\times10^{-5}}{2\times10^{-10}}}=5$$

故电流为:

$$I_0=\frac{U}{R}=\frac{1\times10^{-3}}{5}=0.2(\text{mA})$$

(3)电容两端的电压是电源电压的 $Q$ 倍,即:

$$U_C=QU=100\times10^{-3}=0.1(\text{V})$$

### 二、并联谐振

**1.谐振条件**

当信号源内阻很大时,采用串联谐振会使 $Q$ 值大为降低,使谐振电路的选择性显著变差。这种情况下,常采用并联谐振电路。

在实际工程电路中,最常见的、用途极广泛的谐振电路由电感线圈和电容器并联组成,如图 4-43(a)所示。

电感线圈与电容并联谐振电路的谐振频率为:

$$f_0 = \frac{1}{2\pi\sqrt{LC}\sqrt{1-\dfrac{CR^2}{L}}} \tag{4-38}$$

在一般情况下,线圈的电阻比较小,所以振荡频率近似为:

$$f_0 = \frac{1}{2\pi\sqrt{LC}} \tag{4-39}$$

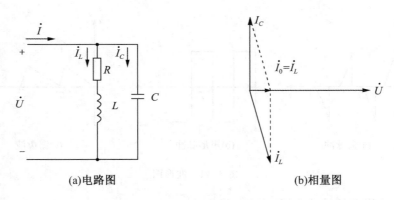

(a)电路图　　　　　　　　　　　(b)相量图

图 4-43　$R$、$L$ 与 $C$ 并联谐振电路

**2.谐振电路特点**

(1)电路呈纯电阻特性,总阻抗最大,当 $\sqrt{\dfrac{L}{C}} \gg R$ 时,$|Z| = \dfrac{L}{CR}$。

(2)品质因数定义为 $Q = \dfrac{1}{R}\sqrt{\dfrac{L}{C}}$。

(3)总电流与电压同相,数量关系为 $U = I_0|Z|$。

(4)支路电流为总电流的 $Q$ 倍,即 $I_L = I_C = QI$,因此,并联谐振又叫作"电流谐振"。

【例4.7】　在图 4-43(a)所示线圈与电容器并联电路中,已知线圈的电阻 $R=10\Omega$,电感 $L=0.127\text{mH}$,电容 $C=200\text{pF}$。求电路的谐振频率 $f_0$ 和谐振阻抗 $Z_0$。

**解:** 谐振回路的品质因数为:

$$Q = \frac{1}{R}\sqrt{\frac{L}{C}} = \frac{1}{10}\sqrt{\frac{0.127\times10^{-3}}{200\times10^{-12}}} \approx 80$$

因为回路的品质因数 $Q \gg 1$,所以谐振频率为:

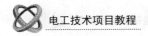

$$f_0 = \frac{1}{2\pi \sqrt{LC}} = \frac{1}{2\pi \sqrt{0.127 \times 10^{-3} \times 200 \times 10^{-12}}} = 10^6 \,(\text{Hz})$$

电路的谐振阻抗为：

$$Z_0 = \frac{L}{CR} = Q^2 R = 80^2 \times 10 = 64 \,(\text{k}\Omega)$$

### 三、非正弦周期电路

**1. 非正弦周期信号**

实际工程中存在着许多不按正弦规律变化的信号，即非正弦信号。非正弦信号又分周期性和非周期性，非正弦周期电压、电流或信号的产生原因主要来自电源和负载两方面。如当几个频率不同的正弦激励同时作用于线性电路时，电路中的电压、电路响应就不是正弦量。

常见的尖脉冲、矩形脉冲、锯齿波等非正弦周期信号作为激励施加到线性电路上，必将导致电路中产生非正弦的周期电压、电流，如图4-44所示。

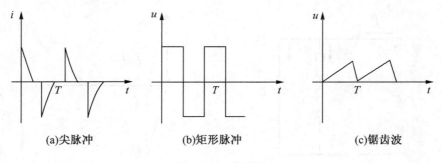

| (a)尖脉冲 | (b)矩形脉冲 | (c)锯齿波 |

图4-44　波形图

**2. 非正弦周期信号的分解**

电工技术中所遇到的周期函数一般都可以利用傅里叶级数解答。设周期函数 $f(t)$ 的周期为 $T$，角频率 $\omega = \dfrac{2\pi}{T}$，则 $f(t)$ 可展开为傅里叶级数：

$$f(t) = A_0 + A_{1\text{m}}\sin(\omega t + \varphi_1) + A_{2\text{m}}\sin(2\omega t + \varphi_2) + \cdots + A_{k\text{m}}\sin(k\omega t + \varphi_k) + \cdots$$

$$= A_0 + \sum_{k=1}^{\infty} A_{k\text{m}}\sin(k\omega t + \varphi_k) \tag{4-40}$$

用三角公式展开，式(4-40)又可写为：

$$f(t) = a_0 + (a_1\cos\omega t + b_1\sin\omega t) + (a_2\cos 2\omega t + b_2\sin 2\omega t) + \cdots + (a_k\cos k\omega t + b_k\sin k\omega t)$$

$$+ \cdots = a_0 + \sum_{k=1}^{\infty} (a_k\cos k\omega t + b_k\sin k\omega t) \tag{4-41}$$

式中，$a_0$、$a_k$、$b_k$ 为傅里叶系数，可按下面各式求得：

$$a_0 = \frac{1}{T}\int_0^T f(t)\,\mathrm{d}t = \frac{1}{2\pi}\int_0^{2\pi} f(t)\,\mathrm{d}(\omega t)$$

$$a_k = \frac{2}{T}\int_0^T f(t)\cos k\omega t\,\mathrm{d}t = \frac{1}{\pi}\int_0^{2\pi}\cos k\omega t\,\mathrm{d}(\omega t)$$

$$b_k = \frac{2}{T}\int_0^T f(t)\sin k\omega t\, \mathrm{d}t = \frac{1}{\pi}\int_0^{2\pi}\sin k\omega t\, \mathrm{d}(\omega t)$$

式(4-40)与式(4-41)的各系数之间还有如下关系：

$$A_0 = a_0$$

$$A_{km} = \sqrt{a_k^2 + b_k^2}$$

$$\varphi_k = \arctan\frac{a_k}{b_k} \qquad\qquad (4\text{-}42)$$

可见,将一个周期函数分解为傅里叶级数,实质上就是计算傅里叶系数 $a_0$、$a_k$、$b_k$。

式(4-40)中,第一项 $A_0$ 是不随时间变化的常数,称为 $f(t)$ 的"恒定分量"或"直流分量";第二项 $A_1\sin(\omega t + \varphi_1)$ 的频率与周期函数 $f(t)$ 的频率相同,称为"基波"或"一次谐波";其余各项的频率为基波频率的整数倍,分别称为"二次谐波""三次谐波"……"$k$ 次谐波",统称为"高次谐波"。$k$ 为奇数的谐波称为"奇次谐波";$k$ 为偶数的谐波称为"偶次谐波"。恒定分量也可以认为是"零次谐波"。

将周期函数分解为一系列谐波的傅里叶级数,称为"谐波分析"。工程中,常采用查表的方法得到周期函数的傅里叶级数。傅里叶级数虽然是一个无穷级数,但在实际应用中,一般根据所需精度和级数的收敛速度决定所取级数的有限项数。对于收敛级数,谐波次数越高,振幅越小,所以,只需取级数前几项就可以了。

## 任务实施

**学生分组练习**

(1)教师给出日光灯电路图(见图 4-45),学生在实验台上对日光灯电路进行连接。

(2)电源电压为 220V 交流电压,测量各元件的电压及灯管支路电流(即总电流),将数据记入表 4-3 中。

(3)按照图 4-46 所示接入容量不等的电容(注意在总电流的插孔与测量灯管支路的电流插孔之间引出线接电容),测量各支路的电流及元件电压,将数据记入表 4-4 中。

(4)计算并联不同电容时的功率因数。

(5)分析:并联电容对灯管的亮度是否有影响? 提高功率因数的方法有哪些?

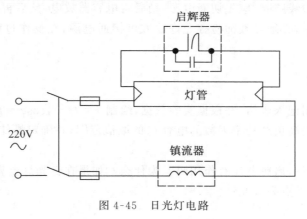

图 4-45　日光灯电路

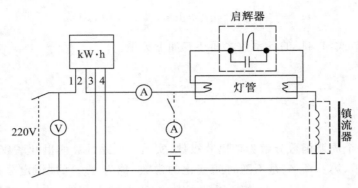

图 4-46 日光灯的实验电路

表 4-3                              并联电容前所测数据

| $U(\mathrm{V})$ | $I_L(\mathrm{A})$ | $P(\mathrm{W})$ | $\cos\varphi_L = \dfrac{P}{UI_L}$ |
| --- | --- | --- | --- |
|  |  |  |  |

表 4-4                          并联不同电容后所测数据

| $C(\mu\mathrm{F})$ | $U(\mathrm{V})$ | $I(\mathrm{A})$ | $P(\mathrm{W})$ | $I_C(\mathrm{A})$ | $\cos\varphi = \dfrac{P}{UI}$ |
| --- | --- | --- | --- | --- | --- |
| 0.47 |  |  |  |  |  |
| 4.7 |  |  |  |  |  |
| 47 |  |  |  |  |  |
| 470 |  |  |  |  |  |

**注意事项**

(1)日光灯启动电流较大,所以启动时要小心电流表的量程,以防损坏电流表。

(2)不能将 220V 的交流电源不经过镇流器而直接接在灯管两端,否则将损坏灯管。

(3)在拆除实验线路时,应先切断电源,稍后将电容器放电,然后再拆除。

(4)线路接好后,必须经教师检查允许后方可接通电源,在操作过程中要注意人身及设备安全。

**任务要求**

(1)将实验数据记入表格,并根据实验数据,绘制 $I=f(c)$,$\cos\varphi=f(c)$ 的曲线。

(2)判断能够提高负载功率因数的电容 $C$ 的取值范围,并确定最佳电容值。

(3)思考题:

①日光灯点亮后,启辉器还有作用吗?为什么?如果在日光灯点亮前启辉器损坏,此时有何应急措施可以点亮日光灯?

②为什么用并联电容的方法提高感性负载的功率因数？串联电容行不行？为什么？

③增加电容 $C$ 可以提高 $\cos\varphi$，是否 $C$ 越大 $\cos\varphi$ 越大？为什么？

## 任务考核与评价

**考核要点**

(1)能够分析与测试日光灯交流电路,并得出正确结论。

(2)团结合作精神。

(3)安全文明生产。

**评分标准**

评分标准如表 4-5 所示。

表 4-5             评分标准

| 评分内容 | 评分标准 | 配分 | 得分 |
|---|---|---|---|
| 电路连接 | 电路连接正确 | 10 | |
| 仪表使用 | 会正确使用万用表、交流电流表及单相功率表 | 20 | |
| 通电实验 | 安装线路错误,造成短路、断路故障,每通电 1 次扣 10 分,扣完 20 分为止 | 20 | |
| 数据处理 | 数据处理正确,能准确地得出提高功率因数方法的结论 | 30 | |
| 团结协作 | 小组成员分工协作不明确,扣 5 分;成员不积极参与,扣 5 分 | 10 | |
| 安全文明 | 生产违反安全文明操作规程,扣 5～10 分 | 10 | |
| 教师评价 | | 总分 | |

## 巩固与提高

1.试求下列各正弦量的周期、频率和初相,两者的相位差是多少？(1) $3\sin314t$;(2) $8\sin(5t+17°)$。

2.三个正弦电流 $i_1$、$i_2$ 和 $i_3$ 的最大值分别为 1A、2A、3A,已知 $i_2$ 的初相为 $30°$,$i_1$ 较 $i_2$ 超前 $60°$,较 $i_3$ 滞后 $150°$,试分别写出这三个电流的解析式。

3.已知 $u_1=220\sqrt{2}\sin(\omega t+60°)\text{V}$,$u_2=220\sqrt{2}\cos(\omega t+30°)\text{V}$,试作 $u_1$ 和 $u_2$ 的相量图,并求 $u_1+u_2$、$u_1-u_2$。

4.已知在 $10\Omega$ 的电阻上通过的电流为 $i_1=5\sin(314t-30°)\text{A}$,试求电阻上电压的有效值,并求电阻消耗的功率为多少？

5.某电容器额定耐压值为 450V,能否把它接在交流 380V 的电源上使用？为什么？

6.一台功率为 1.1kW 的感应电动机,接在 220V、50Hz 的电路中,电动机需要的电流为 10A。(1)试求电动机的功率因数;(2)若在电动机两端并联一个 $79.5\mu\text{F}$ 的电容器,电

路的功率因数为多少?

7.在关联参考方向下,已知加于电感元件两端的电压为 $u_L=100\sin(100t+30°)$ V,通过的电流为 $i_L=10\sin(100t+\psi_i)$ A,试求电感的参数 $L$ 及电流的初相 $\psi_i$。

8.一个 $C=50\mu F$ 的电容接于 $u=220\sqrt{2}\sin(314t+60°)$ V 的电源上,求 $i_c$ 及 $Q_c$,并绘制电流和电压的相量图。

9.已知一个 $R$、$L$、$C$ 串联电路中,$R=10\Omega$,$X_L=15\Omega$,$X_C=5\Omega$,其中电流 $I=2\angle30°$ A,试求:(1)总电压 $U$;(2)$\cos\varphi$;(3)该电路的功率 $P$、$Q$、$S$。

10.$R$、$L$ 串联电路接到 220V 的直流电源时功率为 1.2kW,接在 220V、50Hz 的电源时功率为 0.6kW,试求它的 $R$、$L$ 值。

11.在一个电压为 380V、频率为 50Hz 的电源上,接有一感性负载,$P=300kW$,$\cos\varphi=0.65$,现需将功率因数提高到 0.9,试问应并联多大的电容?

# 项目五  三相交流电路的安装与测量

## 项目描述

本项目让学生了解三相交流电的产生原因和特点;掌握三相负载不同连接形式时,负载线电压和相电压、线电流和相电流的关系;掌握对称三相电路中有功功率、无功功率、视在功率的计算方法,及有功功率的测量方法。

## 教学目标

1. 能力目标
◆解决供电系统中出现的一些简单问题。
◆对三相负载电路进行日常运行维护及故障排除。
2. 知识目标
◆了解三相对称电源的特点。
◆掌握三相负载不同连接形式时,负载线电压和相电压、线电流和相电流的关系。
◆掌握对称三相电路中有功功率、无功功率及视在功率的计算方法。
3. 素质目标
◆培养学生严谨务实的工作作风。
◆培养学生团结合作的精神。
◆培养学生爱岗敬业的态度。

## 任务一  三相交流电路

任务导入

目前,我国电力系统中的供电方式几乎全部采用三相交流供电系统进行供电,所以,三相交流电路在生产上应用最为广泛,其实验台如图 5-1 所示。

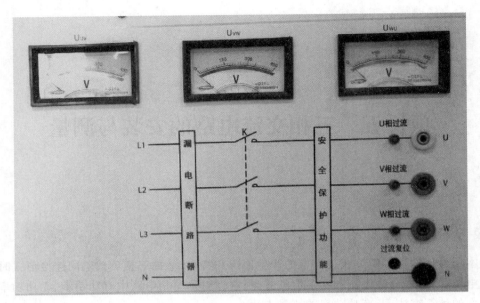

图 5-1　三相交流电实验台

## 任务描述

要求学生在了解三相交流电基础知识的前提下,分组操作、测试三相四线制交流电的线电压与相电压。

## 实施条件

(1)工作服、安全帽、绝缘鞋等劳保用品,学生每人一套。

(2)交流电压表或万用表。

(3)电工综合实验台。

## 相关知识

### 知识点 1:三相交流电的产生

三相交流电一般是由三相交流发电机产生的。三相交流发电机的结构示意图如图 5-2 所示。三相交流发电机主要由电枢和磁极构成。电枢是固定的,也称"定子"。定子铁芯由硅钢片叠成,内壁有槽,槽内嵌放着形状、尺寸和匝数都相同,而轴线互交 120° 的三个电枢绕组 U1U2、V1V2、W1W2,称为"三相绕组",其中 U1、V1、W1 是绕组的始端,U2、V2、W2 是绕组的末端。图 5-3 为三相绕组的结构示意图。

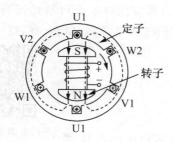

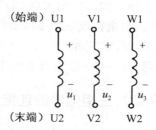

图 5-2　三相交流发电机
的结构示意图

图 5-3　三相绕组的
结构示意图

　　磁极是转动的,也称"转子"。它的磁极由直流电流通过励磁绕组而形成。选择合适的极面形状和励磁绕组的布置情况,可使空气间隙中的磁感性强度按正弦规律分布。

　　当转子由原动机带动,并按顺时针方向匀速转动时,每相电枢绕组依次切割磁力线,产生频率相同、幅值相等、相位互差 120° 的三相对称正弦电压,分别为 $u_1$、$u_2$、$u_3$。

　　若以 $u_1$ 作为参考正弦量,则它们的瞬时表达式为:

$$u_1 = U_m \sin\omega t \qquad (5-1)$$

$$u_2 = U_m \sin(\omega t - 120°) \qquad (5-2)$$

$$u_3 = U_m \sin(\omega t - 240°) = U_m \sin(\omega t + 120°) \qquad (5-3)$$

用相量表示为:

$$\dot{U}_1 = U\angle 0° \qquad (5-4)$$

$$\dot{U}_2 = U\angle -120° \qquad (5-5)$$

$$\dot{U}_3 = U\angle 120° \qquad (5-6)$$

正弦波形和相量图如图 5-4 所示。

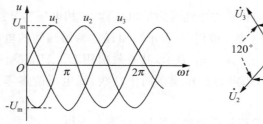

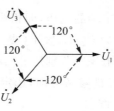

图 5-4　对称三相电源的波形图和相量图

　　从波形图和相量图很显然可得到这样的结论:三相对称正弦电压的瞬时值或相量之和均为零。即:

$$u_1 + u_2 + u_3 = 0 \qquad (5-7)$$

$$\dot{U}_1 + \dot{U}_2 + \dot{U}_3 = 0 \qquad (5-8)$$

　　三相电压到达最大值的先后次序称为"相序"。图 5-4 中,三相电源的相序为 U→V→W。这样的相序一般称为"顺序"(或"正序"),否则为"逆序"(或"负序")。工程上通用

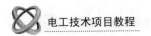

的相序为正序。如不特别说明，都为正序。为使电力系统能够安全可靠地运行，通常规定：三相交流发电机或三相变压器的引出线、配电站的三相电源线，以黄、绿、红三种颜色分别表示 U、V、W 三相。

想一想：W→V→U 是什么相序呢？

三相电源星形连接的
两组电压视频

### 知识点 2：三相电源的连接方式

在三相供电系统中，都要将三相绕组作一定连接后再向负载供电。连接方法通常有两种：星形连接和三角形连接。

**一、电源的星形连接**

将三相绕组的三个末端 U2、V2、W2 连接在一起后，而把始端 U1、V1、W1 作为与外电路相连接的端点，这种连接方式称为三相电源的"星形连接"，一般用"Y"表示（见图 5-5）。

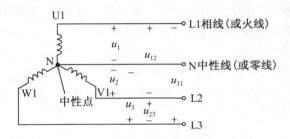

图 5-5　三相电源的星形连接

在星形连接中，三相绕组末端的连接点称为"中性点"或"零点"，用 N 表示，从 N 点引出的导线称为"中性线"或"零线"。从始端 U1、V1、W1 引出的三根导线 L1、L2、L3 称为"相线"，俗称"火线"。

每相始端与末端的电压，即相线与中性线间的电压称为"相电压"，分别用 $u_1$、$u_2$、$u_3$ 表示，其有效值用 $U_1$、$U_2$、$U_3$ 表示（或一般用 $U_P$ 表示）；而任意两始端间的电压，即两相线间的电压，称为"线电压"，分别用 $u_{12}$、$u_{23}$、$u_{31}$ 表示，其有效值用 $U_{12}$、$U_{23}$、$U_{31}$ 表示（或一般用 $U_L$ 表示）。相电压的参考方向，选定为从相线指向中性线；线电压的参考方向，如 $u_{12}$，是自 L1 线指向 L2 线。

三相电源星形接法时，根据基尔霍夫电压定律，由图 5-5 得：

$$u_{12} = u_1 - u_2 \tag{5-9}$$

$$u_{23} = u_2 - u_3 \tag{5-10}$$

$$u_{31} = u_3 - u_1 \tag{5-11}$$

或用相量表示为：

$$\dot{U}_{12} = \dot{U}_1 - \dot{U}_2 \tag{5-12}$$

$$\dot{U}_{23} = \dot{U}_2 - \dot{U}_3 \tag{5-13}$$

$$\dot{U}_{31} = \dot{U}_3 - \dot{U}_1 \tag{5-14}$$

三相电源的相电压基本上等于三相电动势（忽略内阻抗压降），所以相电压也是对称的。以 U 相电压为参考相量，则有：

$$\dot{U}_1 = U_P\angle 0°, \dot{U}_2 = U_P\angle -120°, \dot{U}_3 = U_P\angle 120°$$

相电压和线电压之间的关系可用相量图表示，如图 5-6 所示。

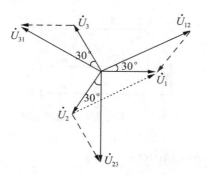

相量图法分析三相电源
星形连接时线电压与相
电压之间的关系视频

图 5-6　相电压和线电压之间的关系

从相量图中可以看到，线电压也是频率相同、大小相等、相位互差 120° 的三相对称电压。同时，还可以得出相电压与线电压的关系为：线电压 $U_L$ 是相电压 $U_P$ 的 $\sqrt{3}$ 倍，且线电压在相位上比相应的相电压超前 30°，即：

$$\dot{U}_{12} = \sqrt{3}\dot{U}_1\angle 30° \tag{5-15}$$

$$\dot{U}_{23} = \sqrt{3}\dot{U}_2\angle 30° \tag{5-16}$$

$$\dot{U}_{31} = \sqrt{3}\dot{U}_3\angle 30° \tag{5-17}$$

就供电方式而言，从电源引出三根相线和一根中性线的供电方式称为"三相四线制"，仅引出三根相线的供电方式称为"三相三线制"。其中，三相四线制供电方式可向用户提供相电压和线电压两种电压，主要在低压供电系统中使用，我国低压供电系统的相电压为 220V、线电压为 380V；三相三线制供电方式由于没有中性线，只能向用户提供线电压，主要在高压输电系统中使用。

**想一想：**当发电机的三相绕组连成星形时，设线电压 $u_{12} = 380\sqrt{2}\sin(\omega t - 30°)\text{V}$，此时相电压 $u_1$ 的三角函数形式应该是什么呢？

**二、电源的三角形连接**

将三相电源的每相绕组的始端依次与另一相绕组的末端连接在一起，形成闭合回路，然后从三个连接点引出三根供电线，如图 5-7 所示，这种连接方式称为三相电源的"三角形连接"，一般用"△"表示。显然，此时相电压与线电压的关系为：线电压 $U_L$ 等于相电压 $U_P$，且线电压与相应的相电压相位相同，即这时线电压等于相电压，即：

$$\dot{U}_{12} = \dot{U}_1 \tag{5-18}$$

$$\dot{U}_{23} = \dot{U}_2 \tag{5-19}$$

$$\dot{U}_{31} = \dot{U}_3 \tag{5-20}$$

三相电源三角形连接时,在三相电源的闭合回路中同时作用着三个电压源,由于三个电压源 $\dot{U}_1 + \dot{U}_2 + \dot{U}_3 = 0$,所以,回路中的总电压为零,不会产生回路电流。但若有一相绕组接反,则 $\dot{U}_1 + \dot{U}_2 + \dot{U}_3 \neq 0$,回路中将产生很大的回路电流,致使三相电源设备烧毁。因此,使用时应加以注意。

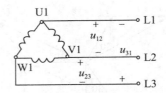

图 5-7 三相电源的三角形连接

## 拓展知识:工业企业供电知识

### 一、电力系统和供配电系统

电能是一种清洁的二次能源,且现已广泛应用于国民经济、社会生产和人民生活的各个方面。绝大多数电能都由发电厂提供。电力工业已成为我国实现现代化的基础,并得到迅猛发展。到 2003 年年底,我国发电机装机容量达 $3.845 \times 10^8 \, \mathrm{kW}$,发电量达 19080 亿度,居世界第 2 位。工业用电量已占全部用电量的 $50\% \sim 70\%$,是电力系统的最大电能用户。供配电系统是电力系统的重要组成部分。用户所需的电能,绝大多数是由公共电力系统供给的。

电力系统是由发电厂、变电所、电力线路和电能用户组成的一个整体,如图 5-8 所示。

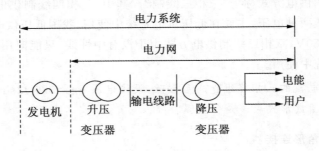

图 5-8 电力系统示意图

为了充分利用动力资源,降低发电成本,发电厂往往远离城市和电能用户。如火力发电厂大都建在靠近一次能源的地区,水力发电厂建在水利资源丰富且远离城市的地区。因此,这就需要输送和分配电能,将发电厂发出的电能经过升压、输送、降压和分配,送到用户。

变电所的功能是接收电能、变换电压和分配电能。为了实现电能的远距离输送和将电能分配到用户,需将发电机电压进行多次电压变换,这个任务由变电所完成。变电所由电力变压器、配电装置和二次装置等构成。按变电所的性质和任务不同,可分为升压变电所和降压变电所,除与发电机相连的变电所为升压变电所,其余均为降压变电所。按变电所的地位和作用不同,又分为枢纽变电所、地区变电所和用户变电所。

电力线路将发电厂、变电所和电能用户连接起来,完成输送电能和分配电能的任务。电力线路有各种不同的电压等级,通常将 220kV 及以上的电力线路称为"输电线路",110kV 及以下的电力线路称为"配电线路"。配电线路又分为高压配电线路(110kV)、中压配电线路(35~60kV)和低压配电线路(380/220V)。前者一般为城市配电网骨架和特大型企业供电线路,中者一般为城市主要配网和大中型企业供电线路,后者一般为城市和企业低压配网。

电能用户又称"电力负荷",所有消耗电能的用电设备或用电单位称为"电能用户"。电能用户按行业可分为工业用户、农业用户、市政商业用户和居民用户等。

供配电系统是电力系统的电能用户,也是电力系统的重要组成部分。它由总降变电所、高压配电所、配电线路、车间变电所或建筑物变电所和用电设备组成。

总降变电所是企业电能供应的枢纽。它将 35~110kV 的外部供电电源电压降为 6~10kV 高压配电电压,供给高压配电所、车间变电所和高压用电设备。

高压配电所集中接收 6~10kV 电压,再分配到附近各车间变电所或建筑物变电所和高压用电设备。一般负荷分散、厂区大的大型企业设置高压配电所。

配电线路分为 6~10kV 厂内高压配电线路和 380/220V 厂内低压配电线路。高压配电线路将总降变电所与高压配电所、车间变电所或建筑物变电所和高压用电设备连接起来。低压配电线路将车间变电所的 380/220V 电压送至各低压用电设备。

车间变电所或建筑物变电所将 6~10kV 电压降为 380/220V 电压,供低压用电设备使用。

用电设备按用途可分为动力用电设备、工艺用电设备、电热用电设备、实验用电设备和照明用电设备等。

应当指出,对于某个具体的供配电系统,上述各部分都可能有,也可能只有其中的几个部分,这主要取决于电力负荷的大小和厂区的大小。不同的供配电系统,不仅组成不完全相同,而且相同部分的构成也会有较大的差异。通常,大型企业都设总降变电所,中小型企业仅设全厂 6~10kV 变电所或配电所,某些特别重要的企业还自备发电厂作为备用电源。

做好供配电工作,对于促进工业生产、降低产品成本、实现生产自动化和工业现代化有着十分重要的意义。对供配电的基本要求是安全、可靠、优质和经济。

应当指出,上述要求不但互相关联,而且往往互相制约和互相矛盾。因此,考虑满足安装要求时,必须全面考虑、统筹兼顾。

## 二、电力系统的额定电压

电力系统的额定电压包括电力系统中各种发电、供电、用电设备的额定电压。额定电压是能使电气设备长期运行在经济效果最好的电压,是国家根据国民经济发展的需要、电力工业的水平和发展趋势,经全面技术、经济分析后确定的。我国规定的三相交流电网和电力设备的额定电压如表 5-1 所示。

**表 5-1** 我国交流电网和电力设备的额定电压

| 分类 | 电网和用电设备额定电压(kV) | 发电机额定电压(kV) | 电力变压器额定电压(kV) | |
|---|---|---|---|---|
| | | | 一次绕组 | 二次绕组 |
| 低压 | 0.38 | 0.4 | 0.38/0.22 | 0.4/0.23 |
| | 0.66 | 0.69 | 0.66/0.38 | 0.69/0.4 |
| 高压 | 3 | 3.15 | 3,3.15 | 3.15,3.3 |
| | 6 | 6.3 | 6,6.3 | 6.3,6.6 |
| | 10 | 10.5 | 10,10.5 | 10.5,11 |
| | — | 13.8,15.75,18,20,22,24,26 | 13.8,15.75,18,20,22,24,26 | — |
| | 35 | — | 35 | 38.5 |
| | 66 | — | 66 | 72.6 |
| | 110 | — | 110 | 121 |
| | 220 | — | 220 | 242 |
| | 330 | — | 330 | 363 |
| | 500 | — | 500 | 550 |

注:表中斜线"/"左边的数字为线电压,右边的数字为相电压。

电网(线路)的额定电压只能选用国家规定的额定电压,它是确定各类电气设备额定电压的基本依据。

用电设备的额定电压:当线路输送电力负荷时,要产生电压降,沿线路的电压分布通常是首端高于末端。因此,沿线各用电设备的端电压将不同,线路的额定电压实际就是线路首末两端电压的平均值。为使各用电设备的电压偏移差异不大,用电设备的额定电压与同级电网(线路)的额定电压应相同。

发电机的额定电压:由于用电设备的电压偏移为±5%,而线路的允许电压降为10%,这就要求线路首端电压为额定电压的105%,末端电压为额定电压的95%。因此,发电机的额定电压为线路额定电压的105%。

电力变压器的额定电压分为变压器一次绕组的额定电压和变压器二次绕组的额定电压。

(1)变压器一次绕组的额定电压:变压器一次绕组接电源,相当于用电设备。与发电机直接相连的升压变压器的一次绕组的额定电压应与发电机的额定电压相同。连接在线路上的降压变压器相当于用电设备,其一次绕组的额定电压应与线路的额定电压相同。

(2)变压器二次绕组的额定电压:变压器的二次绕组向负荷供电,相当于发电机。二次绕组的额定电压应比线路的额定电压高5%,而变压器二次绕组额定电压是指空载时的电压,但在额定负荷下,变压器的电压降为5%。因此,为使正常运行时变压器二次绕组电压较线路的额定电压高5%,当线路较长(如35kV及以上高压线路),变压器二次绕组的额定电压应比相连线路的额定电压高10%;当线路较短(直接向高低压用电设备供电,如10kV及以下线路),变压器二次绕组的额定电压应比相连线路的额定电压高5%。

### 三、电力系统的中性点运行方式

电力系统的中性点是指星形连接的变压器或发电机的中性点。中性点的运行方式有三种:中性点不接地系统、中性点经消弧线圈接地系统和中性点直接接地系统。前两种为小接地电流系统,后一种为大接地电流系统。中性点的运行方式主要取决于单相接地时电气设备绝缘要求及供电可靠性要求。

我国 3~63kV 系统一般采用中性点不接地运行方式。当 3~10kV 系统接地电流高于 30A、20~63kV 系统接地电流高于 10A 时,应采用中性点经消弧线圈接地的运行方式。110kV 及以上系统和 1kV 以下低压系统采用中性点直接接地运行方式。

图 5-9 是中性点不接地电力系统示意图。三相导体沿线路全长有分布电容。

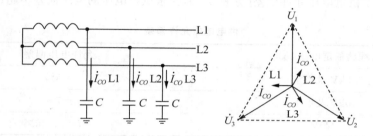

图 5-9　正常运行时的中性点不接地电力系统

图 5-10 是中性点经消弧线圈接地电力系统示意图。

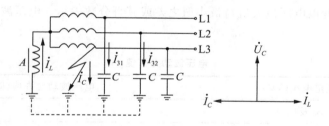

图 5-10　中性点经消弧线圈接地电力系统

图 5-11 是发生单相接地时的中性点直接接地电力系统。

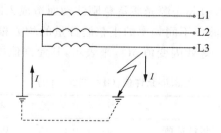

图 5-11　发生单相接地时的中性点直接接地电力系统

### 四、电能的质量指标

电能的质量是指电压质量、频率质量和供电可靠性三项指标。

1. 电压质量

电压质量以电压偏离额定电压的幅度、电压波动与闪变和电压波形来衡量。

(1) 电压偏差

电压偏差是电压偏离额定电压的幅度，一般以百分数表示，即：

$$\Delta V\% = \frac{U - U_N}{U_N} \times 100$$

式中，$\Delta V\%$ 为电压偏差百分数，$U$ 为实际电压，$U_N$ 为额定电压。

我国规定了供电电压允许偏差（见表 5-2），要求供电电压的电压偏差不超过允许偏差。

表 5-2 供电电压允许偏差

| 线路额定电压 $U_N$ | 允许电压偏差 |
| --- | --- |
| 35kV 及以上 | ±5% |
| 10kV 及以下 | ±7% |
| 220V | +7%，-10% |

(2) 电压波动和闪变

电压波动是指电压的急剧变化。电压变化的速率大于每秒 1% 的，即为电压急剧变化。电压波动程度以电压最大值与最小值之差或其百分数表示。电压波动的允许值如表 5-3 所示。

表 5-3 电压波动允许值

| 额定电压（kV） | 电压波动允许值（$\delta U\%$） |
| --- | --- |
| 10 及以下 | 2.5 |
| 35～110 | 2.0 |
| 220 及以上 | 1.6 |

周期性电压急剧变化，引起光源光通量急剧波动而造成人眼视觉不舒适的现象，称为"闪变"。通常用电压调幅波中不同频率的正弦波分量的均方根值等效为 10Hz 正弦电压波动值的 1min 平均值——等效闪变值 $\delta U_{10}$ 来表示，其允许值如表 5-4 所示。

表 5-4 $\delta U_{10}$ 允许值（GB 12326—90）

| 应用场合 | $\delta U_{10}$ 允许值 |
| --- | --- |
| 对照明要求较高的白炽灯负荷 | 0.4（推荐值） |
| 一般性照明负荷 | 0.6（推荐值） |

（3）电压波形

波形的质量是以正弦电压波形畸变率来衡量的。在理想情况下,电压波形为正弦波,但电力系统中有大量非线性负荷,使电压波形发生畸变。除基波,还有各项谐波。表5-5中有我国规定的公用电网电压波形畸变率。

表 5-5 公用电网谐波电压限值(相电压)

| 电网额定电压(kV) | 电压总谐波畸变率(%) | 各项谐波电压含有率(%) | |
|---|---|---|---|
| | | 奇次 | 偶次 |
| 0.38 | 5.0 | 4.0 | 2.0 |
| 6 | | | |
| 10 | 4.0 | 3.2 | 1.6 |
| 35 | | | |
| 110 | 2.0 | 1.6 | 0.8 |

2.频率质量

正常情况下,交流供电频率为50Hz。如果频率发生上下波动,则交流电动机的转速也会上下波动。《全国供用电规则》规定,供电局供电频率的允许偏差为:电网容量在300kV及以上者,为±0.2Hz;电网容量在300kV以下者,为±0.5Hz。

3.供电可靠性

供电可靠性也是供电质量的一个重要指标。对于不能停电的工厂、医院等重要用电场所,应由两条线路供电。

**五、电力负荷**

用户有各种用电设备,它们的工作特征和重要性各不相同,对供电的可靠性和供电的质量要求也不相同。因此,应对用电设备或负荷分类,以满足负荷对供电可靠性的要求,保证供电质量,降低供电成本。

1.按对供电可靠性要求的负荷分类

我国将电力负荷按其对供电可靠性的要求及中断供电在政治、经济上造成的损失或影响的程度,划分为一级负荷、二级负荷和三级负荷。

（1）一级负荷

一级负荷为中断供电将造成人身伤亡;将在政治、经济上造成重大损失,如重大设备损坏、重大产品报废、用重要原料生产的产品大量报废、国民经济中重点企业的连续性生产过程被打乱而需要长时间恢复等;将影响有重大政治、经济影响的用电单位的正常工作。

在一般负荷中,当中断供电将发生中毒、爆炸和火灾等情况的负荷,以及特别重要场所的不允许中断供电的负荷,称为"特别重要的负荷"。

一级负荷应由两个独立电源供电。所谓独立电源,就是当一个电源发生故障时,另一个电源应不会同时受到损坏。在一级负荷中的特别重要负荷,除设有上述两个独立电源,还必须增设应急电源。为保证对特别重要负荷的供电,严禁将其他负荷接入应急供电系统。应急电源一般有独立于正常电源的发电机组、干电池、蓄电池、供电网络中有效的独立于正常电源的专门馈电线路。

(2)二级负荷

二级负荷为中断供电将在政治、经济上造成较大损失,如主要设备损坏、大量产品报废、连续性生产过程被打乱需较长时间才能恢复、重点企业大量减产等;将影响重要用电单位正常工作;将造成大型影剧院、大型商场等较多人员集中的重要公共场所秩序混乱。

二级负荷应由两回电力线路供电,供电变压器也应有两台(两台变压器不一定在同一变电所)。做到当电力变压器发生故障或电力线路发生常见故障时,不致中断供电或中断后能迅速恢复。

(3)三级负荷

三级负荷为不属于一级和二级负荷的其他负荷。对一些非连续性生产的中小型企业,停电仅影响产量或造成少量产品报废的用电设备,以及一般民用建筑的用电负荷等,均属三级负荷。三级负荷对供电电源没有特殊要求,一般由单回电力线路供电。

2.按工作制的负荷分类

电力负荷按其工作制可分为连续工作制负荷、短时工作制负荷和反复短时工作制负荷。

(1)连续工作制负荷是指长时间连续工作的用电设备,其特点是负荷比较稳定,连续工作发热使其达到热平衡状态,其温度达到稳定温度,用电设备大都属于这类设备。如泵类、通风机、压缩机、电炉、运输设备、照明设备等。

(2)短时工作制负荷是指工作时间短、停歇时间长的用电设备。运行特点为工作时其温度达不到稳定温度,停歇时其温度降到环境温度,此负荷在用电设备中所占比例很小。如机床的横梁升降、刀架快速移动电动机、闸门电动机等。

(3)反复短时工作制负荷是指时而工作、时而停歇、反复运行的设备,运行特点为工作时温度达不到稳定温度,停歇时也达不到环境温度。如起重机、电梯、电焊机等。

反复短时工作制负荷可用负荷持续率(或暂载率)$\varepsilon$ 来表示。

$$\varepsilon = \frac{t_{\mathrm{w}}}{t_{\mathrm{w}} + t_0} \times 100\% = \frac{t_{\mathrm{w}}}{T} \times 100\%$$

式中,$t_{\mathrm{w}}$ 为工作时间,$t_0$ 为停歇时间,$T$ 为工作周期。

## 任务实施

学生分组练习:

(1)分别测量 U、V、W 三相线的相电压 $U_1$、$U_2$、$U_3$,并填入表5-6中。

(2)分别测量 U、V、W 三相线的线电压 $U_{12}$、$U_{23}$、$U_{31}$,并填入表5-6中。

三相交流
电路课件

表 5-6

| 万用表量程 | $U_1(V)$ | $U_2(V)$ | $U_3(V)$ | $U_{12}(V)$ | $U_{23}(V)$ | $U_{31}(V)$ |
|---|---|---|---|---|---|---|
| | | | | | | |

## 任务考核与评价

**考核要点**

(1)万用表量程的选择。

(2)U、V、W 三相线的相电压 $U_1$、$U_2$、$U_3$ 的测量。

(3)U、V、W 三相线的线电压 $U_{12}$、$U_{23}$、$U_{31}$ 的测量。

(4)安全文明生产。

**评分标准**

评分标准如表 5-7 所示。

表 5-7　　　　　　　　　　评分标准

| 序号 | 考核内容 | 配分 | 扣分 | 得分 |
|---|---|---|---|---|
| 1 | 正确选择万用表量程 | 10 | 5～10 | |
| 2 | U、V、W 三相线的相电压 $U_1$、$U_2$、$U_3$ 的测量 | 30 | 10～30 | |
| 3 | U、V、W 三相线的线电压 $U_{12}$、$U_{23}$、$U_{31}$ 的测量 | 30 | 10～30 | |
| 4 | 团结协作 | 10 | 5～10 | |
| 5 | 安全用电 | 20 | 5～20 | |
| 教师评价 | | | 总分 | |

# 任务二　三相交流电路的分析

## 任务导入

　　工厂、企业里的动力设备都采用三相交流电路,家庭常用电器大多采用三相交流电路中的单相电源进行供电。三相交流电路分析实验台如图 5-12 所示。

图 5-12　三相交流电路分析实验台

### 任务描述

要求学生在懂得安全用电常识的前提下,分别测试三相负载星形连接(三相四线制供电)、三角形连接(三相三线制供电)时三相负载的线电压、相电压、线电流、相电流,测试星形连接时中性线电流及电源与负载中性点间的电压。

### 实施条件

(1)交流电压表、交流电流表、万用表等仪器仪表。

(2)三相自耦调压器。

(3)220V、15W 白炽灯 9 个。

(4)电门插座 3 个。

(5)导线若干。

### 相关知识

#### 知识点 1:三相负载的连接方式

由三相电源供电的电路称为"三相电路"。三相电路中的负载一般可以分为两类。一类是对称负载,如三相交流电动机,其每相负载的复阻抗相等;另一类是非对称负载,如电灯、家用电器等,它们只需单相电源供电即可工作,这类负载各相的阻抗一般不相等。负载接入三相电源时应遵守两个原则:一是加在负载两端的电压必须等于其额定电压;二是应尽可能使电源的各相负载均匀对称,从而使三相电源趋于平衡。

三相负载的连接方式包括星形(Y)连接和三角形(△)连接两种(见图 5-13)。不论采用哪种连接方式,其每相负载始末两端之间的电压,称为负载的"相电压";两相负载始端之间的电压,称为负载的"线电压";流过每相负载的电流称为"相电流",其有效值用 $I_P$ 表示;流过相线的电流称为"线电流",其有效值用 $I_L$ 表示。

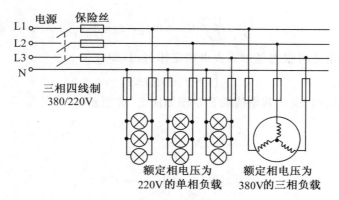

图 5-13　三相负载的连接

### 一、三相负载的星形连接

三相负载星形连接时
电路分析视频

　　将三相负载的末端连接在一点 N′，并与三相电源的中性点 N 相连，三相负载的始端分别接到三根相线上，这种连接方式称为三相负载的"星形连接"。这种连接方式的电路称为"负载星形连接的三相四线制电路"，如图 5-14 所示。电压和电流的参考方向都已标在图中，$|Z_1|$、$|Z_2|$、$|Z_3|$ 分别为每相负载的阻抗模。此种连接形式，不论负载对称与否，负载的相电压和线电压分别等于三相电源的相电压和线电压。

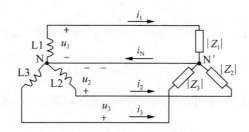

图 5-14　负载星形连接的三相四线制电路

　　显然，三相负载星形连接时，每相负载的相电流等于相应的线电流，即 $I_P = I_L$。

　　在三相负载星形连接中，各相电源与各相负载经中性线构成各自独立的回路，因此，可以利用单相交流电路的分析方法来对每相负载进行独立分析。

　　设电源相电压 $\dot{U}_1$ 为参考正弦量，则得：

$$\dot{U}_1 = U_1\angle 0°,\ \dot{U}_2 = U_2\angle -120°,\ \dot{U}_3 = U_3\angle 120°$$

　　此种连接方式下，电源相电压即为每相负载的相电压。于是，每相负载的相电流分别为：

$$\dot{I} = \frac{\dot{U}_1}{Z_1} = \frac{U_1\angle 0°}{|Z_1|\angle\varphi_1} = I_1\angle -\varphi_1$$

$$\dot{I}_2 = \frac{\dot{U}_2}{Z_2} = \frac{U_2\angle -120°}{|Z_2|\angle\varphi_2} = I_2\angle(-120° -\varphi_2)$$

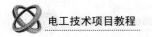

$$\dot{I}_3 = \frac{\dot{U}_3}{Z_3} = \frac{U_3 \angle 120°}{|Z_3| \angle \varphi_3} = I_3 \angle (120° - \varphi_3) \tag{5-21}$$

中性线中的电流可根据基尔霍夫电流定律得出,即:

$$\dot{I}_N = \dot{I}_1 + \dot{I}_2 + \dot{I}_3 \tag{5-22}$$

负载星形连接时,电压和电流的相量图如图 5-15 所示。

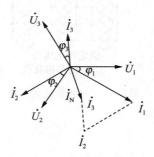

图 5-15 负载星形连接时电压和电流的相量图

若每相负载的复阻抗相等,即 $Z_1 = Z_2 = Z_3 = Z$,则称此种情况下的负载为"对称三相负载"。因电源为对称三相电源,此时的电路被称为"对称三相电路"。由于电压对称及各相负载相同,流过各相负载的电流也是对称的,即:

$$\dot{I}_1 = \frac{\dot{U}_1}{Z} = \frac{U_1 \angle 0°}{|Z| \angle \varphi} = I_P \angle -\varphi$$

$$\dot{I}_2 = \frac{\dot{U}_2}{Z} = \frac{U_2 \angle -120°}{|Z| \angle \varphi} = I_P \angle (-120° - \varphi)$$

$$\dot{I}_3 = \frac{\dot{U}}{Z} = \frac{U_3 \angle 120°}{|Z| \angle \varphi} = I_P \angle (120° - \varphi) \tag{5-23}$$

对称三相负载星形连接时,电压和电流的相量图如图 5-16 所示。

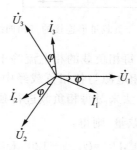

图 5-16 对称三相负载 Y 形连接时电压和电流的相量图

此时,中性线的电流为零,即 $\dot{I}_N = \dot{I}_1 + \dot{I}_2 + \dot{I}_3 = 0$。因中性线不再起作用了,可以省去,变为三相三线制电路。由于生产上的三相负载一般都是对称的,因此,三相三线制电路在生产上的应用极为广泛。

**想一想**:负载对称时,三相三线制电路各相电流的计算方法能否用三相四线制电路的计算方法来解决？计算其中一相的相电流,能否得出另外两相的相电流？

【例5.1】 如图5-17所示,三相电源的线电压 $\dot{U}_{12}=380\angle30°\mathrm{V}$,阻抗 $Z_1=10\angle37°\Omega$, $Z_2=10\angle30°\Omega$, $Z_3=10\angle53°\Omega$。求各线电流和中性线电流。

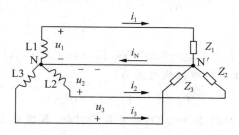

图 5-17 电路图

**解:** 因为题目中给出的负载阻抗值和相位角都不相同,故为不对称负载。在负载不对称的情况下,每相负载单独计算。显然,每相负载两端的电压与相应的电源相电压相等。

由 $\dot{U}_{12}=380\angle30°\mathrm{V}$ 得:

$$\dot{U}_1=220\angle0°(\mathrm{V}),\dot{U}_2=220\angle-120°(\mathrm{V}),\dot{U}_3=220\angle120°(\mathrm{V})$$

由欧姆定律可得各负载的线电流分别为:

$$\dot{I}_1=\frac{\dot{U}_1}{Z_1}=\frac{220\angle0°}{10\angle37°}=22\angle37°(\mathrm{A})$$

$$\dot{I}_2=\frac{\dot{U}_2}{Z_2}=\frac{220\angle-120°}{10\angle30°}=22\angle150°(\mathrm{A})$$

$$\dot{I}_3=\frac{\dot{U}_3}{Z_3}=\frac{220\angle-120°}{10\angle53°}=22\angle67°(\mathrm{A})$$

由基尔霍夫电流定律可得中性线电流为:

$$\dot{I}_\mathrm{N}=\dot{I}_1+\dot{I}_2+\dot{I}_3=22\angle-37°+22\angle-150°+22\angle67°$$
$$=17.57-\mathrm{j}13.24-19.05-\mathrm{j}11+8.6+\mathrm{j}20.25$$
$$=7.12-\mathrm{j}3.99=8.18\angle-29.5°(\mathrm{A})$$

**想一想:** 一星形连接的三相负载,每相的电阻 $R=6\Omega$,感抗 $X_L=16\Omega$,容抗 $X_C=8\Omega$。它们是否是对称负载？每相负载的复阻抗 $Z_1$、$Z_2$、$Z_3$ 分别是多少？

【例5.2】 如图5-18所示,一星形连接的三相电路电源电压对称。设电源线电压 $u_{12}=380\sqrt{2}\sin(314t+30°)\mathrm{V}$。负载为电灯组。(1)若 $R_1=R_2=R_3=5\Omega$,求线电流及中性线电流 $I_\mathrm{N}$;(2)若 $R_1=5\Omega$,$R_2=10\Omega$,$R_3=20\Omega$,求线电流及中性线电流 $I_\mathrm{N}$。

**解:** 由 $\dot{U}_{12}=380\angle30°\mathrm{V}$ 得 $\dot{U}_1=220\angle0°\mathrm{V}$。

(1)若 $R_1=R_2=R_3=5\Omega$,则负载为三相对称负载,只需计算其中一相的线电流,便可推出另

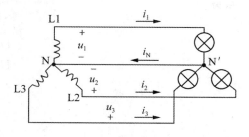

图 5-18 电路图

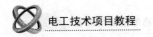

外两相的线电流。

由欧姆定律可得,线电流为:

$$\dot{I}_1 = \frac{\dot{U}_1}{R_1} = \frac{220\angle 0°}{5} = 44\angle 0°(A)$$

由 $\dot{I}_1$ 可得线电流为:

$$\dot{I}_2 = 44\angle -120°(A), \dot{I}_3 = 44\angle 120°(A)$$

由基尔霍夫电流定律可得中性线电流为:

$$\dot{I}_N = \dot{I}_1 + \dot{I}_2 + \dot{I}_3 = 0(A)$$

(2)若 $R_1 = 5\Omega, R_2 = 10\Omega, R_3 = 20\Omega$,则负载不对称,各线电流需分别计算。

由欧姆定律得各负载的线电流分别为:

$$\dot{I}_1 = \frac{\dot{U}_1}{R_1} = \frac{220\angle 0°}{5} = 44\angle 0°(A)$$

$$\dot{I}_2 = \frac{\dot{U}_2}{R_2} = \frac{220\angle -120°}{10} = 22\angle -120°(A)$$

$$\dot{I}_3 = \frac{\dot{U}_3}{R_3} = \frac{220\angle 120°}{20} = 11\angle 120°(A)$$

由基尔霍夫电流定律可得中性线电流为:

$$\dot{I}_N = \dot{I}_1 + \dot{I}_2 + \dot{I}_3 = 44\angle 0° + 22\angle -120° + 11\angle -120°$$
$$= 44 - 11 - j18.9 - 5.5 + j9.45$$
$$= 27.5 - j9.45$$
$$= 29.1\angle 19°(A)$$

【例5.3】 在上例中,试分析下列情况:

(1)L1相短路:中性线未断时,求各相负载电压;中性线断开时,求各相负载电压。

(2)L1相断路:中性线未断时,求各相负载电压;中性线断开时,求各相负载电压。

**解**:(1)L1相短路

①中性线未断,如图5-19(a)所示。此时L1相短路电流很大,将L1相熔断丝熔断,而L2相和L3相未受影响,其相电压仍为220V,正常工作。

②中性线断开时,如图5-19(b)所示。此时负载中性点 N′即为L1,因此负载各相电压为:

$$U_1' = 0$$
$$U_2' = 380(V)$$
$$U_3' = 380(V)$$

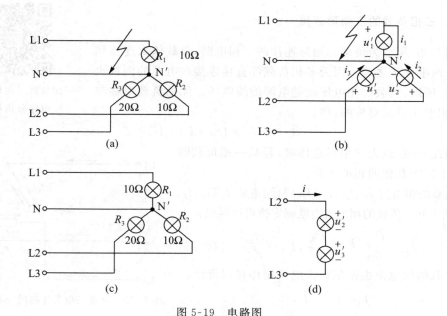

图 5-19　电路图

此情况下,L2 相和 L3 相的电灯组上所加的电压都超过额定电压(220V),这是不允许的。

(2)L1 相断路

①中性线未断,如图 5-19(c)所示。L1 相灯不亮。L2、L3 相灯仍承受 220V 电压,正常工作。

②中性线断开,如图 5-19(d)所示,变为单相电路。由图可求得:

$$\dot{I}=\frac{\dot{U}_{23}}{R_2+R_3}=\frac{380}{10+20}=12.7(\text{A})$$

$$\dot{U}'_2=IR_2=12.7\times10=127(\text{V})$$

$$\dot{U}'_3=IR_3=12.7\times20=254(\text{V})$$

此时,L1 相灯不亮。L2 相灯达不到额定电压(220V),L3 相灯超过额定电压(220V),这是不允许的。

从上面几个例题中可以看出:如果三相负载对称,中性线中无电流,可将中性线除去,而成为三相三线制系统。但若三相负载不对称,中性线电流就不会是零,此时中性线绝对不能去掉。中性线的存在,保证了每相负载两端的电压是电源的相电压,保证了三相负载能独立正常工作,各相负载的变化都不会影响到其他项。否则,负载上的相电压将会出现不对称现象,有的相高于额定电压,有的相低于额定电压,负载不能正常工作,这是绝对不允许的。因此,星形连接的不对称负载,必须采用三相四线制电路。而且为了确保中性线的可靠性,一般在中性线内不接入熔断器或闸刀开关。另外,为使其具有足够的机械强度,在中性线上加装钢芯。

**练一练:**将一铭牌显示为"Y/△"形接法的电动机进行 Y 形连接。

## 二、三相负载的三角形连接

图 5-20 所示为负载三角形连接的三相电路,负载依次连接到电源的两根火线之间。因为各相负载都直接连接在电源的两根火线之间,所以,负载的相电压就是电源的线电压。无论负载对称与否,其相电压总是对称的,即:

三相负载三角形连接时电路分析视频

$$U_{12}=U_{23}=U_{31}=U_L=U_P \tag{5-24}$$

因此,在负载为三角形连接时,若某一相负载断开,并不影响其他两相的工作。

负载的相电流 $I_P$($I_{12}$、$I_{23}$、$I_{31}$)与线电流 $I_L$($I_1$、$I_2$、$I_3$)显然不同。负载的相电流由欧姆定律可以得出:

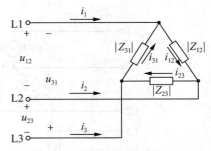

$$\dot{I}_{12}=\frac{\dot{U}_{12}}{Z_{12}},\dot{I}_{23}=\frac{\dot{U}_{23}}{Z_{23}},\dot{I}_{31}=\frac{\dot{U}_{31}}{Z_{31}} \tag{5-25}$$

负载的线电流由基尔霍夫电流定律可以得出:

$$\dot{I}_1=\dot{I}_{12}-\dot{I}_{31}$$
$$\dot{I}_2=\dot{I}_{23}-\dot{I}_{12} \tag{5-26}$$
$$\dot{I}_3=\dot{I}_{31}-\dot{I}_{23}$$

图 5-20　负载三角形连接的三相电路

若负载对称,即 $Z_{12}=Z_{23}=Z_{31}=Z$,则负载的相电流 $\dot{I}_{12}$、$\dot{I}_{23}$、$\dot{I}_{31}$ 也是对称的,如图 5-21 所示。显然,线电流 $\dot{I}_1$、$\dot{I}_2$、$\dot{I}_3$ 也是对称的,在相位上滞后相应的相电流 30°。大小上,线电流是相电流的 $\sqrt{3}$ 倍,即:

$$I_L=\sqrt{3}I_P \tag{5-27}$$

图 5-21　对称负载三角形连接时电压与电流的相量图

计算时,只需计算一相,其他两相推出即可。三相负载不对称时,三相电路的每相负载需分别进行计算。

结论:负载作三角形连接时,只能形成三相三线制电路。显然不管负载是否对称(相等),电路中负载相电压 $U_P$ 都等于线电压 $U_L$。当三相负载对称时,即各相负载完全相同,相电流和线电流也一定对称。线电流的大小是相电流的 $\sqrt{3}$ 倍。

【例 5.4】　对称三相电阻炉作三角形连接,每相电阻为 38Ω,接于线电压为 380V 的对称三相电源上,试求负载相电流 $I_P$、线电流 $I_L$。

**解**：由于三角形连接时 $U_L = U_P$，所以，

$$I_P = \frac{U_P}{R_P} = \frac{380}{38} = 10(\text{A})$$

$$I_L = \sqrt{3}I_P = \sqrt{3} \times 10 \approx 17.32(\text{A})$$

**练一练**：将一铭牌显示为"Y/△"形接法的电动机进行三角形连接。

### 知识点 2：三相交流电路的功率

三相交流电路可以看成是三个单相交流电路的组合，因此，三相电路的功率与单相电路一样，分有功功率、无功功率和视在功率。

**一、有功功率**

无论电路对称与否，三相电路的有功功率都等于各相有功功率之和，即：

$$P = P_1 + P_2 + P_3 \tag{5-28}$$

在负载对称的三相电路中，各相电流、相电压及阻抗角都相等，因此，无论负载为星形或三角形连接，三相电路的有功功率均为每相负载有功功率的 3 倍，即：

$$P = 3P_P = 3U_P I_P \cos\varphi \tag{5-29}$$

式中，$\varphi$ 为相电压 $U_P$ 与相电流 $I_P$ 之间的相位差。

(1)负载 Y 形连接时，由 $U_L = \sqrt{3}U_P$、$I_L = I_P$ 可得：

$$P = 3U_P I_P \cos\varphi = 3 \cdot \frac{1}{\sqrt{3}} U_L I_L \cos\varphi = \sqrt{3} U_L I_L \cos\varphi \tag{5-30}$$

(2)负载△形连接时，由 $U_L = U_P$、$I_L = \sqrt{3}I_P$ 可得：

$$P = 3U_P I_P \cos\varphi = 3 \cdot U_L \cdot \frac{1}{\sqrt{3}} I_L \cos\varphi = \sqrt{3} U_L I_L \cos\varphi \tag{5-31}$$

由式(5-30)、式(5-31)可以看出，无论对称负载是 Y 形还是△形连接，其有功功率都可写为：

$$P = \sqrt{3} U_L I_L \cos\varphi \tag{5-32}$$

**二、无功功率**

无论电路对称与否，无功功率都等于各相无功功率之和，即：

$$Q = Q_1 + Q_2 + Q_3 \tag{5-33}$$

在对称情况下，相电流与相电压及阻抗角都相等，则，

$$Q = 3Q_P = 3U_P I_P \sin\varphi \tag{5-34}$$

即无论星形或三角形连接的负载，只要负载对称，一定有：

$$Q = \sqrt{3} U_L I_L \sin\varphi \tag{5-35}$$

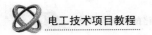

### 三、视在功率

三相电路视在功率为：

$$S = 3U_P I_P = \sqrt{3} U_L I_L = \sqrt{P^2 + Q^2} \tag{5-36}$$

即 $P$、$Q$、$S$ 之间也存在着功率三角形的关系。

**注意**：在工程实际中，设备铭牌上所标注的额定电压和额定电流值都是指线电压和线电流。主要是因为线电压和线电流比较容易测量，如电动机电路。

**【例 5.5】** 有一对称三相负载，每相电阻为 $R = 6\Omega$，电抗 $X = 8\Omega$，三相电源的线电压为 $U_L = 380V$。求：(1) 负载星形连接时的功率；(2) 负载三角形连接时的功率。

**解**：每相阻抗的模均为 $|Z| = \sqrt{6^2 + 8^2} = 10(\Omega)$。

功率因数为 $\cos\varphi = \dfrac{R}{|Z|} = \dfrac{6}{10} = 0.6$。

(1) 负载 Y 形连接时，相电压为：

$$U_P = \frac{U_L}{\sqrt{3}} = \frac{380}{\sqrt{3}} = 220(V)$$

线电流等于相电流，即：

$$I_L = I_P = \frac{U_P}{|Z|} = \frac{220}{10} = 22(A)$$

根据式 (5-31) 可得负载的有功功率 $P$ 为：

$$P = \sqrt{3} U_L I_L \cos\varphi = \sqrt{3} \times 380 \times 22 \times 0.6 = 8.7(kW)$$

(2) 负载 △ 形连接时，相电压等于线电压，即：

$$U_P' = U_L = 380(V)$$

相电流为：

$$I_P' = \frac{U_P'}{|Z|} = \frac{380}{10} = 38(A)$$

线电流为：

$$I_L' = \sqrt{3} I_P' = \sqrt{3} \times 38 = 65.8(A)$$

根据式 (5-31) 可得负载的有功功率 $P'$ 为：

$$P' = \sqrt{3} U_L I_L' \cos\varphi = \sqrt{3} \times 380 \times 65.8 \times 0.6 = 26(kW)$$

由此例题可看到：电源电压不变时，同一负载由星形改为三角形连接时，功率增加到原来的 3 倍。

### 知识拓展

在三相交流电路中，用单相功率表可以组成一表法、两表法或三表法来测量三相负载的有功功率。

### 一、一表法测三相对称负载的有功功率

无论是在三相三线制还是在三相四线制电路中,当三相负载对称时,都可以用一只功率表来测量它的有功功率。测 Y 形对称负载时的接法如图 5-22(a)所示,测 △ 形对称负载时的接法如图 5-22(b)所示,功率表都接在负载的相电压和相电流上,仪表的读数就是一相的有功功率。再将功率表读数乘以 3,就是三相总有功功率,即 $P=3P_1$。

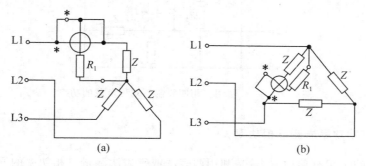

图 5-22　一表法测三相对称负载的有功功率

### 二、两表法测三相三线制的有功功率

不管电压是否对称,负载是否平衡,负载是三角形接法还是星形接法,都可采用两表法测量三相三线制电路的有功功率。两表法的接线如图 5-23 所示。

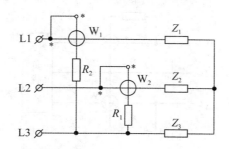

图 5-23　两表法测三相三线制的有功功率

两表法的接线应遵守下述规则:

(1)两只功率表的电流线圈应串接在不同的两相线上,并将其"＊"端接到电源侧,使通过电流线圈的电流为三相电路的线电流。

(2)两只功率表电压线圈的"＊"端应接到各自电流线圈所在的相上,而另一端共同接到没有电流线圈的第三相上,使加在电压回路的电压是电源线电压。

这时,两只功率表都将显示出一个读数,把它们的读数加起来就是三相总功率。

### 三、三表法测三相四线制不对称负载的功率

一表法与两表法均不适用于三相四线制不对称负载的功率测量。因此,通常采用三

只单相功率表分别测出每相有功功率,然后把三表读数相加,就是三相负载的总有功功率。接线如图 5-24 所示。三只功率表应分别接在三个相的相电压和相电流回路上。

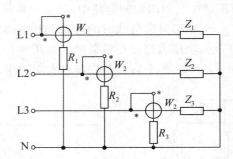

图 5-24　三表法测三相四线制不对称负载的功率

### 四、三相有功功率表测三相功率

应用较广的子相有功功率表,是利用两表法或三表法测量三相功率的原理,将两只或三只单相功率表的测量机构有机地组合为一体,构成一只三相有功功率表。

由两只单相功率表的测量机构组成的三相功率表接线如图 5-25 所示。当功率表按两表法的接线规则接入三相三线制电路时,作用在转轴上的总转矩便反映了三相总有功功率的大小。因而,由仪表指针可直接读出三相功率的值。

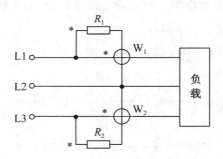

图 5-25　三相有功功率表测三相功率

### 任务实施

#### 一、三相负载星形连接(三相四线制供电)

按图 5-26 线路组接实验电路,即三相灯组负载经三相自耦调压器接通三相对称电源。将三相调压器的旋柄置于输出为 0V 的位置(即逆时针旋到底)。经指导教师检查合格后,方可开启实验台电源,然后调节调压器的输出,使输出的三相线电压为 220V,并按下述内容完成各项实验,分别测量三相负载的线电压、相电压、线电流、相电流、中线电流、电源与负载中点间的电压。将所测得的数据记入表 5-8

三相交流电路的
分析课件

中,并观察各相灯组亮暗的变化程度,特别要注意观察中线的作用。星形负载做短路实验时,必须首先断开中线,以免发生短路事故。为避免烧坏灯泡,在做 Y 形接不平衡负载或缺相实验时,所加线电压应以最高相电压低于 240V 为宜。

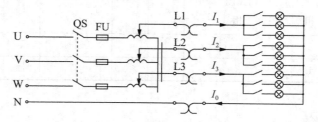

图 5-26　三相负载星形连接接线图

表 5-8 测量数据

| 测量数据<br>实验内容<br>(负载情况) | 开灯盏数 | | | 线电流（A） | | | 线电压（V） | | | 相电压（V） | | | 中线<br>电流<br>$I_0$（A） | 中点<br>电压<br>$U_{N0}$<br>（V） |
|---|---|---|---|---|---|---|---|---|---|---|---|---|---|---|
| | L1 相 | L2 相 | L3 相 | $I_1$ | $I_2$ | $I_3$ | $U_{12}$ | $U_{23}$ | $U_{31}$ | $U_{10}$ | $U_{20}$ | $U_{30}$ | | |
| Y 接平衡负载 | 3 | 3 | 3 | | | | | | | | | | | |
| Y 接不平衡负载 | 1 | 2 | 3 | | | | | | | | | | | |
| Y 接 B 相断开 | 1 | | 3 | | | | | | | | | | | |
| Y 接 B 相短路 | 1 | | 3 | | | | | | | | | | | |

### 二、负载三角形连接(三相三线制供电)

按图 5-27 改接线路,经指导教师检查合格后接通三相电源,并调节调压器,使其输出线电压为 220V,并按表 5-9 的内容进行测试。

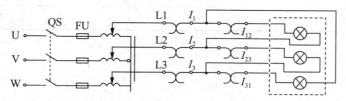

图 5-27　负载三角形连接接线图

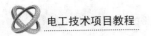

表 5-9 测试内容

| 测量数据<br>负载情况 | 开灯盏数 | | | 线电压＝相电压（V） | | | 线电流（A） | | | 相电流（A） | | |
|---|---|---|---|---|---|---|---|---|---|---|---|---|
| | L1-L2<br>相 | L2-L3<br>相 | L3-L1<br>相 | $U_{12}$ | $U_{23}$ | $U_{31}$ | $I_1$ | $I_2$ | $I_3$ | $I_{12}$ | $I_{23}$ | $I_{31}$ |
| △接平衡负载 | 3 | 3 | 3 | | | | | | | | | |
| △接不平衡负载 | 1 | 2 | 3 | | | | | | | | | |

## 任务考核与评价

**考核要点**

(1)万用表、电流表、电压表的正确使用。

(2)元器件的选择、电路的连接。

(3)测量结果。

**评分标准**

评分标准如表 5-10 所示。

表 5-10 评分标准

| 评分内容 | 评分标准 | 配分 | 得分 |
|---|---|---|---|
| 1 | 元器件的使用正确 | 20 | |
| 2 | 连接电路正确 | 30 | |
| 3 | 万用表、电流表、电压表的使用正确 | 20 | |
| 4 | 测量结果准确 | 20 | |
| 5 | 操作安全文明 | 10 | |
| 教师评价 | | 总分 | |

## 巩固与提高

1.三相电源绕组星形连接时，线电压与相电压之间的关系是什么？

2.在三相四线制中性点接地供电系统中，线电压指的是什么？

3.在星形连接的三相对称电路中，相电流与线电流的相位关系怎样？

4.三相对称负载作 Y 形连接，若每相阻抗为 10Ω，接在线电压为 380V 的三相交流电路中，试求电路的线电流。

5.三相四线制供电的相电压为 200V，试求线电压的大小。

6.负载作三角形连接时的相电流是指相线中的电流，这种说法对吗？为什么？

7.三相对称负载连接成三角形时,若某相的线电流为1A,三相线电流的矢量和为0,这种说法对吗?

8.三相对称负载作成三角形连接时,若相电流为10A,试求线电流的大小。

9.何谓火线?何谓零线?试述中线的作用。

10.额定电压为220V的照明负载连接于线电压220V的三相四线制电路时,与连接于线电压为380V的三相四线制电路相比,连接形式是否相同,为什么?

11.为什么开关一定要接在相线(即火线)上?

12.在负载作Y形连接的对称三相电路中,已知每相负载均为$|Z|=20\Omega$,设线电压$U_L=380V$,试求各相电流(也就是线电流)。

13.一台三相交流电动机,定子绕组星形连接于$U_L=380V$的对称三相电源上,其线电流$I_L=2.2A,\cos\varphi=0.8$,试求每相绕组的阻抗$Z$。

14.用线电压为380V的三相四线制电源给某照明电路供电。已知L1相和L2相各接有40盏、L3相接有20盏220V、100W的白炽灯,应采用Y形连接还是△形连接?并求各相的相电流、线电流和中性线电流。

15.三相对称负载三角形连接,其线电流$I_L=5.5A$,有功功率为$P=7760W$,功率因数$\cos\varphi=0.8$,求电源的线电压$U_L$、电路的无功功率$Q$和每相阻抗$Z$。

16.三相异步电动机的三个阻抗相同的绕组连接成三角形,接于线电压$U_L=380V$的对称三相电源上,若每相阻抗$Z=8+j6\Omega$,试求此电动机工作时的相电流$I_P$、线电流$I_L$和三相电功率$P$。

17.如图5-28所示三相负载星形连接电路,已知三相电源的线电压$\dot{U}_{12}=380\angle30°V$,阻抗$Z_1=20\angle37°\Omega$,$Z_2=20\angle30°\Omega,Z_3=20\angle53°\Omega$,求三相功率$P$。

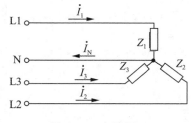

图5-28　电路图

18.如图5-29所示电路中,三相四线制电路上接有对称星形连接的白炽灯负载,其总功率为180W。此外,在L3相上接有额定电压为220V、功率为40W、功率因数$\cos\varphi$的日光灯一只,试求电流$\dot{I}_1$、$\dot{I}_2$、$\dot{I}_3$和$\dot{I}_N$。设$\dot{U}_1=220\angle0°V$。

19.在线电压为380V的三相电源上,接两组电阻性对称负载,如图5-30所示,试求线路电流$I$。

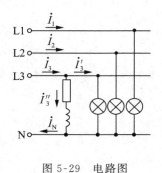

图5-29　电路图

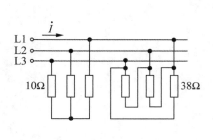

图5-30　电路图

20. 三相对称负载三角形连接,其线电流为 $I_L=5.5\text{A}$,有功功率为 $P=7760\text{W}$,功率因数 $\cos\varphi=0.8$,求电源的线电压 $U_L$、电路的无功功率 $Q$ 和每相阻抗 $Z$。

21. 对称三相负载星形连接,已知每相阻抗为 $Z=31+\text{j}22\Omega$,电源线电压为 380V,求三相交流电路的有功功率、无功功率、视在功率和功率因数。

22. 对称三相电阻炉作三角形连接,每相电阻为 $38\Omega$,接于线电压为 380V 的对称三相电源上,试求负载相电流 $I_P$、线电流 $I_L$ 和三相有功功率 $P$,并绘出各电压、电流的相量图。

23. 对称三相电源,线电压 $U_L=380\text{V}$,对称三相感性负载作三角形连接。若测得线电流 $I_L=17.3\text{A}$,三相功率 $P=9.12\text{kW}$,求每相负载的电阻和感抗。

24. 对称三相电源,线电压 $U_L=380\text{V}$,对称三相感性负载作星形连接。若测得线电流 $I_L=17.3\text{A}$,三相功率 $P=9.12\text{kW}$,求每相负载的电阻和感抗。

25. 三相异步电动机的三个阻抗相同的绕组连接成三角形,接于线电压 $U_L=380\text{V}$ 的对称三相电源上。若每相阻抗 $Z=8+\text{j}6\Omega$,试求此电动机工作时的相电流 $I_P$、线电流 $I_L$ 和三相电功率 $P$。

# 项目六  变压器的认识与选用

## 项目描述

本项目让学生掌握变压器的基本结构与工作原理,并能据此熟悉变压器的特点,在实践中正确选用与维护变压器。

## 教学目标

1.能力目标
◆掌握变压器的基本结构与工作原理。
◆正确选用和维护变压器。
2.知识目标
◆正确理解变压器的铭牌数据。
◆根据要求列出变压器的主要参数。
◆掌握小型电源变压器的铁芯结构、绕组结构及绝缘材料的使用。
◆知道变压器的简单制作工序。
◆根据要求掌握小型电源变压器的分析计算方法。
3.素质目标
◆能够分析变压器的运行特点及工作过程中的故障,并能提出合理的解决方案。
◆培养进一步学习专业知识的能力。

## 任务一  单相变压器

### 任务导入

变压器是利用电磁感应原理传输电能或电信号的器件,能将某一数值的交流电压、电流转变为同频率的另一数值的交流电压、电流,用途广泛,种类很多,使电能传输、分配和使用安全、经济。

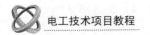
要求学生在掌握变压器基本结构和工作原理的前提下,能够进行一般参数计算,能根据系统要求正确选用和维护变压器。

(1)小型变压器若干。

(2)测电笔、尖嘴钳、剥线钳等电工常用工具。

(3)万用表等仪器仪表。

### 知识点1:变压器的认识

#### 一、变压器

变压器是根据电磁感应原理制成的一种静止的电气设备,是将某一种电压、电流、相数的电能转变成另一种电压、电流、相数的电能。它具有电压变换、电流变换、阻抗变换和电气隔离的功能,在工程的各个领域获得了广泛的应用。

变压器由铁芯与绕组两部分构成(见图6-1)。

绕组 —— 铁芯

图6-1 变压器的结构

#### 二、变压器的用途

变换交流电压:电力系统传输电能的升压变压器、降压变压器、配电变压器等电力变压器及各类电气设备电源变压器。

变换交流电流:电流互感器及大电流发生器。

变换阻抗:电子线路中的输入、输出变压器。

电气隔离:隔离变压器。

### 三、变压器的种类

按用途分:电力变压器,电力系统传输电能;电炉变压器,专给炼钢炉供电;整流变压器,直流电力机车供电;仪用变压器、控制变压器;无线电变压器,仅传输信号。

变压器的分类型号及结构课件

按整体结构分:双绕组变压器、三绕组变压器、多绕组变压器、自耦变压器。

按铁芯结构分:壳式变压器、心式变压器。

按相数分:单相变压器、三相变压器、多相变压器。

### 四、变压器的工作原理

变压器的种类虽多,但基本原理和结构是一样的。变压器的结构示意图及符号如图 6-2 所示。

变压器的工作原理课件

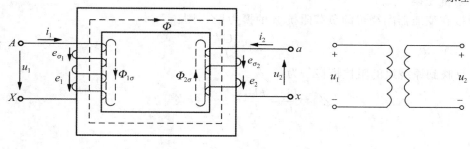

(a)变压器结构示意图　　　　　　(b)变压器的符号

图 6-2　变压器的结构示意图和符号

原绕组匝数为 $N_1$,电压 $u_1$,电流 $i_1$,主磁电动势 $e_1$,漏磁电动势 $e_{\sigma 1}$;副绕组匝数为 $N_2$,电压 $u_2$,电流 $i_2$,主磁电动势 $e_2$,漏磁电动势 $e_{\sigma 2}$。

#### 1.电压变换

原绕组的电压方程为:

$$U_1 = R_1 I_1 + jX_{\sigma 1} I_1 + E_1 \tag{6-1}$$

忽略电阻 $R_1$ 和漏抗 $X_{\sigma 1}$ 的电压,则:

$$U_1 \approx E_1 = 4.44 f N_1 \varphi_m \tag{6-2}$$

副绕组的电压方程为:

$$U_2 = E_2 - R_2 I_2 - jX_{\sigma 2} I_2 \tag{6-3}$$

空载是副绕组电流 $I_2 = 0$,则:

$$U_{20} = E_2 = 4.44 f N_2 \varphi_m \tag{6-4}$$

$$\frac{U_1}{U_{20}} \approx \frac{E_1}{E_2} = \frac{N_1}{N_2} = K \tag{6-5}$$

$K$ 称为变压器的"变比"。

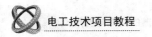 

在负载状态下，由于副绕组的电阻 $R_2$ 和漏抗 $X_{\sigma2}$ 很小，其上的电压远小于 $E_2$，仍有：

$$U_2 \approx E_2 = 4.44 f N_2 \varphi_m$$

$$\frac{U_1}{U_2} \approx \frac{E_1}{E_2} = \frac{N_1}{N_2} = K \tag{6-6}$$

**2. 电流变换**

由 $U_1 \approx E_1 = 4.44 N_1 f \varphi_m$ 可知，$U_1$ 和 $f$ 不变时，$E_1$ 和 $\varphi_m$ 也都基本不变。因此，有负载时产生主磁通的原、副绕组的合成磁动势 $(i_1 N_1 + i_2 N_2)$ 和空载时产生主磁通的原绕组的磁动势 $i_0 N_1$ 基本相等，即：

$$i_1 N_1 + i_2 N_2 = i_0 N_1$$

$$I_1 N_1 + I_2 N_2 = I_0 N_1 \tag{6-7}$$

空载电流 $i_0$ 很小，可忽略不计：

$$I_1 N_1 \approx -I_2 N_2$$

$$\frac{I_1}{I_2} \approx -\frac{N_2}{N_1} = -\frac{1}{K} \tag{6-8}$$

**3. 阻抗变换**

设接在变压器副绕组的负载阻抗 $Z$ 的模为 $|Z|$，则：

$$|Z| = \frac{U_2}{I_2} \tag{6-9}$$

$Z$ 反映到原绕组的阻抗模 $|Z'|$ 为：

$$|Z'| = \frac{U_1}{I_1} = \frac{kU_2}{\dfrac{I_2}{k}} = k^2 \frac{U_2}{I_2} = k^2 |Z| \tag{6-10}$$

## 知识点 2：变压器的使用

### 一、外特性

$$\Delta U = \frac{U_{20} - U_2}{U_{20}} \times 100\% \tag{6-11}$$

电压变化率反映电压 $U_2$ 的变化程度。通常希望 $U_2$ 的变动愈小愈好，一般变压器的电压变化率在 5% 左右。

### 二、损耗与效率

损耗：$\Delta P = \Delta P_{Cu} + \Delta P_{Fe}$。
铜损：$\Delta P_{Cu} = I_1^2 R + I_2^2 R$。
铁损 $\Delta P_{Fe}$：包括磁滞损耗和涡流损耗。

### 三、额定值

(1) 额定电压 $U_N$：指变压器副绕组空载时各绕组的电压。三相变压器是指线电压。
(2) 额定电流 $I_N$：指允许绕组长时间连续工作的线电流。
(3) 额定容量 $S_N$：在额定工作条件下变压器的视在功率。

单相变压器：$S_{2N} = U_{2N} I_{2N} \approx U_{1N} I_{1N}$ (6-12)

三相变压器：$S_{2N} = \sqrt{3} U_{2N} I_{2N} \approx \sqrt{3} U_{1N} I_{1N}$ (6-13)

### 四、变压器线圈极性的测定

同极性端的标记如图 6-3 所示。

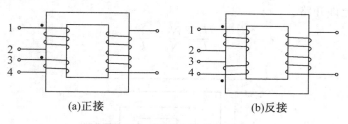

(a)正接        (b)反接

图 6-3 同极性端的标记

同极性端的测定如图 6-4 所示。

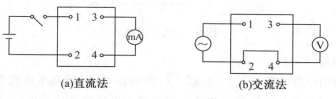

(a)直流法        (b)交流法

图 6-4 同极性端的测定方法

毫安表的指针正偏时，1 和 3 是同极性端；反偏时，1 和 4 是同极性端。

$U_{13} = U_{12} - U_{34}$ 时，1 和 3 是同极性端；$U_{13} = U_{12} + U_{34}$ 时，1 和 4 是同极性端。

## 知识拓展

### 一、自耦变压器（见图 6-5）

特点：副绕组是原绕组的一部分，原、副压绕组不但有磁的联系，也有电的联系。

变压器变换电流的作用课件

变压器变换电压的作用课件

变压器变换阻抗的作用课件

$$\frac{I_1}{I_2} = \frac{N_2}{N_1} = \frac{1}{k}$$

$$\frac{U_1}{U_2} = \frac{N_1}{N_2} = k$$

图 6-5 自耦变压器

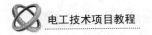
## 二、互感器

**1. 电流互感器**(见图 6-6)

原绕组线径较粗,匝数很少,与被测电路负载串联;副绕组线径较细,匝数很多,与电流表及功率表、电能表、继电器的电流线圈串联。用于将大电流变换为小电流。使用时,副绕组电路不允许开路。

$$\frac{I_1}{I_2} = \frac{N_2}{N_1} = \frac{1}{k}$$

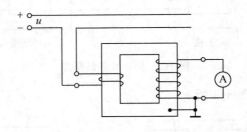

图 6-6　电流互感器

**2. 电压互感器**(见图 6-7)

电压互感器的原绕组匝数较多,并联于待测电路两端;副绕组匝数较少,与电压表及电能表、功率表、继电器的电压线圈并联。用于将高电压变换成低电压。使用时副绕组不允许短路。

$$\frac{U_1}{U_2} = \frac{N_1}{N_2} = k$$

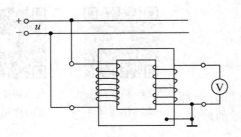

图 6-7　电压互感器

**3. 阻抗变换作用**(见图 6-8)

变压器的初、次级阻抗比等于初、次级匝数比的平方。

$$|Z'_L| = k^2 = |Z_L|$$

阻抗变换

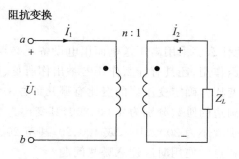

图 6-8　阻抗变换示意图

通过选择合适的变比 $k$，可把实际负载阻抗变换为所需的数值，这就是变压器的阻抗变换作用。变压器可以通过改变初、次级匝数的方法实现变换阻抗的作用。

当电子电路输入端阻抗与信号源、内阻相等时，信号就可以把信号功率最大限度地传送给电路。当负载阻抗与电子电路的输出阻抗相等时，负载上得到的功率最大。这种情况在电子电路中称为"阻抗匹配变压器的阻抗变换功能"，在阻抗匹配中可发挥作用。

## 任务实施

按如图 6-9 所示连接变压器接线。

(1)用交流法判别变压器各绕组的同名端。

(2)将变压器的 1、2 两端接交流 220V，测量并记录两个次级绕组的输出电压。

(3)将变压器的 1、3 连通，2、4 两端接交流 220V，测量并记录 5、6 两端的电压。

(4)将变压器的 1、4 连通，2、3 两端接交流 220V，测量并记录 5、6 两端的电压。

(5)将变压器的 4、5 连通，1、2 两端接交流 220V，测量并记录 3、6 两端的电压。

(6)将变压器的 3、5 连通，1、2 两端接交流 220V，测量并记录 4、6 两端的电压。

(7)将变压器的 3、5 连通，4、6 连通，1、2 两端接交流 220V，测量并记录 3、4 两端的电压。

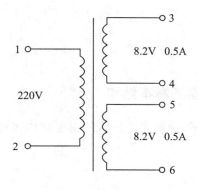

图 6-9　变压器接线

## 巩固与提高

1.在电力系统中,为什么要采用高压送电而用电设备又必须低压供电?

2.变压器除具有变压作用,还具有什么作用? 举出你所见、所用的变压器。

3.什么是变压器的变比? 确定变压器的变比有哪几种方法?

4.一台变压器,原、副边的匝数分别为 4000、200,其变比为 20。在保持变比不变的情况下,能否将原、副边分别减小为 2000、100,或 400、20,甚至 20、1?

5.自耦变压器有何特点? 使用时应注意哪些问题?

# 任务二　三相变压器

## 任务导入

三相变压器产品广泛用于工矿企业、纺织机械、印刷包装、石油化工、学校、商场、电梯、邮电通信、医疗机械、办公设备、测试设备、工业自动化设备、家用电器、高层建筑、机床、隧道的输配电及进口设备等所有需要正常电压保证的场合。

## 任务描述

电力系统常常把变换三相交流电等级的变压器称为"三相变压器"。目前,电力系统均采用三相变压器,因而三相变压器的应用极为广泛。在三相变压器三相对称负载运行时,变压器各相电流、电压大小相等,相位相差 120°。因此,对于其运行原理的分析计算可采用"一相法"进行研究。

## 实施条件

(1)电力变压器图片。

(2)测电笔、尖嘴钳、剥线钳等电工常用工具。

(3)万用表等仪器仪表。

## 相关知识

### 知识点 1:三相变压器的基本结构

基本结构如图 6-10 所示,油浸式变压器的主要结构部件包括铁芯、绕组、油箱、绝缘套管等。

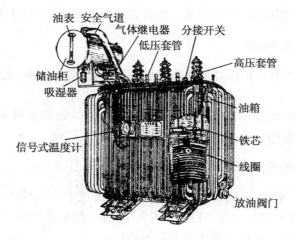

油表 安全气道
气体继电器 分接开关
低压套管
储油柜
吸湿器
高压套管
油箱
铁芯
信号式温度计
线圈
放油阀门

图 6-10 三相变压器的基本结构

## 一、铁芯与绕组

移去变压器箱体可看到变压器的铁芯与绕组。铁芯由硅钢片叠成,硅钢片导磁性能好、磁滞损耗小。在铁芯上有 A、B、C 三相绕组,每相绕组又分为高压绕组与低压绕组,一般在内层绕低压绕组,外层绕高压绕组。

## 二、绝缘套管

把铁芯与绕组放入箱体,绕组引出线通过绝缘套管内的导电杆连到箱体外,导电杆外面是瓷绝缘套管,通过它固定在箱体上,以保证导电杆与箱体绝缘。为减小因灰尘与雨水引起的漏电,瓷绝缘套管外形为多级伞形。右边是低压绝缘套管,左边是高压绝缘套管。由于高压端电压很高,高压绝缘套管比较长。

## 三、变压器油

变压器箱体(即油箱)里灌满变压器油,铁芯与绕组浸在油里。变压器油比空气绝缘强度大,可加强各绕组间、绕组与铁芯间的绝缘,同时流动的变压器油也可帮助绕组与铁芯散热。在油箱上部有油枕,有油管与油箱连通,变压器油一直灌到油枕内,可充分保证油箱内灌满变压器油,以防止空气中潮气的侵入。

## 四、变压器的油枕与散热管

油箱外排列着许多散热管。运行中的铁芯与绕组产生的热能使油温升高,温度高的油密度较小,上升进入散热管,油在散热管内温度降低,密度增加,在管内下降重新进入油箱。如此,铁芯与绕组的热量通过油的自然循环便散发出去了。

## 知识点 2:三相变压器的磁路系统

三相变压器的磁路系统是指主磁通的磁路系统,按铁芯结构形式的不同可分为两种,

一种是三相组式变压器磁路,另一种是三相芯式变压器磁路,它们各具有不同的特点。

### 一、三相组式变压器磁路

磁路特点:由三个独立的单相变压器组成各相铁芯,各相磁通、磁阻都相等,各相彼此独立、互不联系。

优缺点:特大容量的变压器制造容易,备用量小,但其铁芯用料多,占地面积大,只适用于超高压、特大容量的场合。

### 二、三相芯式变压器(三相三铁芯柱式变压器)磁路

如图 6-11 所示,中柱(中间铁芯柱)磁通为三相磁通之和,对称时中柱磁通为零,可省去。平面铁芯的磁路不完全对称,各相 $I_0$ 不完全相同,但相差很小,可忽略区别。将三个芯柱安排在同一平面上,就形成芯式变压器的磁路。

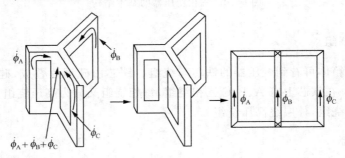

图 6-11　三相芯式变压器磁通

特点:具有共同铁芯,彼此关联,互为通路。

在这种铁芯结构的变压器中,任一瞬间某一相的磁通均以其他两相铁芯为回路,因此,各相磁路彼此相关联。但由于各相磁路长度不等,中间 B 相最短。当外加三相对称电压时,三相励磁电流不对称,B 相最小。但因励磁电流很小,可忽略对负载运行的影响,可以略去不计。

优点:节省材料,体积小,效率高,维护方便。

应用:大、中、小容量的变压器广泛用于电力系统中。

### 三、三相组式和芯式变压器的比较

组式变压器特点:有三个独立的变压器铁芯;三相磁路互不关联;三相电压平衡时,三相电流、磁通也平衡(见图 6-12)。

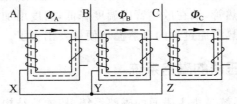

图 6-12　三相组式变压器

芯式变压器特点:三个铁芯互不独立;三相磁路相互关联;中间相的磁路短、磁阻小,当三相电压平衡时,三相励磁电流稍有不对称(见图 6-13)。

此外,这两种三相变压器的结构存在一定的差异:三相组式变压器备用容量小,搬运方便;三相芯式变压器节省材料,效率高,安装占地面积小,价格便宜。所以,电力系统目前大多采用三相芯式变压器。

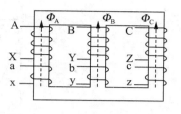

图 6-13　三相芯式变压器

### 知识点3:三相变压器的连接组别

三相变压器的连接组别是一个很重要的问题,关系到变压器电动势的相位及波形问题。

**一、变压器的绕组首尾端标记**(见表 6-1)

表 6-1　　　　　　　变压器的绕组首尾端标记

| 绕组名称 | 单相变压器 | | 三相变压器 | | 中性点 |
|---|---|---|---|---|---|
| | 首端 | 尾端 | 首端 | 尾端 | |
| 高压绕组 | A | X | A、B、C | X、Y、Z | N |
| 低压绕组 | a | x | a、b、c | x、y、z | n |
| 中压绕组 | Am | Xm | Am、Bm、Cm | Xm、Ym、Zm | Nm |

**二、三相变压器绕组的连接法**

在三相变压器中,不论是高压绕组还是低压绕组,我国主要采用星形连接和三角形连接两种接法。

1.星形连接(见图 6-14)

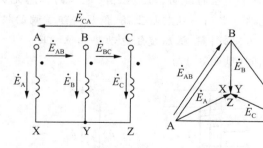

图 6-14　星形接法的三相绕组及电动势相量图

2.三角形连接

三角形连接有两种形式。

(1)右向三角形连接(AX－CZ－BY),如图 6-15 所示。

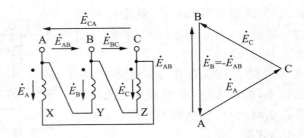

图 6-15　右向三角形接法的三相绕组及电动势相量图

（2）左向三角形连接（AX－BY－CZ），如图 6-16 所示。

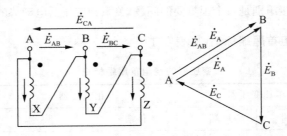

图 6-16　左向三角形接法的三相绕组及电动势相量图

**注意**：各种连接方式相量图的画法。

### 三、变压器绕组极性及极性的测定

1. 变压器绕组极性

三相变压器中同一相的高、低压绕组交链同一磁通所感应的电动势时，若高压绕组的某一端头的电位为正（高电位），低压绕组必有一个端头的电位也为正（高电位），这两个具有正极性或另两个具有负极性的端头，称为"同极性端"或"同名端"，用符号"·"表示。

**注意**：绕组的极性只取决于绕组的绕向，与绕组首、尾端的标志无关。规定绕组电动势的正方向为从首端指向尾端。当同一铁芯柱上高、低压绕组首端的极性相同时，其电动势相位也相同。当首端极性不同时，高、低压绕组电动势相位相反。

（1）高、低压绕组绕向相同（见图 6-17）

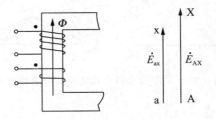

图 6-17　高、低压绕组绕向相同及电动势相量图

（2）高、低压绕组绕向相反（见图 6-18）

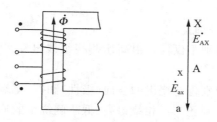

图 6-18 高、低压绕组绕向相反及电动势相量图

高、低压绕组相电动势之间的相位关系：

①高、低压绕组首端 A 与 a 为同极性端，则高、低压相电动势相位相同。

②高、低压绕组首端 A 与 a 为异极性端，则高、低压相电动势相位相反。

2.变压器绕组极性的测定

变压器绕组极性测定的方法有两种：一是直流测定法；二是交流测定法。

（1）直流测定法

按图 6-19 接线，一次侧绕组通过开关 S 与直流电池连接，二次侧绕组接直流毫伏电压表，当开关 S 闭合瞬间，若电压表指针正偏，则二次侧绕组接电压表正极端与一次侧绕组接电池正极端为同名端；若电压表指针反偏，则二次侧绕组接电压表正极端与一次侧绕组接电池正极端为异名端。

（2）交流测定法

按图 6-20 接线，一次侧绕组的尾端 X 与二次侧绕组的尾端 x 连接在一起。在一次侧绕组 AX 通入低压交流电压（约为 50％额定），用万用表电压挡测一次侧绕组电压 $U_{AX}$，二次侧绕组电压 $u_{ax}$，一、二次侧首端电压 $U_{Aa}$。若 $U_{Aa}=U_{AX}-u_{ax}$，则 A 与 a 为同名端；若 $U_{Aa}=U_{AX}+u_{ax}$，则 A 与 a 为异名端。

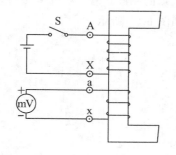

图 6-19 直流法测定变压器绕组极性接线图　　图 6-20 交流法测定变压器绕组极性接线图

### 四、三相变压器连接组别

三相变压器的连接组别是反映三相变压器高、低压侧绕组的连接方式及高、低压侧绕组线电动势（或线电压）的相位关系。它由高、低压侧绕组连接法和代表对应线电动势相位关系的组别号两个部分组成。国家规定的连接组可归并为 Y，y 和 D，d 两大类。其中

用大、小写英文字母分别表示高、低压绕组的连接方式。星形用 Y 或 y 表示，三角形用 D 或 d 表示。

1.三相变压器连接组别的确定

(1)三相变压器的连接组别不仅仅是由高压侧绕组线电动势与低压侧绕组线电动势的相位差来决定的。

(2)三相变压器的连接组别也与绕组的绕向（极性）和首、尾端标志有关。

(3)三相变压器的连接组别还与三相绕组高、低压侧绕组的连接方式有关。

(4)确定三相变压器的连接组别，还需通过画相量位形图来判别。

此外，为了避免制造和使用上的混乱，国家标准规定对单相双绕组电力变压器只有 I／I-0 连接组别一种。对三相双绕组电力变压器规定只有 $Yy_n0$、$Yd11$、$Y_Nd11$、$Y_Ny0$ 和 $Yy0$ 五种。其中，前三种最常见。

2.三相变压器连接组别的判法——时钟表示法

(1)对于任意标定的 A、X(或 a、x)，变压器高、低压侧绕组感应电势 $\dot{E}_{AX}$ 和 $\dot{E}_{ax}$ 的相位关系只有两种结果，即 $\dot{E}_{AX}$ 与 $\dot{E}_{ax}$ 同相或反相。

(2)时钟表示法的目的：说明三相变压器高、低压侧绕组线电动势的相位关系。

(3)时钟表示法的判别方法：理论和实践证明，无论采用怎样的连接方式，变压器的高、低压侧绕组线电动势（或电压）的相位差总是 30°的整数倍。因此，按国际电工标准，可以采用时钟表示法——即高压侧绕组线电动势从 A 到 B，记为 $\dot{E}_{AB}$，作为时钟的分针（长针），固定指向时钟的"12"点，低压侧绕组线电动势从 a 到 b，记为 $\dot{E}_{ab}$，作为时钟的时针（短针），根据相位关系，其指向钟面的数字就是三相变压器的组别号。组别号的数字乘以 300，就是二次侧绕组的线电动势滞后于一次侧绕组电动势的相位角。

3.时钟表示法的作图步骤

以 Y/y12(0)连接的三相变压器为例，说明连接组别的判断过程。

(1)在变压器接线图上标出各相线电动势相量，如图 6-21 所示。

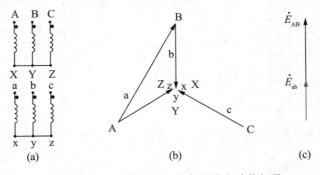

图 6-21　时钟表示法的各相线电动势相量

(2)画出高压侧绕组线电动势相量位形图。

(3)根据同一铁芯柱上高、低压侧绕组感应线电动势的相位关系，画出低压侧绕组线电动势相量位形图。将"a"点与"A"点重合，使相位关系更直观。

（4）比较高、低压侧绕组线线电动势 $\dot{E}_{AB}$ 与 $\dot{E}_{ab}$ 的相位关系,根据时钟表示法确定连接组别。

4. 确定三相变压器连接组别的步骤

（1）根据三相变压器绕组连接方式,画出高、低压侧绕组接线图（绕组按 A、B、C 相序自左向右排列）。

（2）在接线图上标出相电动势和线电动势的假定正方向。

（3）画出高压侧绕组电动势相量图,根据单相变压器判断同一相的相电动势方法,将 A、a 重合,再画出低压侧绕组的电动势相量图（画相量图时应注意三相量按顺相序画）。

（4）根据高、低压绕组线电动势相位差,由时钟表示法确定连接组别的标号。

**注意**:绕组的极性只表示绕组的绕法,与绕组的首、尾端标志无关;高、低压绕组的相电动势均从首端指向尾端,线电动势由 A 指向 B;同一铁芯柱上的绕组,首端为同名端时相电动势相位相同,首端为异名端时相电动势相位相反。

关于连接组别的几点认识:

（1）当变压器的绕组标志（同名端或首末端）改变时,变压器的连接组号也随着改变。

（2）Y/y 连接的三相变压器,其连接组号都是偶数。

（3）Y/d 连接的三相变压器,其连接组号都是奇数。

（4）D/d 连接可以得到与 Y/y 连接相同的组别;D/y 连接也可以得到与 Y/d 连接相同的组别。

（5）最常用的连接组别是 Y/y-12(0) 和 Y/d-11。

总之,对于 Y,y(或 D,d) 连接,可以得到 0(12)、2、4、6、8、10 等六个偶数组别;而 Y,d(或 D,y) 连接,可以得到 1、3、5、7、9、11 等六个奇数组别。

5. 标准连接组别的应用

变压器的连接组别很多,为了便于制造和并联运行,国家标准规定,Y,$y_n$0、Y,d11、$Y_N$,d11、$Y_N$,y0 和 Y,y0 连接组按三相双绕组电力变压器的标准连接组别。

（1）Y,yn0 组别的三相电力变压器主要用于三相四线制配电系统中,供电给动力和照明的混合负载。低压侧电压为 400V,高压侧额定电压不超过 35kV,这种连接的变压器最大容量为 1800kV·A。

（2）Y,d11 组别的三相电力变压器用于低压侧高于 0.4kV 的线路中;高压侧额定电压不超过 35kV,这种连接的变压器容量在 5600kV·A 以下。

（3）$Y_N$,d11 组别的三相电力变压器用于 35kV 及以上的中性点需接地的高压线路中。

（4）$Y_N$,y0 组别的三相电力变压器用于高压侧需接地的系统中。

（5）Y,y0 组别的三相电力变压器用于只供电给三相动力负载的线路中。

## 巩固与提高

1. 某三相电力变压器铭牌如图 6-22 所示,求一、二次侧的相电压、相电流、变比。

三相电力变压器
型号 S9-500/10

产品代号 IFATO、710、022

标准代号 GB 1094.1—5—1996

额定容量 500kVA

额定电压 $U_{1N}=10kV$ $U_{2N}=0.4kV$ 3 相 50Hz

使用条件 户外式 联接组别 Yyn0 短路电压 4.4%

冷却方式 ONAN 额定温升 80℃ 器身重 1115kg

油重 311kg 总重量 1779kg 出厂序号 200201061

××变压器厂 2002 年 1 月

图 6-22 某变压器铭牌

2.为什么三相组式变压器不允许采用 Y,y0 连接?而三相芯式变压器可以采用 Y,y0 连接?

3.为什么希望三相变压器有一侧绕组接成三角形?为什么 Y,yn 连接的芯式器可以带单相负载?中点位移也不大?

4.判断如图 6-23 所示的变压器连接组别。

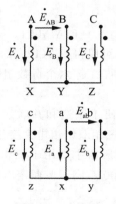

图 6-23 连线图

# 项目七　三相异步电动机的拆卸与装配

 **项目描述**

　　本项目让学生掌握三相异步电动机的基本结构与工作原理,并能据此熟悉三相异步电动机的特点,以及在实践中正确选用与维护三相异步电动机。

**教学目标**

　　1.能力目标

◆掌握三相异步电动机的基本结构与工作原理。

◆正确选用和维护三相异步电动机。

　　2.知识目标

◆电机的分类、结构、旋转原理、铭牌数据、主要系列、应用场合。

◆熟悉三相异步电动机的基本拆装步骤。

◆掌握三相异步电动机的接线方式与通电步骤。

◆了解简单故障及维修方法。

　　3.素质目标

◆熟练掌握三相异步电动机的拆装步骤。

◆正确判断出三相异步电动机的首尾端,并进行通电运行。

◆培养学生工作细心、精益求精、团队合作、爱护工具的精神。

## 任务一　三相异步电动机的结构与工作原理

**任务导入**

　　电动机是把电能转换成机械能的设备。在机械、冶金、石油、煤炭、化学、航空、交通、农业以及其他各种工业中,电动机被广泛地应用着。随着工业自动化程度的不断提高,需要采用各种各样的控制电机作为自动化系统的元件,如人造卫星的自动控制系统中,电机

就是不可缺少的。因此,掌握三相异步电动机的结构与工作原理是学习三相异步电动机的基础。

## 任务描述

要求学生在掌握三相异步电动机的基本结构和工作原理的前提下,能够进行一般参数的计算,并能根据系统要求选用和维护三相异步电动机。

## 实施条件

(1)小型三相笼型异步电动机。

(2)测电笔、尖嘴钳、剥线钳等电工常用工具。

(3)万用表等仪器仪表。

## 相关知识

电机的分类与
选择课件

### 知识点1:异步电动机的分类

交流电机可分为交流发电机和交流电动机两大类。目前,广泛采用的交流发电机是同步发电机。这是一种由原动机拖动旋转(如水电站的水轮机、火电站的汽轮机)产生交流电能的装置。交流电动机则是指由交流电源供电,将交流电能转变为机械能的装置。根据电动机转速变化的情况,可分为同步电动机和异步电动机两类。同步电动机是指电动机的转速始终保持与交流电源的频率同步,即 $n_1 = \dfrac{60f}{p}$。当电网频率 $f$ 和极对数 $p$ 一定时,转速 $n_1$ 等于常数,不随负载大小而变。而交流异步电动机的转速随负载变化会有所变化,这是目前使用最多的一类电机。当异步电动机的定子绕组接上交流电源以后,建立磁场,依靠电磁感应作用,使转子绕组感生电流,产生电磁转矩,实现机电能量转换。因其转子电流是由电磁感应作用而产生的,因而交流异步电动机也称为"感应电动机"。

异步电动机的种类很多,分类方式也很多。

按定子相数分:单相异步电动机、两相异步电动机、三相异步电动机。

按转子结构分:绕线式异步电动机、鼠笼式异步电动机(包括单鼠笼异步电动机、双鼠笼异步电动机)、深槽式异步电动机。

按有无换向器分:换向器异步电动机、无换向器异步电动机。

按定子绕组电压高低分:高压异步电动机、低压异步电动机。

按机壳的防护型式分:防护式电动机、封闭式电动机、开启式电动机、防爆式电动机等。

另外,还有高启动转矩异步电动机、高转差率异步电动机、高转速异步电动机等。

### 知识点2:异步电动机的主要用途

同步电动机主要用于功率较大、转速不要求调节的生产机械,如大型水泵、空气压缩机、矿井机、通风机等。而异步电机则主要用作电动机,在工农业、交通运输、国防工业以及其他行业中应用非常广泛。在工业方面,用于拖动中小型轧钢设备、各种金属切割机床、轻工机械、矿山机械等;在农业方面,用于拖动水泵、脱粒机、粉碎机以及其他农副产品的加工机械等;在民用电器方面,用于驱动电风扇、洗衣机、电冰箱、空调等。

异步电动机的特点是结构简单、制造方便、运行可靠、价格低廉、坚固耐用和运行效率较高。特别是同容量的异步电动机的重量仅约为直流电动机的一半,且价格也仅为直流电动机的一半。但异步电动机也有一些缺点,如不能经济地实现范围宽广的平滑调速;由于是感性元件,必须从电网吸取滞后的励磁电流,使电网功率因数变小等。由于大部分生产机械并不要求大范围的平滑调速,而电网的功率因数又可以采用其他办法进行补偿,因而三相异步电动机得到了广泛应用。

### 知识点 3:三相异步电动机的旋转原理

三相异步电动机的旋转原理,就是首先产生一个旋转磁场,由这个旋转磁场借感应作用在转子绕组内感生电流,然后由旋转磁场与转子电流相互作用,以产生电磁转矩来实现拖动作用。所以,在三相异步电动机中实现能量变换的前提是产生一个旋转磁场。

**一、旋转磁场的产生**

图 7-1 为三相异步电动机的旋转原理图,其中 U1U2、V1V2、W1W2 为定子三相绕组。三个完全相同的绕组在空间彼此互差 120°,分布在定子铁芯的内圆周上,构成了三相对称绕组。当三相对称绕组接上三相交流电源时,在绕组中将流过三相对称电流。

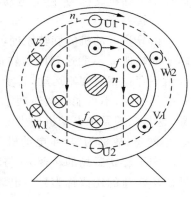

图 7-1 原理图

经理论分析与实践证明:当异步电动机定子三相对称绕组中通入三相对称电流时,在气隙中会产生一旋转磁场。该旋转磁场的转速称为"同步转速",用 $n_1$ 表示,$n_1$ 的大小与电动机的磁极对数 $p$ 和交流电的频率 $f$ 有关,即 $n_1 = \dfrac{60f}{p}$;该旋转磁场的转向取决于定子三相电流的相序,即从电流超前相转向电流滞后相。若要改变旋转磁场的方向,只需将三相电源进线中的任意两相对调即可。

当 $p=1$ 时,$n_1=3000 \text{r/min}$;当 $p=3$ 时,$n_1=1000 \text{r/min}$;当 $p=4$ 时,$n_1=750 \text{r/min}$。

上述数据非常重要,目前广泛使用的各类异步电动机的额定转速与上述的同步转速密切相关,但额定转速均略小于同步转速,如:

$$Y132S\text{-}2:p=1,n_1=3000 \text{r/min},n_2=2900 \text{r/min}$$
$$Y132S\text{-}4:p=2,n_1=1500 \text{r/min},n_2=1440 \text{r/min}$$
$$Y132S\text{-}6:p=3,n_1=1000 \text{r/min},n_2=960 \text{r/min}$$
$$Y132S\text{-}8:p=4,n_1=750 \text{r/min},n_2=710 \text{r/min}$$

### 二、三相异步电动机的旋转原理

**1. 旋转原理**

根据图 7-1 所示的三相异步电动机旋转原理图,已知旋转磁场 $n_1$ 的方向为图中的顺时针方向,转子上的六个小圆圈表示自成闭合回路的转子导体。该旋转磁场将切割转子导体,在转子导体中产生感应电动势。由于转子导体是闭合的,将在转子导体中形成电流,由右手定则判定电流方向,即电流从转子上半部的导体中流出,流入转子下半部导体中。有电流流过的转子导体将在旋转磁场中受到电磁力 $f$ 的作用,由左手定则判定电磁力 $f$ 的方向,图中箭头所示为 $f$ 方向。电磁力 $f$ 在转轴上形成电磁转矩 $T$,使电动机转子以转速 $n$ 的速度旋转。由此可归纳三相异步电动机的旋转原理为:当异步电动机定子三相绕组中通入三相交流电时,在气隙中形成旋转磁场;旋转磁场切割转子绕组,在转子绕组中产生感应电动势和电流;载流转子绕组在磁场中受到电磁力的作用,形成电磁转矩,驱动电动机转子转动。

异步电动机转子的旋转方向始终与旋转磁场的旋转方向一致,而旋转磁场的转向取决于定子三相电流的相序。由于异步电动机的转子电流是通过电磁感应作用产生的,所以异步电动机又称为"感应电动机"。

**2. 转差率**

由异步电动机的旋转原理可知,转子转动的方向虽然与旋转磁场转动的方向相同,但转子的转速 $n$ 不能达到同步转速 $n_1$,即 $n < n_1$。这是因为,两者如果相等,转子与旋转磁场就不存在相对切割运动,转子绕组中也就不再感应出电动势和电流,转子不会受到电磁转矩的作用,不可能继续转动。电动机转子的转速 $n$ 与旋转磁场的转速 $n_1$ 存在一定的差异,这是三相异步电动机产生电磁转矩的必要条件。由于电动机转速 $n$ 与旋转磁场转速 $n_1$ 不同步,故称为"异步电动机"。

定子旋转磁场的转速 $n_1$ 与转子的转速 $n$ 之差 $\Delta n = n_1 - n$,称为"转差"。将转差与旋转磁场转速的比值称为异步电动机的"转差率",用 $s$ 表示,即:

$$s = \frac{n_1 - n}{n_1} \tag{7-1}$$

转差率是异步电动机的一个重要参数。在很多情况下,用 $s$ 表示电动机的转速比直接用 $n$ 方便得多,可使很多分析计算大为简化。由于电动机额定转速 $n_N$ 与定子旋转磁场的转速 $n_1$ 接近,所以一般额定转差率 $s_N$ 为 0.01～0.06。当转子静止即 $n=0$ 时,$s=1$;当 $n=n_1$ 时,$s=0$。因此,异步电动机正常运行时,$s$ 值的范围是 0～1。

## 知识点 4:三相异步电动机的结构、铭牌及主要系列

### 一、三相异步电动机的结构

三相异步电机主要由定子和转子两大部分组成,定、转子之间有气隙。图 7-2 为笼型异步电动机的结构。

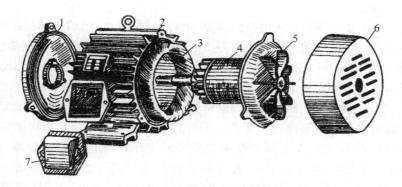

图 7-2　笼型异步电动机结构图

1—端盖　2—定子　3—定子绕组　4—转子　5—风扇　6—风扇罩　7—接线盒

### 1.定子部分

（1）定子铁芯

定子铁芯是异步电动机磁路的一部分，装在机座里。为了减小旋转磁场在铁芯中引起的涡流损耗和磁滞损耗，定子铁芯由导磁性能较好、厚度为 0.5mm 且冲有一定槽形的硅钢片叠压而成。对于容量较大（10kW 以上）的电动机，在硅钢片两面涂以绝缘漆，作为片间绝缘。图 7-3 为定子铁芯示意图。

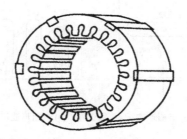

图 7-3　定子铁芯示意图

在定子铁芯内圆开有均匀分布的槽，槽内放置定子绕组。图 7-4 为定子铁芯槽，其中图 7-4（a）是开口槽，用于大、中型容量的高压异步电动机中；图 7-4（b）是半开口槽，用于中型 500V 以下的异步电动机中；图 7-4（c）是半闭口槽，用于低压小型异步电动机中。

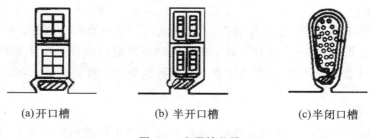

(a)开口槽　　　　　(b) 半开口槽　　　　　(c)半闭口槽

图 7-4　定子铁芯槽

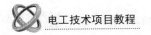 

（2）定子绕组

定子绕组是异步电动机定子的电路部分，由许多线圈按一定的规律连接而成。定子绕组嵌放在定子铁芯的内圆槽内。小型异步电机的定子绕组一般由高强度漆包圆铜线或圆铝线绕成，大中型异步电机定子绕组一般由高强度漆包扁铜线或扁铝线绕成。

三相异步电动机的定子绕组是一个三相对称绕组，由三个完全相同的绕组组成，每个绕组即一相，三个绕组在空间相差 120°电角度，每相绕组的两端分别用 U1-U2、V1-V2，W1-W2 表示，可以根据需要接成 Y 形或△形，图 7-5 为三相异步电动机定子绕组接线图。具体采用哪种接线方式取决于每相绕组能承受的电压设计值。如一台相绕组能承受 220V 电压的三相异步电动机，铭牌上标有额定电压 380/220V、Y/△连接，表明若电源电压为 380V，则采用 Y 形连接；若电源电压为 220V，则采用△形连接。这两种情况下，每相绕组承受的电压都是 220V。

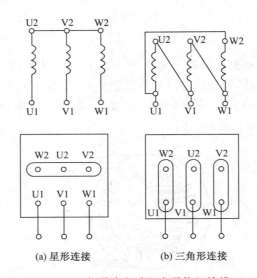

(a) 星形连接　　　　　(b) 三角形连接

图 7-5　三相异步电动机定子绕组接线

（3）机　座

机座的作用主要是固定与支撑定子铁芯，所以，要求它有足够的机械强度和刚度。对于中小型异步电机，通常采用铸铁机座；对于大型电机，一般采用钢板焊接的机座。

2.转子部分

（1）转子铁芯

转子铁芯的作用与定子铁芯相同，一方面作为电动机磁路的一部分，另一方面用来安放转子绕组。它用厚 0.5mm 且冲有转子槽型的硅钢片叠压而成。中小型电机的转子铁芯一般都直接固定在转轴上，而大型异步电机的转子则套在转子支架上，然后把支架固定在转轴上。

（2）转子绕组

转子绕组的作用是产生感应电动势、流过电流并产生电磁转矩。按其结构形式分为笼型和绕线型两种。

　　笼型转子绕组:在转子铁芯的每一个槽内插入一铜条,在铜条两端各用一铜环把所有的导条连接起来,这称为"铜排转子",如图 7-6(a)所示。也可用铸铝的方法,用熔铝浇铸而成短路绕组,即将导条、端环和风扇叶片一次铸成,称为"铸铝转子",如图 7-6(b)所示,100kW 以下的异步电动机一般采用铸铝转子。如果去掉铁芯,仅由导条和端环构成的转子绕组,外形像一个松鼠笼子,所以称"笼型转子绕组",笼型绕组的电动机称为"笼型异步电动机"。笼型转子因结构简单、制造方便、成本低、运行可靠,得到了广泛应用。

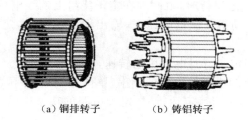

(a)铜排转子　　　　　(b)铸铝转子

图 7-6　笼型转子绕组

　　绕线型转子绕组:与定子绕组相似,它是在绕线转子铁芯的槽内嵌有三相对称绕组,一般作星形连接,三个端头分别接在与转轴绝缘的集电环上,通过电刷装置与外电路相接,如图 7-7 所示。它可以把外接电阻串联到转子绕组回路中,以便改善异步电动机的启动及调速性能。为了减少电刷引起的摩擦损耗,中等容量以上的电机还装有一种提刷短路装置。绕线型转子绕组的电动机称为"绕线型异步电动机"。

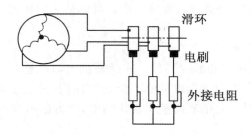

图 7-7　绕线型转子绕组与外加变阻器的连接

　　与笼型电动机相比,绕线型电动机的结构复杂,维修较麻烦,造价高。因此,只有对启动性能要求较高和需要调速的场合,才选用绕线型异步电动机。

　　3.其他部分及气隙

　　除了定子、转子,电动机还有端盖、风扇等。端盖除了起防护作用,还装有轴承,用以支撑转子轴。风扇则用来通风冷却。

　　异步电动机定子与转子之间存在气隙,气隙大小对异步电动机的性能、运行可靠性影响较大。气隙过大,将使磁阻增大,使励磁损耗增大,由电网供给的励磁电流随之增大,电动机的功率因数 $\cos\varphi$ 变低,使电动机的性能变差;气隙过小,又容易使运行中的转子与定子碰擦,发生"扫膛",给启动带来困难,从而降低了运行的可靠性,另外也给装配带来困难。中小型异步电机的气隙一般为 0.1~1mm。

电机机械特性
课件

## 二、三相异步电动机的铭牌数据

### 1. 额定值

三相异步电动机在铭牌上表明的额定值主要有以下几项。

额定功率 $P_N$：是指电动机在额定运行时，转轴上输出的机械功率，单位是 kW。

额定电压 $U_N$：是指额定运行时，电网加在定子绕组上的线电压，单位是 V 或 kV。

额定电流 $I_N$：是指电动机在额定电压下，输出额定功率时，定子绕组中的线电流，单位是 A。

额定转速 $n_N$：是指额定运行时电动机的转速，单位是转/分（r/min）。

额定频率 $f_N$：是指电动机所接电源的频率，单位是 Hz。中国的电网频率为 50 Hz。

额定功率因数 $\cos\varphi_N$：是指额定运行时，定子电路的功率因数。一般中小型异步电动机 $\cos\varphi_N$ 为 0.8 左右。

接法：用 Y 或 △ 表示。表示在额定运行时，定子绕组应采用的连接方式。

此外，铭牌上还标有定子绕组的相数 $m_1$、绝缘等级、温升以及电动机的额定效率 $\eta_N$、工作方式等，绕线型异步电动机还标有转子绕组的线电压和线电流。

额定值之间有如下关系：

$$P_N = \sqrt{3}U_N I_N \eta_N \cos\varphi_N \qquad (7\text{-}2)$$

对于 380 V 的低压异步电动机，其 $\eta_N \cos\varphi_N \approx 0.8$，代入式(7-2)，得：

$$I_N \approx 2P_N \qquad (7\text{-}3)$$

式中，$P_N$ 的单位为千瓦，$I_N$ 的单位为安培。由此可以估算出额定电流，即所谓的"一个千瓦两个电流"。

### 2. 三相异步电动机定额

电动机定额分连续、短时和断续三种。连续是指电动机连续不断地输出额定功率而温升不超过铭牌允许值。短时表示电动机不能连续使用，只能在规定的较短时间内输出额定功率。断续表示电动机只能短时输出额定功率，但可以断续重复启动和运行。

### 3. 温 升

电动机运行中，部分电能转换成热能，使电动机温度升高。经过一定时间，电能转换的热能与机身散发的热能平衡，机身温度达到稳定。在稳定状态下，电动机温度与环境温度之差，叫"电动机温升"。环境温度规定为 40℃，如果温升为 60℃，表明电动机温度不能超过 100℃。

### 4. 绝缘等级

绝缘等级指电动机绕组所用绝缘材料按它的允许耐热程度规定的等级，这些级别为：A 级，105℃；E 级，120℃；F 级，155℃。

### 5. 功率因数

功率因素指电动机从电网所吸收的有功功率与视在功率的比值。视在功率一定时，功率因数越高，有功功率越大，电动机对电能的利用率也越高。

## 三、型 号

铭牌除标明了上述的额定数据，还标明了电动机的型号。型号是电机名称、规格、型式等的一种产品代号,表明电机的种类和特点。异步电动机的型号由汉语拼音大写字母、国际通用符号和阿拉伯数字三部分组成。以 Y 系列异步电动机为例进行说明。

1. 中小型异步电动机型号(见图 7-8)

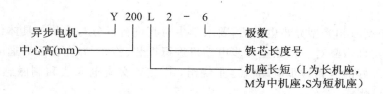

图 7-8　中小型异步电动机型号

2. 大型异步电动机型号(见图 7-9)

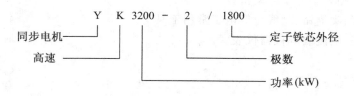

图 7-9　大型异步电动机型号

**四、三相异步电动机的主要系列简介**

　　Y 系列:是一般用途的小型笼型电动机系列,取代了原先的 JO2 系列。额定电压为 380V,额定频率为 50Hz,功率范围为 0.55～90kW,同步转速为 750～3000r/min。外壳防护型式为 IP44 和 IP23 两种,B 级绝缘。Y 系列的技术条件已符合国际电工委员会的有关标准。

　　JDO2 系列:是小型三相多速异步电动机系列,主要用于各式机床以及起重传动设备等需要多种速度的传动装置。

　　JR 系列:是中型防护式三相绕线转子异步电动机系列,容量为 45～410kW。

　　YR 系列:是大型三相绕线转子异步电动机系列,容量为 250～2500kW,主要用于冶金工业和矿山中。

　　YCT 系列:是电磁调速异步电动机,主要用于纺织、印染、化工、造纸及要求变速的机械上。

# 任务二　三相异步电动机的拆卸与装配

**任务导入**

　　电机是指依据电磁感应定律实现电能的转换或传递的一种电磁装置。电机因为长期连续不断使用,再加上使用者操作不当,经常会发生电机故障。电机维修应该由专业人员

负责,以保障电机运行良好。电机维修可以节约成本,提高电机利用率。在维修故障中不可避免地要进行电机的拆卸与装配。

## 任务描述

现有一小型三相笼型异步电动机,要求学生对其进行拆分与重装。具体任务如下:

(1)按照实训步骤对三相笼型异步电动机进行拆装、检查,并在装配后通电实验。

(2)对装配好的三相异步电动机定子绕组,用 36V 交流电源法和剩磁感应法判别出定子绕组的首、尾端。

## 实施条件

(1)小型三相笼型异步电动机。

(2)测电笔、尖嘴钳、剥线钳等电工常用工具。

(3)万用表、电流表等仪器仪表。

## 相关知识

### 知识点 1:电动机拆卸知识

#### 一、电动机拆卸前的准备及大修时的检查项目

**1.电动机拆卸前的准备**

(1)办理工作票。

(2)准备好拆卸工具,特别是拆卸对轮的拉马、套筒等专用工具。

(3)布置检修现场。

(4)了解待拆电动机的结构及故障情况。

(5)拆卸时作好相关标记。标出电源线在接线盒中的相序,并三相短路接地;标出机座在基础上的位置,整理并记录好机座垫片;拆卸端盖、轴承、轴承盖时,记录好哪些在负荷端,哪些在非负荷端。

(6)拆除电源线和保护接地线,测定并记录绕组对地绝缘电阻。

(7)把电动机拆离基础,运至检修现场。

**2.电动机大修时的检查项目**

(1)检查电动机各部件有无机械损伤,若有则作相应修复。

(2)对解体的电动机,将所有油泥、污垢进行清理干净。

(3)检查定子绕组表面是否变色,漆皮是否裂纹,绑线、垫块是否松动。

(4)检查定、转子铁芯有无磨损和变形,通风道有无异物,槽楔有无松动或损坏。

(5)检查转子短路环、风扇有无变形、松动裂纹。

(6)使用外径千分尺和内径千分尺分别测量轴承室、轴颈,对比文件包内标准是否合格。

在进行以上各项修理、检查后,对电动机进行装配、安装,调整各部间隙,按规定进行检查和试车。

## 二、中小型异步电动机的拆卸步骤

### 1.电动机的拆卸

（1）对轮的拆卸

对轮（联轴器）常采用专用工具——拉马来拆卸。拆卸前,标出对轮正、反面,记下在轴上的位置,作为安装时的依据。拆掉对轮上止动螺钉和销子后,用拉马钩住对轮边缘,搬动丝杠,把它慢慢拉下,如图7-10所示。操作时,拉钩要钩得对称、受力一致,使主螺杆与转轴中心重合。旋动螺杆时,注意保持两臂平衡,均匀用力。若拆卸困难,可用木锤敲击对轮外圆和丝杆顶端。如果仍然拉不出来,可将对轮外表快速加热（温度控制在200℃以下）,在对轮受热膨胀而轴承尚未热透时,将对轮拉出来。加热时可用喷灯或火焊,但温度不能过高,时间不能过长,以免造成对轮过火或轴头弯曲。

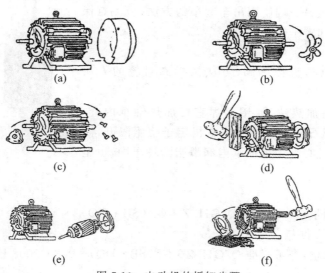

(a)　　　　　　　　　　　　　(b)

(c)　　　　　　　　　　　　　(d)

(e)　　　　　　　　　　　　　(f)

图7-10　电动机的拆卸步骤

**注意：**切忌硬拉或用铁锤敲打。

（2）端盖的拆卸

拆卸端盖前应先检查紧固件是否齐全,端盖是否有损伤,并在端盖与机座接合处作好对正记号,接着拧下前、后轴承盖螺丝,取下轴承外盖,再卸前、后端盖紧固螺丝。如为大、中型电动机,可用端盖上的顶丝均匀加力,将端盖从机座止口中顶出。没有顶丝孔的端盖,可用撬棍或螺丝刀在周围接缝中均匀加力,将端盖撬出止口,如图7-11所示。

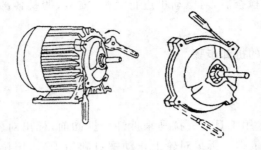

图 7-11　端盖的拆卸

（3）抽出转子

在抽出转子前，应在转子下面气隙和绕组端部垫上厚纸板，以免抽出转子时碰伤铁芯和绕组。对于 30kg 以内的转子，可以直接用手抽出，如图 7-12 所示。较大的电机，可使用一端安装假轴、另一端使用吊车起吊的方法，应注意保护轴颈、定子绕组和转子铁芯风道。

（4）轴承拆卸

第一种是用拉马直接拆卸，方法按拆卸对轮的方法进行。

第二种方法是加热法，使用火焊直接加热轴承内套。操作过程中应使用石棉板将轴承与电机定子绕组隔开，防止着火烧伤线圈，且必须先将轴承内润滑脂清理干净，也是防止着火。

2. 测　量

轴承室内径测量：参考标准 Q/GHSZ·GZ(SB·DQ)－003－2008 检修文件包。

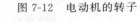

图 7-12　电动机的转子

轴承室外径测量：参考标准 Q/GHSZ·GZ(SB·DQ)－003－2008 检修文件包。

**三、电动机的装配**

1. 轴承安装前的工作

装配前应先检查轴承滚动件是否转动灵活，转动时有无异响，表面有无锈迹；应将轴承内防锈油清洗干净，并确保轴承内无异物。

2.轴承的安装（见图7-13）

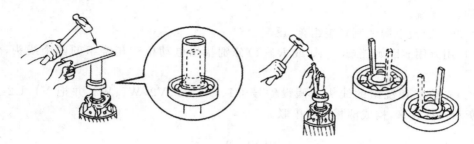

图7-13　轴承的安装

轴径在50mm以下的轴承可以使用直接安装方法,如使用紫铜棒敲击轴承内套将轴承砸入,或使用专用的安装工具。

轴径在50mm以上的可以使用加热法,包括专业的轴承加热器或电烤箱等,但温度必须控制在120℃以下,防止轴承过火。

轴承安装完毕后必须检查是否安装到位,且不能立即转动轴承,防止将滚珠磨坏。

3.后端盖的装配

按拆卸前所作的记号,转轴短的一端是后端。后端盖的突耳外沿有固定风叶外罩的螺丝孔。装配时将转子竖直放置,将后端盖轴承座孔对准轴承外圈套上,然后一边使端盖沿轴转动,一边用木锤敲打端盖的中央部分。如果用铁锤,被敲打面必须垫上木板,直到端盖到位为止,然后套上后轴承外盖,旋紧轴承盖紧固螺钉。

按拆卸所作的标记,将转子放入定子内腔中,合上后端盖。按对角交替的顺序拧紧后端盖紧固螺钉。注意边拧螺钉,边用木锤在端盖靠近中央部分均匀敲打,直至到位。

4.前端盖的装配

将前轴内盖与前轴承按规定加好润滑油,参照后端盖的装配方法将前端盖装配到位。装配时先用螺丝刀清除机座和端盖止口上的杂物,然后装入端盖,按对角顺序上紧螺栓,具体步骤如图7-14所示。

图7-14　前端盖的装配

**四、三相异步电动机定子绕组首、尾端的判别**

三相定子绕组重绕以后或将三相定子绕组的连接片拆开以后,此时定子绕组的六个出线头往往不易分清,则首先必须正确判定三相绕组的六个出线头的首、尾端,才能将电动机正确接线并投入运行。

对装配好的三相异步电动机定子绕组,用 36V 交流电源法和剩磁感应法判别出定子绕组的首、尾端。

1.36V 交流电源法判别绕组首、尾端

(1)用万用表欧姆挡($R\times 10$ 或 $R\times 1$)分别找出电动机三相绕组的两个线头,作好标记。

(2)先给三相绕组的线头作假设编号 U1、U2、V1、V2、W1、W2,并把 V1、U2 按图7-15所示连接起来,构成两相绕组串联。

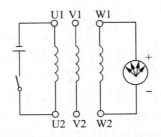

图 7-15    36V 交流电源法判别绕组首、尾端接线图

(3)将 U1、V2 线头接万用表交流电压挡。

(4)在 W1、W2 接 36V 交流电源,如果电压表有读数,说明线头 U1、U2 和 V1、V2 的编号正确。如果无读数,则把 U1、U2 或 V1、V2 中任意两个线头的编号对调一下即可。

(5)再按上述方法对 W1、W2 两个线头进行判别。

2.用剩磁感应法判别绕组首、尾端

(1)用万用表欧姆挡分别找出电动机三相绕组的两个线头,作好标记。

(2)先给三相绕组的线头作假设编号 U1、U2,V1、V2,W1、W2。

(3)按图 7-15 所示接线,用手转动电动机转子。由于电动机定子及转子铁芯中通常均有少量的剩磁,当磁场变化时,在三相定子绕组中将有微弱的感应电动势产生。此时若并接在绕组两段的微安表(或万用表微安挡)指针不动,则说明假设的编号是正确的;若指针有偏转,说明其中有一相绕组的首、尾端假设标号不对,应逐一对调重测,直至正确为止。

## 任务实施

**学生分组操作**

(1)三相异步电动机的拆卸。

(2)三相异步电动机定子绕组首、尾端的判别。

(3)三相异步电动机的故障诊断,讨论、分析故障产生的原因,排除事故隐患。

(4)三相异步电动机的装配。

(5)三相异步电动机的选用。

(6)清理现场。

## 任务考核与评价

任务考核与评价如表 7-1 所示。

表 7-1 　　　　　　　　　　　　　　　　　任务考核与评价

| 项目名称 | | 三相异步电动机的拆卸与装配 | | | | |
|---|---|---|---|---|---|---|
| 任务 2 | | 三相异步电动机的拆卸与装配 | | 学时 | | 14 |
| 评价类别 | 项目 | 子项目 | 个人评价 | 组内互评 | 教师评价 | |
| 专业能力<br>（60%） | 资讯<br>（10%） | 收集信息（5%） | | | | |
| | | 引导问题回答（5%） | | | | |
| | 计划<br>（5%） | 计划可执行度（3%） | | | | |
| | | 拆装步骤的安排（2%） | | | | |
| | 实施<br>（20%） | 拆卸（3%） | | | | |
| | | 重装规范（6%） | | | | |
| | | 测试（6%） | | | | |
| | | "6S"质量管理（2%） | | | | |
| | | 仪表及工具的使用（3%） | | | | |
| | 检查<br>（10%） | 全面性、准确性（5%） | | | | |
| | | 故障的排除（5%） | | | | |
| | 过程<br>（5%） | 使用工具规范性（2%） | | | | |
| | | 操作过程规范性（2%） | | | | |
| | | 工具仪表使用管理（1%） | | | | |
| | 结果<br>（10%） | 功能质量（10%） | | | | |
| 社会能力<br>（60%） | 团队协作<br>（10%） | 小组成员合作良好（5%） | | | | |
| | | 对小组的贡献（5%） | | | | |
| | 敬业精神<br>（10%） | 学习纪律性（5%） | | | | |
| | | 爱岗敬业、吃苦耐劳精神（5%） | | | | |
| 方法能力<br>（60%） | 计划能力<br>（10%） | 考虑全面、细致有序（10%） | | | | |
| | 决策能力<br>（10%） | 决策果断，选择合理（10%） | | | | |
| 评价评语 | 班级 | | 姓名 | | 学号 | 总评 |
| | 教师签字 | | 第　组 | 组长签字 | 日期 | |
| | 评语： | | | | | |

**巩固与提高**

1. 三相交流异步感应电动机主要由哪几大部分组成？各部分的作用是什么？

2. 三相交流异步感应电动机的工作原理是什么？

3. 三相交流异步感应电动机的转速和级数是什么关系？

4. 拆装一台三相交流异步电动机需要哪些设备？电机运行前要进行哪些测试？列步骤说明如何拆装三相异步电动机。

5. 三相交流异步感应电动机中的"异步"是什么意思？"二、四、六、八"级的电机同步转速是什么？实际转速是多少？

6. 三相交流异步感应电动机的铭牌主要包括哪些内容？并说说主要系列及应用场合。

7. 如何判断三相交流异步电动机定子绕组的首、尾端？

8. 按铭牌接线如何测量电机的空载电流、空载转速？

9. 如何检测三相交流异步电动机三相绕组之间对地的绝缘电阻？

10. 三相交流异步电动机的常见故障有哪些？

11. 什么是温升？温升过高时对电机有何危害？

12. 什么叫接地？电气设备接地的作用有哪些？

13. 电机有多少种类？都是什么？说说它们的工作原理、结构组成、特点及应用场合等。

14. 通入三相异步电动机定子绕组中的交流电频率 $f=50\text{Hz}$，试分别求出电动机磁极对数 $p=1$、$p=2$、$p=3$、$p=4$ 时旋转磁场的转速 $n_1$。

15. 某三相异步电动机的额定转速 $n_N=720\text{r/min}$，频率是工频 $50\text{Hz}$，试求该电机的额定转差率和极对数。

16. 有一台 Y 系列的三相异步电动机，额定功率 $P_N=75\text{kW}$，额定电压 $U_N=3\text{kV}$，额定转速 $n_N=975\text{r/min}$，额定效率 $\eta_N=93\%$，额定功率因数 $\cos\varphi_N=0.83$，电网频率 $f=50\text{Hz}$，试求同步转速 $n_1$、电动机的极对数 $p$、电动机的额定电流 $I_N$、额定转差率 $s_N$。

# 项目八　三相异步电动机基本控制线路的安装与调试

 项目描述

本项目让学生了解几种常用的基本电气控制电路和三相异步电动机控制电路,并结合当前电气控制技术的发展,了解接近开关、软启动等现代低压电器及其应用。

## 教学目标

1. 能力目标

◆根据项目要求,选择合适型号的低压电器。

◆根据项目要求,熟练画出控制电路原理图,并进行装配。

◆看懂接触器、继电器控制电路图。

2. 知识目标

◆掌握低压电器的结构、工作原理、型号规格、使用方法及其在控制电路中的作用。

◆熟悉三相异步电动机启动、制动等控制电路的工作原理。

◆了解现代低压控制电路及其发展。

3. 素质目标

◆通过对电机、控制方法的认识,以及教学实训过程中创新方法的训练,培养学生提出问题、独立分析问题、解决问题和技术创新的能力。

◆使学生养成良好的思维习惯,掌握基本的思考与设计方法,在未来的工作中敢于创新、善于创新。

## 任务一　异步电动机单向点动控制线路的安装与调试

### 任务导入

电动机点动控制常用于电动葫芦的操作、地面操作的小型行车及某些机床辅助运动的电气控制。

### 任务描述

设计一套控制电路，能够实现对三相异步电动机进行点动控制；根据电动机型号及电气原理图选用元器件及部分电工器材；按电气原理图安装控制线路；通电空载试运行成功。

### 实施条件

(1)测电笔、斜口钳、电工钳、尖嘴钳、螺钉旋具、电工刀、相序表等电工工具。

(2)万用表等电工仪表。

(3)自制控制板一块(650mm×500mm×50mm)、导线若干。

(4)三相异步电机、组合开关、熔断器、交流接触器、热继电器、按钮、端子板等电气元器件。

### 相关知识

凡是能自动或手动接通和断开电路，以及对电路或非电路现象能进行切换、控制、保护、检测、变换和调节的元器件，统称为"电器"。按工作电压高低，可分为高压电器和低压电器两大类。高压电器是指额定电压3kV及以上的电器；低压电器是指交流电压1000V或直流电压1200V以下的电器。低压电器是电力拖动自动控制系统的基本组成元件。

电动机控制线路由各种低压电器按照一定的控制要求连接而成。在本学习任务中，将用到低压断路器、交流接触器、按钮、熔断器等低压电器。

#### 一、低压断路器

低压断路器又叫"自动空气开关"或"自动空气断路器"，简称"断路器"，是低压配电网络和电力拖动系统中常用的一种配电电器。低压断路器按结构形式可分为塑壳式(又称"装置式")、框架式(又称"万能式")、限流式、直流快速式、灭磁式(用于励磁回路，作为灭磁和过压保护用)、真空式和漏电保护式等几类。

断路器的外观、电气符号、功能和特点如表8-1所示。

| 表 8-1 | 断路器基本情况 |
|---|---|
| 外观 | 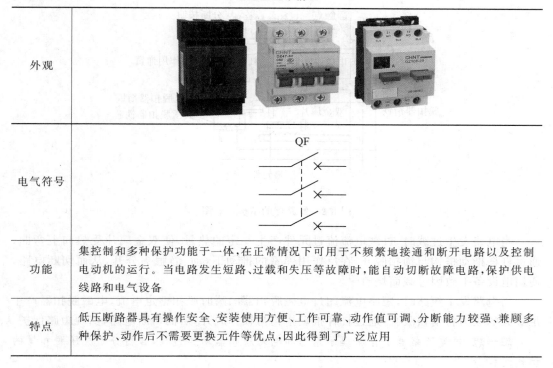 |
| 电气符号 | QF |
| 功能 | 集控制和多种保护功能于一体,在正常情况下可用于不频繁地接通和断开电路以及控制电动机的运行。当电路发生短路、过载和失压等故障时,能自动切断故障电路,保护供电线路和电气设备 |
| 特点 | 低压断路器具有操作安全、安装使用方便、工作可靠、动作值可调、分断能力较强、兼顾多种保护、动作后不需要更换元件等优点,因此得到了广泛应用 |

在电力拖动系统中,常用的低压断路器是 DZ 系列塑壳式断路器,下面以 DZ5-20 型断路器为例介绍低压断路器。

1.低压断路器的型号及含义(见图 8-1)

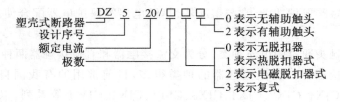

图 8-1　低压断路器的型号及含义

2.低压断路器的结构与工作原理

DZ5-20 型断路器由动触头、静触头、灭弧装置、操作机构、热脱扣器、电磁脱扣器、外壳等部分组成。

断路器的结构如图 8-2 所示。使用时,断路器的三副主触头串联在被控制的三相电路中,按下接通按钮时,外力使锁扣克服反作用弹簧的反力,将固定在锁扣上面的动触头与静触头闭合,并由锁扣锁住搭钩,使动、静触头保持闭合,开关处于接通状态。

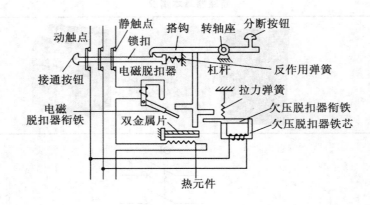

图 8-2　断路器的结构示意图

当电路发生过载时,过载电流流过元件产生一定的热量,使双金属片受热向上弯曲,通过杠杆推动搭钩与锁扣脱开,在反作用弹簧的推动下,动、静触头分开,从而切断电路,使用电设备不致因过载而烧毁。

当电路发生短路时,短路电流超过电磁脱扣器的瞬时脱扣整定电流,电磁脱扣器产生足够大的吸力将衔铁吸合,通过杠杆推动搭钩与锁扣脱开,从而切断电路,实现短路保护。

**想一想:**根据断路器工作原理示意图和电磁脱扣器动作过程,自行分析欠压脱扣器的动作过程。

需手动分断电路时,按下分断按钮即可。

### 二、交流接触器

接触器是一种自动的电磁式开关,是电力拖动自动控制线路中使用最广泛的电器元件。因它不具有短路保护功能,常与熔断器、热继电器等保护电器配合使用,其基本情况如表 8-2 所示。

接触器按主触头通过的电流种类,分为交流接触器和直流接触器两种。在本任务中,我们只介绍交流接触器。交流接触器的种类很多,目前常用的有我国自行设计生产的CJ0、CJ10、CJ20、CJX1、CJX2、CJX4、CJX8、CJT1、CJK1、CJW1 等系列,以及从国外引进先进技术生产的 B、S-K、LC1-D、3TB、3TF 等系列。下面以 CJ10 系列为例介绍交流接触器。

| 表 8-2 | 接触器基本情况 |
|---|---|
| 外观与结构 | 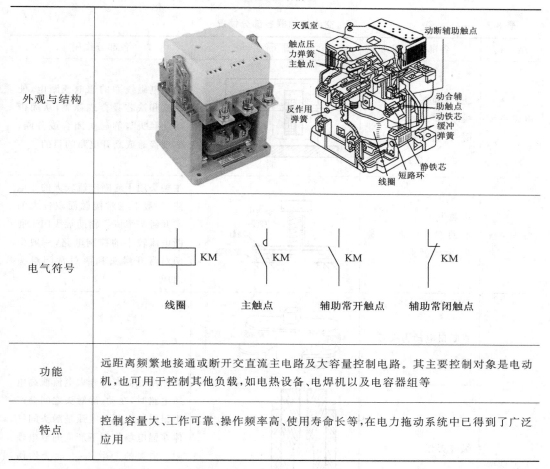 |
| 电气符号 | KM 线圈　　　KM 主触点　　　KM 辅助常开触点　　　KM 辅助常闭触点 |
| 功能 | 远距离频繁地接通或断开交直流主电路及大容量控制电路。其主要控制对象是电动机,也可用于控制其他负载,如电热设备、电焊机以及电容器组等 |
| 特点 | 控制容量大、工作可靠、操作频率高、使用寿命长等,在电力拖动系统中已得到了广泛应用 |

## 1.交流接触器的型号及含义(见图 8-3)

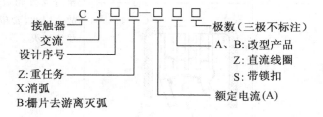

图 8-3　交流接触器的型号及含义

### 2.交流接触器的结构与工作原理(见表 8-3)

表 8-3 交流接触器各部分情况

| 结 构 | 各部分组成 | 图 例 | 各部分作用 |
|---|---|---|---|
| 电磁系统 | 铁芯(静铁芯)<br>线圈<br>衔铁(动铁芯) | | 利用电磁线圈的通电或断电,使衔铁和铁芯吸合或释放,从而带动动触头与静触头闭合或分断,实现接通或断开电路的目的 |
| 触头系统 | 主触头<br>辅助触头（常开触头、常闭触头） | 触点压力弹簧<br>动触点<br>静触点 | 主触头用于通断电流较大的主电路,一般由三对接触面积较大的常开触头组成。辅助触头用于通断电流较小的控制电路,一般由两对常开触头和两对常闭触头组成 |
| 灭弧装置 | 双断口电动力灭弧 | | 交流接触器在断开大电流或高电压电路时,在动、静触头之间会产生很强的电弧。电弧是触头间气体在强电场作用下产生的放电现象。电弧的产生,一方面会灼伤触头,减少触头的使用寿命;另一方面会使线路切断时间延长,甚至造成弧光短路或引起火灾事故。因此,希望触头间的电弧能尽快熄灭 |
| | 纵缝灭弧 | | |
| | 栅片灭弧 | | |

续表

| 结　　构 | 各部分组成 | 各部分作用 |
|---|---|---|
| 辅助部件 | 反作用弹簧<br>缓冲弹簧<br>触头压力弹簧<br>传动机构 | 反作用弹簧安装在动铁芯和线圈之间,在线圈断电后,推动衔铁释放,使各触头恢复原状态<br>缓冲弹簧安装在静铁芯与线圈之间,其作用是缓冲衔铁在吸合时对静铁芯和外壳的冲击力,保护铁芯和外壳<br>触头压力弹簧安装在动触头上面,其作用是增加动、静触头间的压力,从而增大接触面积,减少接触电阻,防止触头过热灼伤<br>传动机构的作用是在衔铁或反作用弹簧的作用下,带动动触头实现与静触头的接通或分断 |

　　当接触器的线圈通电后,线圈中流过的电流产生磁场,磁通穿过铁芯和衔铁构成闭合回路,将铁芯和衔铁磁化,在铁芯和衔铁相对的端面上产生异性磁极。当相互吸引的电磁力大于反作用弹簧的作用力时,衔铁吸合,通过传动机构带动辅助常闭触头断开,三对主触头和辅助常开触头闭合。当接触器线圈断电或电压显著下降时,由于电磁吸力消失或过小,衔铁在反作用弹簧的作用下复位,带动各触头恢复到原始状态。交流接触器结构如图 8-4 所示。

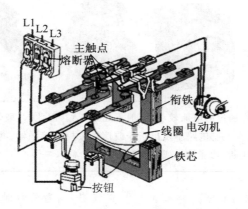

交流接触器结构和
工作原理视频

图 8-4　交流接触器的结构示意图

### 3.交流接触器的选用

电气控制系统中,交流接触器可按下列方法选用。

（1）选择接触器主触头的额定电压

接触器主触头的额定电压应大于或等于控制线路的额定电压。

（2）选择接触器主触头的额定电流

接触器控制电阻性负载时,主触头的额定电流应等于负载的额定电流,控制电动机时,主触头的额定电流应大于或稍大于电动机的额定电流,或按下列经验公式计算(仅适用于 CJ0、CJ10 系列)：

$$I_{C} = \frac{P_{N} \times 10^{3}}{KU_{N}}$$

式中，$K$ 为经验系数，一般取 $1 \sim 1.4$；$P_{N}$ 为被控制电动机的额定功率（kW）；$U_{N}$ 为被控制电动机的额定电压（V）；$I_{C}$ 为接触器主触头电流（A）。

如果接触器使用在频繁启动、制动及正反转的场合，应选用主触头额定电流大一个等级的接触器。

（3）选择接触器吸引线圈的电压

当控制线路简单、使用电器较少时，为节省变压器，可直接选用 220V 或 380V 电压的线圈；线路复杂、使用电器超过 5 个时，从人身和设备安全考虑，线圈电压要选低一些，可用 36V 或 110V 电压的线圈。

（4）选择接触器的触头数量及类型

接触器的触头数量、类型应满足控制线路的要求。

### 三、按　钮

按钮是由人体某一部分（一般为手指或手掌）所施加力来操作，并具有储能（弹簧）复位功能的一种控制开关，其基本情况如表 8-4 所示。

表 8-4　　　　　　　　　　　　　　　按钮基本情况

| 外观 | 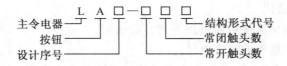 |
| --- | --- |
| 功能 | 按钮的触头允许通过的电流较小，一般不超过 5A。因此，一般情况下它不直接控制主电路的通断，而是在控制电路中发出指令或信号去控制接触器、继电器等电器，再由它们去控制主电路的通断、功能转换或电气联锁 |

**想一想：** 你见过的按钮有哪几种颜色的？ 查找资料，看看每种颜色都代表什么含义。

1. 按钮的型号及含义（见图 8-5）

```
主令电器 ── L A □─□ □ □ ── 结构形式代号
按钮 ────────┘        └── 常闭触头数
设计序号 ─────────────┘ └── 常开触头数
```

图 8-5　按钮的型号及含义

结构形式代号的含义：K 为开启式，适用于嵌装在操作面板上；H 为保护式，带保护外壳，可防止内部零件受机械损伤或人为偶然触及带电部分；S 为防水式，具有密封外壳，可防止雨水侵入;F 为防腐式,能防止腐蚀性气体进入;J 为紧急式,带有红色大蘑菇钮头(突出在外),作紧急切断电源用;X 为旋钮式,用旋钮旋转进行操作,有通和断两个位置;Y 为钥匙操作式,用钥匙插入进行操作,可防止误操作或供专人操作;D 为光标按钮,按钮内装有信号灯,兼作信号指示;M 为蘑菇头式;ZS 为自锁式。

2.按钮的结构及分类(见表 8-5)

表 8-5　　　　　　　　　　　　　　　　　　按钮的结构及分类

| 结构 | | | 按钮帽<br>复位弹簧<br>支柱连杆<br>常闭静触头<br>桥式静触头<br>常开静触头<br>外壳 |
| --- | --- | --- | --- |
| 符号 | E---⌐/ SB | E--- SB | E---⊥/ SB |
| 名称 | 常闭按钮<br>(停止按钮) | 常开按钮<br>(启动按钮) | 复合按钮 |

3.按钮的使用说明(见表 8-6)

表 8-6　　　　　　　　　　　　　　　　　　按钮的使用说明

| 选用原则 | 安装与使用 |
| --- | --- |
| 根据使用场合和具体用途选择按钮的种类。如嵌装在操作面板上的按钮,可选用开启式;需显示工作状态的,选用光标式;在非常重要处,为防止无关人员误操作,宜用钥匙操作式;在有腐蚀性气体处,要用防腐式<br>根据工作状态指示和工作情况要求,选择按钮或指示灯的颜色。如启动按钮可选用绿色,停止按钮可选用红色<br>根据控制回路的需要选择按钮的数量。如单联按钮、双联按钮和三联按钮等 | 按钮安装在面板上时,应布置整齐,排列合理。如根据电动机启动的先后顺序,从上到下或从左到右排列<br>同一机床运动部件有几种不同的工作状态时(如上、下,前、后,松、紧等),应使每一对相反状态的按钮安装在一组<br>按钮的安装应牢固,安装按钮的金属板或金属按钮盒必须可靠接地<br>由于按钮的触头间距较小,如有油污等极易发生短路故障,所以应注意保持触头间的清洁 |

### 四、熔断器

熔断器是在电气控制系统中用作短路保护的电器。使用时串联在被保护的电路中，当电路发生短路或过载故障，通过熔断器的电流达到或超过某一规定值时，以其自身产生的热量使熔体熔断，切断电路，起到保护作用。它具有结构简单、价格便宜、动作可靠、使用维护方便等优点，因此，得到了广泛应用。熔断器的外形及结构如图8-6所示。

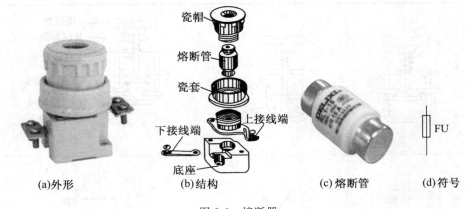

(a)外形　　　　　(b)结构　　　　　(c)熔断管　　　(d)符号

图8-6　熔断器

#### 1.熔断器的型号及含义（见图8-7）

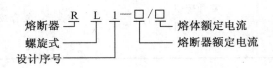

图8-7　熔断器的型号及含义

如RL1-15/4表示为螺旋式熔断器，其额定电流为15A，其熔管中熔体的额定电流为4A。

#### 2.熔断器的结构及作用

熔断器主要由熔体、安装熔体的熔管和熔座三部分组成。

熔体：是熔断器的主要组成部分，常作成丝状、片状或栅状。

熔体的材料通常有两种：一种由铅、铅锡合金或锌等低熔点材料制成，多用于小电流电路；另一种由银、铜等较高熔点材料制成，多用于大电流电路。

熔管：是熔体的保护外壳，用耐热绝缘材料制成，在熔体熔断时兼有灭弧作用。

熔座：是熔断器的底座，作用是固定熔管和外接引线。

该系列熔断器的熔断管内，在熔丝周围填充着石英砂以增强灭弧性能。熔丝焊在瓷管两端的金属盖上，其中一端有一个标有不同颜色的熔断指示器。当熔丝熔断时，熔断指示器自动脱落，此时只需更换同规格的熔断管即可。

3.熔断器的主要技术参数(见表 8-7)

表 8-7 熔断器的主要技术参数

| 额定电压 | 熔断器的额定电压是指能保证熔断器长期正常工作的电压。若熔断器的实际工作电压大于其额定电压,熔体熔断时可能会发生电弧不能熄灭的危险情况 |
| --- | --- |
| 额定电流 | 熔断器的额定电流是指保证熔断器能长期正常工作的电流,是由熔断器各部分长期工作时的允许温升决定的。它与熔体的额定电流是两个不同的概念<br>熔体的额定电流是指在规定的工作条件下,长时间通过熔体而熔体不熔断的最大电流值<br>通常,一个额定电流等级的熔断器可以配用若干个额定电流等级的熔体,但熔体的额定电流不能大于熔断器的额定电流值 |
| 分断能力 | 在规定的使用和性能条件下,熔断器在规定电压下能分断的预期电流值。常用极限分断电流值来表示 |
| 时间—电流特性 | 在规定的条件下,表示流过熔体的电流与熔体熔断时间的关系特性,也称"保护特性"或"熔断特性" |

由表 8-8 可见,熔断器对过载反应是很不灵敏的。当电气设备发生轻度过载时,熔断器将持续很长时间才能熔断。因此,除照明电路,熔断器一般不宜用作过载保护,主要用作短路保护。

表 8-8 熔断器的熔断时间与熔断电流的关系

| 熔断电流 $I_s$(A) | $1.25I_N$ | $1.6I_N$ | $2.0I_N$ | $2.5I_N$ | $3.0I_N$ | $4.0I_N$ | $8.0I_N$ | $10.0I_N$ |
| --- | --- | --- | --- | --- | --- | --- | --- | --- |
| 熔断时间 $t$(s) | $\infty$ | 3600 | 40 | 8 | 4.5 | 2.5 | 1 | 0.4 |

**做一做**:以交流接触器为例动手进行电器元件的拆装。

**注意**:在拆卸的时候要记住零件取下来的顺序,并且要在盛放零件的容器内放好,不得遗失,以确保组装顺利。

## 知识拓展

刀开关又称"闸刀开关"或"隔离开关",是手控电器中最简单而使用又较广泛的一种低压电器(见表 8-9)。

| 表 8-9 | 刀开关的基本情况 |
|---|---|
| 外观与结构 | 瓷柄　进线柱　静触头　刀片式动触头　胶盖　熔丝　出线柱 |
| 电气符号 | QS　QS　三极刀开关　二极刀开关 |
| 功能 | 隔离电源,以确保电路和设备维修的安全;或作为不频繁地接通和分断额定电流以下的负载用<br>分断负载,如不频繁地接通和分断容量不大的低压电路或直接启动小容量电机<br>刀开关处于断开位置时,可明显观察到,能确保电路检修人员的安全 |
| 特点 | 刀开关在电路中要求能承受短路电流产生的电动力和热的作用。因此,在刀开关的结构设计时,要确保在很大的短路电流作用下,触刀不会弹开、焊牢或烧毁。对要求分断负载电流的刀开关,则装有快速刀刃或灭弧室等灭弧装置 |

## 任务实施

### 一、读图与绘图

让电动机按照生产机械的要求正常安全地运转,必须配备一定的电器、组成一定的控制线路,才能达到目的。

异步电动机单向点
动控制线路课件

1. 电气原理图

电气原理图是为了便于阅读与分析控制线路,根据简单、清晰的原则,采用电器元件展开的形式绘制而成的图样。它包括所有电器元件的导电部分和接线端点,但并不按照电器元件的实际布置位置来绘制,也不反映电器元件的大小。其作用是便于详细了解工作原理,指导系统或设备的安装、调试与维修。

绘制、识读电气控制线路原理图时应遵循的原则如表 8-10 所示。

表 8-10 电气控制线路原理图的绘制、识读原则及图例

| | |
|---|---|
| 原则 | 原理图一般分为主电路和辅助电路两部分。主电路就是从电源到电动机大电流通过的路径。辅助电路包括控制电路、照明电路、信号电路及保护电路等 |
| | 原理图中各电器元件不画实际的外形图,而采用国家规定的统一标准图形符号,文字符号也要符合国家标准规定 |
| | 原理图中,各个电器元件和部件在控制线路中的位置,应根据便于阅读的原则安排。同一元器件的各个部件可以不画在一起 |
| | 图中元件、器件和设备的可动部分,都按没有通电和没有外力作用时的开闭状态画出 |
| | 原理图的绘制应布局合理、排列均匀。为了便于看图,可以水平布置,也可以垂直布置。电气元件应按功能布置,并尽可能按水平顺序排列,其布局顺序应该是从上到下、从左到右 |
| | 电气原理图中,有直接联系的交叉导线连接点,要用黑圆点表示;无直接联系的交叉导线连接点,不画黑圆点 |
| 图例 | 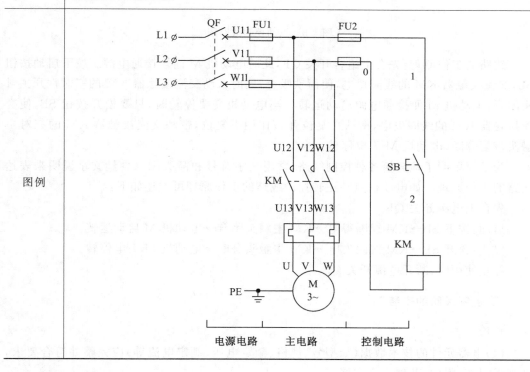 |

## 2.点动控制线路识读

点动控制是指按下按钮,电动机就得电运转;松开按钮,电动机就失电停转。点动正转控制线路图如图 8-8 所示。

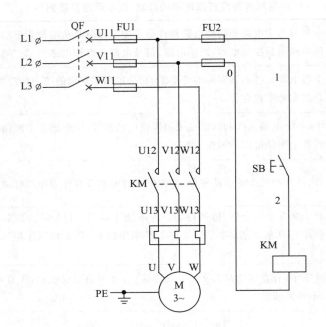

图 8-8　点动控制线路图

线路的工作原理：先合上组合开关 QF，此时电动机 M 尚未接通电源。按下启动按钮 SB，交流接触器 KM 的线圈得电，使衔铁吸合，同时带动交流接触器 KM 的三对常开主触头闭合，电动机 M 便接通电源启动运转。当电动机需要停转时，只要松开按钮 SB，使交流接触器 KM 的线圈失电，衔铁在复位弹簧作用下复位，带动交流接触器 KM 的三对主触头恢复分断，电动机 M 失电停转。

为了简单明了地分析各种控制线路，常用文字符号和箭头配以少量文字说明来表达线路的工作原理。如电动机点动正转控制线路的工作原理可叙述如下：

先合上电源开关 QF。

启动：按下 SB→KM 线圈得电→KM 主触头闭合→电动机 M 启动运转。

停止：松开 SB→KM 线圈失电→KM 主触头分断→电动机 M 失电停转。

停止使用时，断开电源开关 QF。

**二、控制线路的安装**

1. 检　查

(1)电器元件的技术数据(如型号、规格、额定电压、额定电流等)应完整并符合要求，外观无损伤，附件、备件齐全完好。

(2)检查电器元件的电磁机构动作是否灵活，有无衔铁卡阻等不正常现象。用万用表检查电磁线圈的通断情况以及各触头的分合情况。

(3)检查继电器线圈额定电压与电源电压是否一致。

(4)对电动机的质量进行常规检查。

## 2. 固定电器元件

在控制板上按元件布置图安装电器元件,并贴上醒目的文字符号。工艺要求如下:

(1)自动空气开关、熔断器的受电端子应安装在控制板的外侧,并使熔断器的受电端为底座的中心端,继电器线圈的接线端子(CJX2 的 A1)应朝上。

(2)各元件的安装位置应整齐、匀称,间距合理,便于元件的更换。

(3)紧固元件时,要用力均匀,紧固程度适当。在紧固熔断器、继电器等易碎裂元件时,应用手按住元件,一边轻轻摇动,一边用旋具轮换旋紧对角线上的螺钉,直到手摇不动后再适当旋紧些即可。

**注意:**如果选用的是固定好电器元件的实验台,只需选择相对应的电器元件即可,无须再固定。

## 3. 按图接线

按接线图的走线方法进行板前明线布线和套编码套管。板前明线布线的工艺要求是:

(1)布线通道尽可能少,同路并行导线按主、控电路分类集中,单层密排,紧贴安装面板布线。

(2)同一平面的导线应高低一致或前后一致,不能交叉。非交叉不可时,该根导线应在接线端子引出时就水平架空跨越,但必须走线合理。

(3)布线应横平竖直,分布均匀。变换走向时应垂直。

(4)布线时严禁损伤线芯和导线绝缘。

(5)布线顺序一般以继电器为中心,由里向外,由低向高,先控制电路,后主电路,以不妨碍后续布线为原则。

(6)在每根剥去绝缘层导线的两端套上编码套管。所有从一个接线端子(或接线桩)到另一个接线端子(或接线桩)的导线必须连续,中间无接头。

(7)导线与接线端子或接线桩连接时,不得压绝缘层,不反圈,不露铜过长。

(8)同一元件、同一回路的不同接点的导线间距应保持一致。

(9)一个电器元件接线端子上的连接导线不得多于两根,每节接线端子板上的连接导线一般只允许连接一根。

(10)安装电动机时,连接电动机和按钮金属外壳的保护接地线,连接电源、电动机等控制板外部的导线。

**注意:**

(1)电动机及按钮的金属外壳必须可靠接地。接至电动机的导线必须穿在导线通道内加以保护或采用坚韧的四芯橡皮线、塑料护套线进行临时通电校验。

(2)电源进线应接在螺旋式熔断器的下接线座上,出线应接在上接线座上。

(3)安装各电器元件和接线时,切忌用力过猛,以免将元器件挤碎。按钮内接线时,用力不可过猛,以防螺钉打滑。

(4)训练应在规定时间内完成。

(5)编码套管套装要正确。

**做一做:**根据异步电动机点动控制线路原理图,检查所需电气元器件的质量并进行安装及配线。

### 三、控制线路的检查及通电试车

**1. 自 检**

安装完毕的控制线路板,必须经过认真检查后,才允许通电试车,以防止错接、漏接,造成不能正常运转或短路事故。自检流程如图 8-9 所示。

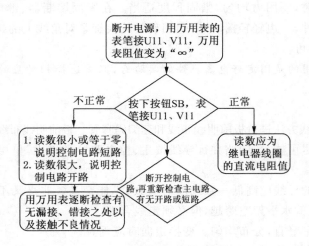

图 8-9　点动控制线路自检流程图

**2. 交 验**

学生接线完毕后,必须要交给任课教师,由教师进行详细的检查,确认无短路等安全隐患后,才能允许通电试车。

**3. 通电试车**(见图 8-10)

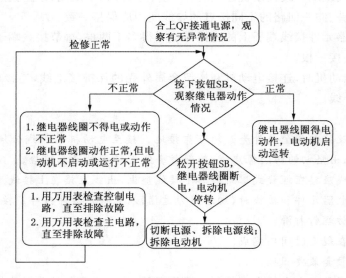

图 8-10　点动控制线路通电试车流程图

**做一做**:按照上述步骤,认真检查并调试自己所安装的控制线路。

**注意**:

在通电试车时,必须保证人身安全:

(1)要认真执行安全操作规程的有关规定,一人监护,一人操作。

(2)不得对线路接线是否正确进行带电检查。

(3)无论是带电进行检查还是检修完毕后再试车,教师都必须在现场监护。

## 任务评价

自评:根据通电试车结果,同学们对完成任务的质量进行自我评价。

互评:小组成员之间进行互评打分。

教师评价:指导教师对同学们完成任务的方法、步骤、要求等情况进行总结,明确指出所做任务中出现的问题及改进的方向,并按职业资格技能鉴定评分标准进行综合评价打分。

# 任务二　异步电动机单向启动控制线路的安装与调试

## 任务导入

电动机的单向启动控制线路常用于只需要单方向运转的小功率电动机的控制,如小型通风机、水泵及皮带运输机等机械设备。

## 任务描述

设计一套控制电路,能够实现对三相异步电动机进行单向启动控制;根据电动机型号及电气原理图选用元器件及部分电工器材;按电气原理图安装控制线路;通电空载试运行成功。

## 实施条件

(1)测电笔、斜口钳、电工钳、尖嘴钳、螺钉旋具、电工刀、相序表等电工工具。

(2)万用表等电工仪表。

(3)自制控制板一块(650mm×500mm×50mm)、导线若干。

(4)三相异步电机、组合开关、熔断器、交流接触器、热继电器、按钮、端子板等电气元器件。

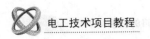

## 相关知识

### 一、热继电器

热继电器是利用流过继电器的电流所产生的热效应而反时限动作的继电器。所谓反时限动作,是指电器的延时动作时间随通过电路电流的增加而缩短(见表 8-11)。

表 8-11 热继电器的基本情况

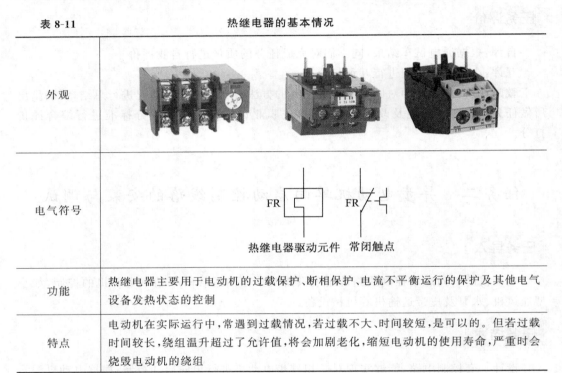

| 外观 | |
|------|------|
| 电气符号 | 热继电器驱动元件 常闭触点 |
| 功能 | 热继电器主要用于电动机的过载保护、断相保护、电流不平衡运行的保护及其他电气设备发热状态的控制 |
| 特点 | 电动机在实际运行中,常遇到过载情况,若过载不大、时间较短,是可以的。但若过载时间较长,绕组温升超过了允许值,将会加剧老化,缩短电动机的使用寿命,严重时会烧毁电动机的绕组 |

1. 热继电器的型号及含义(见图 8-11)

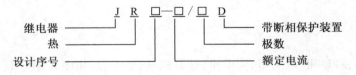

图 8-11 热继电器的型号及含义

2. 热继电器的结构及工作原理

目前,在我国生产中常见的热继电器有国产的 JR16、JR20 等系列以及引进的 T、3UA 等系列产品,下面以 JR16 系列为例,介绍热继电器的结构及工作原理。

(1)结 构

JR16 系列热继电器的外形和结构如图 8-12 所示。它主要由热元件、动作机构、触头结构、电流整定装置、复位机构和温度补偿元件等组成,各部分的功能如表 8-12 所示。

(a)外形　　　　　　　　　(b)结构

图 8-12　JR16 系列热继电器的外形及结构

表 8-12　　　　　　　　　JR16 系统热继电器各部分的功能

| 组成部分 | 功　能 |
| --- | --- |
| 热元件 | 热元件是热继电器的主要组成部分,由主双金属片和绕在外面的电阻丝组成。主双金属片是由两种热膨胀系数不同的金属片复合而成,金属片的材料多为铁镍铬合金和铁镍合金。电阻丝一般用康铜或镍铬合金等材料制成 |
| 动作机构和触头系统 | 动作机构利用杠杆传递和弓簧式瞬跳机构来保证触头动作的迅速、可靠。触头为单断点弓簧跳跃式动作 |
| 电流整定装置 | 电流调节推杆间隙,改变推杆移动距离,从而调节整定电流值 |
| 复位机构 | 复位机构有手动复位和自动复位两种形式,可根据使用要求通过复位调节螺钉来自由调整选择。一般自动复位的时间不大于 5min,手动复位的时间不大于 2min |

（2）工作原理

使用时,将热继电器的热元件分别串接在电动机的两相(三相)主电路中,常闭触头串接在控制电路的接触器线圈回路中。当电动机过载时,流过电阻丝的电流超过热继电器的整定电流,电阻丝发热,主双金属片向右弯曲,推动导板向右移动,推动人字拨杆绕轴转动,从而推动触头系统动作,动触头与常闭静触头分开,使接触器线圈断电,接触器触头断开,将电源切除,起保护作用。电源切除后,主双金属片逐渐冷却恢复原位,于是动触头在失去作用力的情况下,靠弓簧的弹性自动复位,如图 8-13 所示。

热继电器的结构和工作原理视频

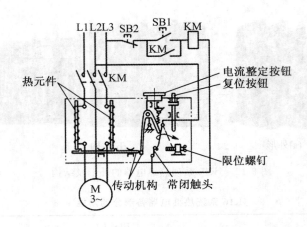

图 8-13　热继电器工作原理和符号

这种热继电器也可采用手动复位,以防止故障排除前设备带故障再次投入运行。将限位螺钉向外调节到一定位置,使动触头弓簧的转动超过一定角度失去反弹性,此时即使主双金属片冷却复原,动触头也不能自动复位,必须采用手动复位。按下复位按钮,动触头弓簧恢复到具有弹性的角度,推动动触头与静触头恢复闭合。

**想一想:** 手动复位和自动复位的热继电器在使用过程中有何不同?应该注意些什么?

热继电器整定电流的大小可通过旋转电流整定旋钮来调节,旋钮上刻有整定电流值标尺。所谓热继电器的整定电流,是指热继电器连续工作而不动作的最大电流,超过整定电流,热继电器将在负载未达到其允许的过载极限之前动作。

### 三、控制线路原理分析

控制线路原理图如图 8-14 所示。先合上电源开关 QF,然后启动、停止。

启动:

按下 SB1 → KM 线圈得电 → ┌ KM 主触头闭合 → 电动机 M 启动连续运转
　　　　　　　　　　　　 └ KM 常开铺助触头闭合 → 自锁

停止:

按下 SB2 → KM 线圈失电 → ┌ KM 主触头分断 → 电动机 M 失电停转
　　　　　　　　　　　　 └ KM 自锁触头分断 → 自锁解除

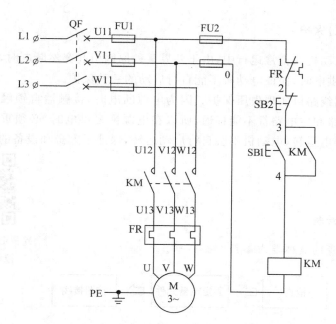

电动机自锁控制电路
工作过程视频

图 8-14　带过载保护的接触器自锁控制线路

当松开启动按钮 SB1 后,接触器 KM 通过自身常开辅助触头而使线圈保持得电的效果叫作"自锁"。与启动按钮 SB1 并联起自锁作用的常开辅助触头叫"自锁触头"。线路加装自锁触头后,则需在线圈支路中串接停止按钮 SB2,才能方便控制电动机的停止。

过载保护是指当电动机因长期负载过大、启动操作频繁、缺相运行等出现过载时,能自动切断电动机电源,使电动机停转的一种保护。在过载情况下,熔断器往往并不熔断,从而引起定子绕组过热,若温度超过允许温升就会使绝缘损坏,缩短电动机的使用寿命,严重时甚至会使电动机的定子绕组烧毁。因此,对电动机必须采取过载保护措施。

**想一想**:熔断器和热继电器其实都是过电流保护,它们有什么不同?在线路中能否只采用其中一种保护电器?

**做一做**:拆装热继电器,进一步认识热继电器的结构和动作原理。

## 知识拓展

### 一、欠压保护

欠压保护是指当线路电压下降到某一数值时,电动机能自动脱离电源停转,避免电动机在欠压状态下运行的一种保护。

采用接触器自锁控制线路就可实现欠压保护。因为当线路电压下降到某一定值(一般指低于额定电压 80%)时,接触器线圈两端的电压也下降到此值,从而使接触器线圈磁通减弱,产生的电磁吸力减小。当电磁吸力减小到小于反作用弹簧的弹力时,动铁芯释放,主触头、自锁触头同时分断,自动切断主电路和控制电路,电动机失电停转,达到了欠压保护的目的。

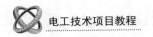
## 二、失压(或零压)保护

失压保护是指电动机在正常运行中,由于外界某种原因引起突然断电时,能自动切断电动机电源;当重新供电时,保证电动机不能自行启动的一种保护。

接触器自锁控制线路可实现失压保护。因为电源断电时,接触器自锁触头和主触头就会断开,使控制电路和主电路都不能接通,所以在电源恢复供电时,必须重新按下启动按钮才会使电动机得电运转,电动机不会自行启动运转,保证了人身和设备的安全。

## 任务实施

异步电动机单向启动
控制线路课件

### 一、控制线路的安装

**做一做**:以下各步的具体要求参照"任务一"。

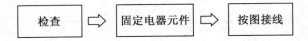

检查 ⇨ 固定电器元件 ⇨ 按图接线

**注意:**

(1)热继电器热元件应串联在主电路中,其常闭触头应串联在控制电路中。

(2)热继电器的整定电流应按电动机的额定电流自行调整,绝对不允许弯折双金属片。

(3)在一般情况下,热继电器应置于手动复位的位置上。若需要自动复位时,可将复位调节螺钉沿顺时针方向向里旋紧。

(4)热继电器因过载动作后,若需再次启动电动机,必须待热元件冷却后,才能使热继电器复位。一般自动复位时间不大于5min,手动复位时间不大于2min。

(5)其余参照"任务一"。

### 二、控制线路的检查及通电试车

1.自 检

安装完毕的控制线路板,必须经过认真检查后,才允许通电试车,以防止错接、漏接,造成不能正常运转或短路事故,具体检查步骤参照"任务一"。

2.交 验

学生接线完毕后,必须要交给任课教师,由教师进行详细的检查,确认无短路等安全隐患后,才能允许通电试车。

3.通电试车

**想一想**:参照"任务一"通电试车的流程,设计一套检查异步电动机单向启动控制线路的方法和步骤,并在实践中检验。

**做一做**:各位同学按照自己设计的通电试车流程,认真检查并调试自己所安装的控制线路。

### 任务评价

　　自评:根据通电试车结果,同学们对完成任务的质量进行评价。

　　互评:小组成员之间进行互评打分。

　　教师评价:指导教师对同学们完成任务的方法、步骤、要求等情况进行总结,明确指出完成任务过程中出现的问题及改进的方向,并按职业资格技能鉴定评分标准进行综合评价打分。

## 任务三　异步电动机正反转启动控制线路的安装与调试

### 任务导入

　　在生产中,有些生产机械常要求能正反两个方向运行,如机床工作台的前进和后退,主轴的正转和反转,小型升降机、起重机吊钩的上升和下降等,这就需要电动机必须可以正反转。

### 任务描述

　　设计一套控制线路,能够实现对三相异步电动机的正反转控制,要求有足够的保护,能够在正反转之间直接切换;根据电动机型号及电气原理图选用元器件及部分电工器材;按电气原理图安装控制线路;通电空载试运行成功。

### 实施条件

　　(1)测电笔、斜口钳、电工钳、尖嘴钳、螺钉旋具、电工刀、相序表等电工工具。

　　(2)万用表等电工仪表。

　　(3)自制控制板一块(650mm×500mm×50mm)、导线若干。

　　(4)三相异步电机、组合开关、熔断器、交流接触器、热继电器、按钮、端子板等电气元器件。

### 相关知识

**一、按钮联锁的正反转启动控制**

　　由电动机的工作原理可知,只要将电动机的三相电源进线中任意两相接线对调,改变电源的相序,使旋转磁场反向,电动机便可以反转,其控制电路设计如图8-15所示。图中用两只接触器来改变电动机电源的相序,显然它们不能同时得电动作,否则将造成电源短路。

如何实现正反
转视频

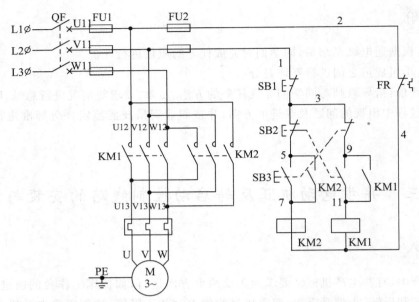

图 8-15  按钮联锁的电动机正反转启动控制线路电气原理图

图 8-15 中,SB2 和 SB3 分别为正反转启动按钮,每只按钮的常闭触点都与另一只按钮的常开触点串联。按钮的这种接法称为"按钮联锁",又称为"机械联锁"。每只按钮上起联锁作用的常闭触点称为"联锁触点",其两端的接线称为"联锁线"。当操作任意一只启动按钮时,其常闭触点先分断,使相反转向的接触器断电释放,因而可防止两只接触器同时得电造成电源短路。整个电路工作原理如下:

正转控制:

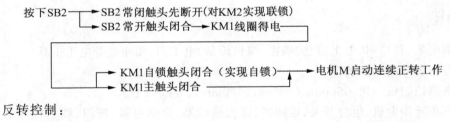

反转控制:

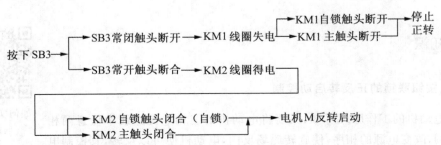

停止控制:按下 SB1,整个控制电路失电,接触器各触头复位,电机 M 失电停转。

**想一想:**该控制电路不能在实际生产中单独使用,为什么?

### 二、接触器联锁的正反转启动控制

同一时间里两个接触器只允许一个工作的控制作用称为"接触器联锁"(或"互锁")。具体做法是在正反转接触器中互串一个对方的常闭触点,这对常闭触点称为"联锁触点",如图 8-16 所示。接触器联锁可以防止由于接触器故障(如衔铁卡阻、主触点熔焊等)而造成的电源短路事故。

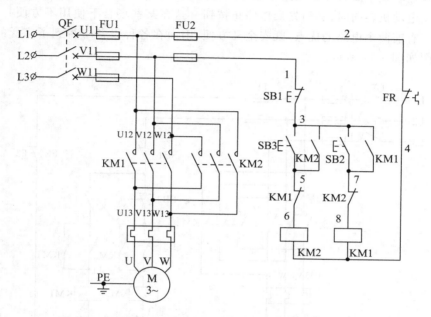

图 8-16　接触器联锁的电动机正反转启动控制线路电气原理图

整个电路工作原理如下:

正转控制:

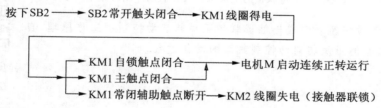

反转控制:

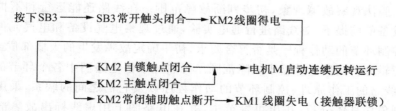

停止控制:按下 SB1,整个控制电路失电,接触器各触头复位,电机 M 失电停转。

**想一想**：该电路在正转过程中要求反转时，必须先按下停止按钮 SB1，让 KM1 线圈失电、互锁触点 KM1 闭合，这样才能按反转按钮使电动机反转，这给操作带来了不便，那如何解决这一问题呢？

### 三、双重联锁的正反转启动控制

辅助触点联锁正反转控制线路虽然可以避免接触器故障造成的电源短路事故，但是在需要改变电动机转向时，必须先操作停止按钮。这在某些场合下使用不方便。双重联锁线路则兼有前两个电路的优点，既安全又方便，因而在各种设备中得到了广泛的应用。电气原理图如图 8-17 所示。

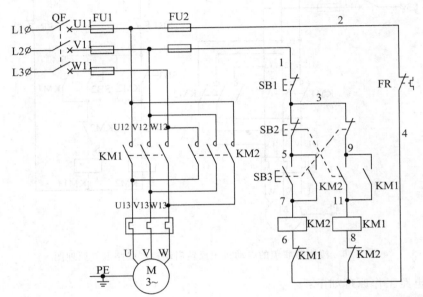

图 8-17 双重联锁的电动机正反转启动控制线路电气原理图

**做一做**：参考按钮联锁或接触器联锁正反转启动控制的工作原理，自行分析双重联锁的正反转启动控制线路的动作过程。

异步电动机正反转
控制线路工作
过程视频

### 知识拓展

故障检修步骤分四步：

（1）用实验法观察故障现象，初步判断故障范围。在线路还能运行和不扩大故障范围、不损坏设备的前提下，对线路进行通电实验，通过观察电气设备和电气元件的动作是否正常、各控制环节的动作程序是否符合要求，初步确定故障发生的大概部位或回路。

（2）用逻辑分析法确定并缩小故障范围。要熟练掌握电路图中各个环节的作用。根据电气控制线路的工作原理、控制环节的动作程序以及它们之间的联系，采用逻辑分析法，对故障现象作具体分析，找出可疑范围，并在电路图上用虚线标出故障部位的最小范围。

（3）用测量法确定故障点。测量法是维修电工工作中用来准确确定故障点的一种行之有效的检查方法。常用的测试工具和仪表有测电笔、万用表、钳形电流表、兆欧表等，主要通过对电路进行带电或断电时的有关参数如电压、电流、电阻等的测量，来判断电器元件的好坏、设备的绝缘情况以及线路的通断情况。

（4）根据故障点的不同情况，采用正确的修复方法，在定额时间内排除故障。故障排除后通电试车，检验检修情况。

## 任务实施

### 一、控制线路的安装

异步电动机正反转
启动控制线路课件

根据双重联锁的正反转启动控制要求，进行主电路和控制电路的安装与接线。

**做一做**：以下各步的具体要求参照"任务一"。

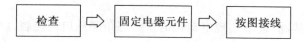

**注意**：

（1）电动机和按钮的金属外壳必须可靠接地。接至电动机的导线必须穿在导线通道内加以保护，或采用坚韧的四芯橡皮线或塑料护套线进行临时通电校验。

（2）电源进线应接在螺旋式熔断器底座的中心端上，出线应接在螺纹外壳上。

（3）电动机必须安放平稳，防止在可逆运转时产生滚动而引起事故。

（4）要注意电动机必须进行换相，否则电动机只能进行单向运转。

（5）要特别注意接触器的联锁触点不能接错，否则将会造成主电路中两相电源短路事故。

（6）接线时，不能将正反转接触器的自锁触点进行互换，否则只能进行点动控制。

### 二、控制线路的检查及通电试车

**想一想**：参照"任务一"通电试车的流程，设计一套检查异步电动机正反转启动控制线路的方法和步骤，并在实践中检验。

**做一做**：同学们按照自己设计的通电试车流程，认真检查并调试自己所安装的控制线路。

## 任务评价

自评：根据通电试车结果，同学们对完成任务的质量进行评价。

互评：小组成员之间进行互评打分。

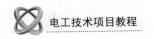 

教师评价:指导教师对同学们完成任务的方法、步骤、要求等情况进行总结,明确指出完成任务过程中出现的问题及改进的方向,并按职业资格技能鉴定评分标准进行综合评价打分。

# 任务四　笼型异步电动机 Y-△启动控制线路的安装与调试

## 任务导入

对于较大功率的异步电动机而言,启动时会产生较大的冲击电流,容易损坏线路和设备。采用 Y-△降压启动方法可以起到限制启动电流的作用,且该方法简单、价格便宜。因此,在轻载或空载情况下,一般应优先采用。

## 任务描述

设计一套控制线路,能够实现电动机的星—三角降压启动控制,以及星—三角的自动切换;进一步训练电气控制线路的安装与调试。

## 实施条件

(1)测电笔、斜口钳、电工钳、尖嘴钳、螺钉旋具、电工刀、相序表等电工工具。

(2)万用表等电工仪表。

(3)自制控制板一块(650mm×500mm×50mm)、导线若干。

(4)三相异步电机、组合开关、熔断器、交流接触器、时间继电器、热继电器、按钮、端子板等电气元器件。

## 相关知识

### 一、三相异步电动机的启动方式

三相异步电动机的启动方法主要有直接启动、降压启动。

1.直接启动

直接启动,也叫"全压启动",即启动时将全部电源电压(即全压)直接加到异步电动机的定子绕组上,使电动机在额定电压下进行启动。

直接启动的优缺点如表 8-13 所示。

| 表 8-13 | 直接启动的优缺点 |
|---|---|
| 优 点 | 缺 点 |
| 启动线路简单<br>启动转矩较大 | 直接启动时启动电流为额定电流的 3～8 倍,会造成电动机发热,缩短电动机的使用寿命<br>电动机绕组在电动力的作用下,会发生变形,可能引起短路进而烧毁电动机<br>过大的启动电流,会使线路电压降增大,造成电网电压的显著下降,从而影响同一电网的其他设备的正常工作 |

一般容量在 10kW 以下或其参数满足式(8-1)的三相笼型异步电动机可采用直接启动,否则必须采用降压启动。

$$\frac{I_{st}}{I_N} \leqslant \frac{3}{4} + \frac{S}{4 \times P} \tag{8-1}$$

式中,$I_{st}$ 为电动机的直接启动电流(A),$I_N$ 为电动机的额定电流(A),$S$ 为变压器的容量(kV·A),$P$ 为电动机的额定功率(kW)。

2.降压启动

降压启动是在启动时先降低定子绕组上的电压,待启动后,再把电压恢复到额定值。降压启动虽然可以减小启动电流,但是同时启动转矩也会减小。因此,降压启动方法一般只适用于轻载或空载情况。

常见的降压启动方法有四种:定子绕组串接电阻降压启动;自耦变压器降压启动;Y-△降压启动;延边三角形降压启动。这里介绍下 Y-△降压启动的方法:Y-△降压启动法是电动机启动时,定子绕组为星形接法,当转速上升至接近额定转速时,将绕组切换为三角形接法,使电动机转为正常运行的一种启动方式。

定子绕组接成星形连接后,每相绕组的相电压为三角形连接(全压)时的 $\frac{1}{\sqrt{3}}$,故 Y-△启动时启动电流及启动转矩均下降为直接启动的 $\frac{1}{3}$。

**想一想**:对比直接启动,降压启动有哪些优点和缺点? 适合应用于哪些场合?

### 二、时间继电器

时间继电器是利用电磁原理或机械原理,实现触点延时闭合或断开的自动控制电器。常用的种类有电磁式、空气阻尼式、电动式和晶体管式。时间继电器的基本情况如表8-14所示。以空气阻尼式时间继电器为例作介绍。

三相异步电动机星形接法
和三角形接法视频

空气阻尼式时间继电器又叫"气囊式时间继电器",是利用空气阻尼的原理获得延时。空气阻尼式时间继电器可以做成通电延时,也可以做成断电延时。

**表 8-14**                                 时间继电器的基本情况

| | |
|---|---|
| 外观 | 1—线圈　2—反作用力弹簧　3—衔铁　4—铁芯　5—弹簧片<br>6、8—微动弹簧　7—杠杆　9—调节螺钉　10—推杆　11—活塞杆　12—塔形弹簧 |
| 电气符号 | (a)断电延时<br>线圈　(b)通电延时<br>线圈　(c)通电延时<br>闭合触点　(d)断电延时<br>断开触点　(e)通电延时<br>断开触点　(f)断电延时<br>闭合触点 |
| 功能 | 时间继电器是一种利用电磁原理或机械原理实现延时控制的控制电器。在交流电路中常采用空气阻尼式时间继电器,它是利用空气通过小孔节流的原理来获得延时动作的 |
| 特点 | 空气阻尼式时间继电器应用广泛、结构简单、价格低廉且延时范围大,有 0.4～60s 和 0.4～180s 两种。 |

常用的时间继电器有 JS7、JS23 系列,主要技术参数有瞬时触点数量、延时触点数量、触点额定电压、触点额定电流、线圈电压及延时范围等。

1.时间继电器的型号及含义(见图 8-18)

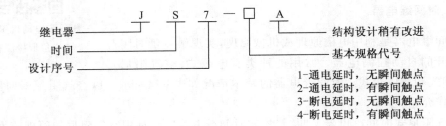

图 8-18 时间继电器的型号及含义

2.时间继电器的结构和工作原理

时间继电器可分为通电延时型和断电延时型两种类型,结构如图8-19所示。空气阻尼式时间继电器的延时范围大,但结构简单,准确度较低。当线圈通电(电压规格有AC380V、AC220V 或 DC220V、DC24V 等)时,衔铁及托板被铁芯吸引而瞬时下移,使瞬时动作触点接通或断开。但是活塞杆和杠杆不能同时跟着衔铁一起下落,因为活塞杆的上端连着气室中的橡皮膜,当活塞杆在释放弹簧的作用下开始向下运动时,橡皮膜随之向下凹,上面空气室的空气变得稀薄而使活塞杆受到阻尼作用缓慢下降。经过一定时间,活塞杆下降到一定位置,便通过杠杆推动延时触点动作,使动断触点断开、动合触点闭合。从线圈通电到延时触点完成动作这段时间,就是继电器的延时时间。延时时间的长短可以用螺钉调节空气室进气孔的大小来改变。吸引线圈断电后,继电器依靠恢复弹簧的作用而复原。空气经出气孔被迅速排出。

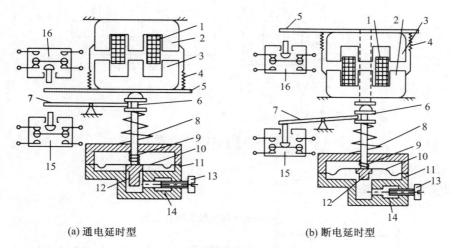

(a) 通电延时型　　　　　　　　(b) 断电延时型

图 8-19　时间继电器结构原理图

1—线圈　2—铁芯　3—衔铁　4—反作用力弹簧　5—推板　6—活塞杆　7—杠杆
8—塔形弹簧　9—弹簧　10—橡皮膜　11—气室　12—活塞　13—调节螺钉
14—进气孔　15、16—微动开关

### 三、控制线路原理分析

1.按钮、接触器控制的 Y-△降压启动

采用按钮操作,用接触器接通电源和改换电动机绕组的接法,不但方便而且还可以对电动机进行失压保护。

图 8-20 中,KM 是电源接触器,$KM_Y$ 是 Y 形接法接触器,$KM_△$ 是△形接法接触器。$KM_Y$ 和 $KM_△$ 不能同时得电,否则会造成电源短路。控制电路中 SB3 为停车按钮,SB1 为 Y 形启动按钮,复合按钮 SB2 控制△形运行状态。

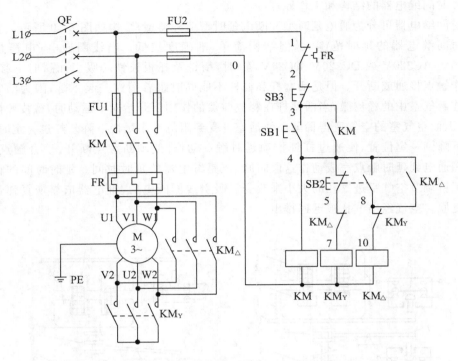

图 8-20　按钮、接触器控制的 Y-△降压启动

工作原理如下：

电动机星形接法降压启动：

电动机三角形接法全压运行，当电动机转速上升并接近额定值时：

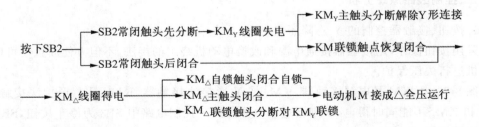

停止时按下 SB3 即可实现。

2.时间继电器转换的 Y-△降压启动

时间继电器转换的 Y-△降压启动控制电路电气原理如图 8-21 所示，辅助电路中增

加了时间继电器 KT,用来控制 Y-△转换的时间。在控制中,时间继电器 KT 只是在启动时运行,这样可延长时间继电器的寿命并节约电能。停止时只要按下 SB2,KM 和 KM△ 断电释放,电动机停转。

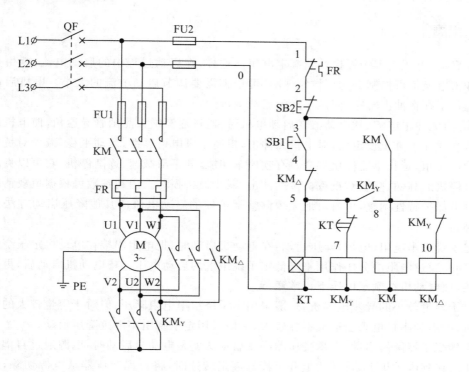

图 8-21  时间继电器转换的 Y-△降压启动

线路的工作原理如下:

先合上电源 QS:

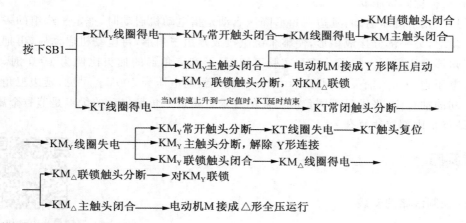

停止时按下 SB2 即可。

**想一想**:按钮接触器控制的 Y-△降压启动和时间继电器转换的 Y-△降压启动在工

作过程上有哪些相同点和不同点？哪一种更方便？

**做一做**：分为几个学习小组,每小组派代表向全班同学讲述时间继电器转换的 Y-△ 降压启动控制线路工作原理。

## 知识拓展

软启动：电压由零慢慢提升到额定电压。这样,在启动过程中的启动电流,就由过去过载冲击电流不可控制变为可控制,并且可根据需要调节启动电流的大小。电机启动的全过程都不存在冲击转矩,而是平滑的启动运行。

优点：无冲击电流,软启动器在启动电机时,通过逐渐增大晶闸管导通角,使电机启动电流从零线性上升至设定值,对电机无冲击,提高了供电可靠性,启动平稳,减少对负载机械的冲击转矩,延长机器使用寿命。有软停车功能,即平滑减速、逐渐停机,它可以克服瞬间断电停机的弊病,减轻对重载机械的冲击,减少设备损坏。启动参数可根据负载情况及电网继电保护特性调整,可自由地无级调整至最佳的启动电流。其他降压启动方法主要有三种。

定子绕组串电阻（电抗）降压启动：在电动机启动时,把电阻串接在电动机定子绕组与电源之间,通过电阻的分压作用来降低定子绕组上的启动电压。待电动机启动后,再将电阻短接,使电动机在额定电压下正常运行。

对于容量较小的异步电动机,一般采用定子绕组串电阻降压;但对于容量较大的异步电动机,考虑到串接电阻会造成铜耗较大,一般采用定子绕组串电抗降压启动。

自耦变压器降压启动：自耦变压器降压启动法就是电动机启动时,电源通过自耦变压器降压后接到电动机上,待转速上升至接近额定转速时,将自耦变压器从电源切除,而使电动机直接接到电网上转化为正常运行的一种启动方法。

自耦变压器启动适用于容量较大的低压电动机作降压启动用,应用非常广泛,有手动及自动控制线路。其优点是电压抽头可供不同负载启动时选择,缺点是质量大、体积大、价格高、维护检修费用高。

延边三角形降压启动：延边三角形降压启动是指电动机启动时,把定子绕组的一部分接成三角形,另一部分接成星形,使整个绕组接成延边三角形,待电动机启动后,再把绕组接成三角形全压运行。根据分析和实验可知,星形和三角形的抽头比例为 1∶1 时,电动机每相电压为 268V;抽头比例为 1∶2 时,每相绕组的电压为 290V。可见,延边三角形可采用不同的抽头比,来满足不同负载特性的要求。延边三角形启动的优点是节省金属、重量轻,缺点是内部接线复杂。

## 任务实施

### 一、控制线路的安装

**做一做**：根据时间继电器转换的 Y-△ 降压启动控制线路设计原理图,检查所需电气元器件的质量并进行安装及配线。

笼型异步电动机 Y-△ 启动控制线路课件

**注意：**

（1）用 Y-△降压启动控制的电动机，必须有 6 个出线端子且定子绕组在三角形接法时额定电压等于三相电源线电压。

（2）接线时要保证电动机三角形接法的正确性，即接触器 KM△主触点闭合时，应保证定子绕组的 U1 与 W2、V1 与 U2、W1 与 V2 相连接。

（3）接触器 KM$_Y$的进线必须从三相定子的末端引入，若误将其首端引入，则在 KM$_Y$吸合时，会产生三相电源短路事故。

（4）控制板外部配线，必须按要求一律装在导线通道内，使导线有适当的机械保护，以防止液体、铁屑和灰尘的侵入。在训练的时候可适当降低要求，但必须以能确保安全为条件，如采用多芯橡皮线或塑料护套软线。

（5）通电校验前要再检查一下熔体规格及时间继电器、热继电器的各整定值是否符合要求。

（6）通电校验必须有指导教师在现场监护，学生应根据电路图的控制要求独立进行校验，若出现故障也应自行排除。

（7）安装训练应在规定定额时间完成，同时要做到安全操作和文明生产。

**二、控制线路的检查及通电试车**

**想一想：**参照"任务一"通电试车的流程，设计一套检查时间继电器转换的 Y-△降压启动控制线路的方法和步骤，并在实践中检验。

**做一做：**各位同学按照自己设计的通电试车流程，认真检查并调试自己所安装的控制线路。

## 任务评价

自评：根据通电试车结果，同学们对完成任务的质量进行评价。

互评：小组成员之间进行互评打分。

教师评价：指导教师对同学们完成任务的方法、步骤、要求等情况进行总结，明确指出完成任务过程中出现的问题及改进的方向，并按职业资格技能鉴定评分标准进行综合评价打分。

# 任务五　异步电动机制动控制线路的安装与调试

## 任务导入

电机制动是电机控制中经常遇到的问题。一般电机制动会出现在两种不同的场合：一是为了达到迅速停车的目的，以各种方法使电机旋转磁场的旋转方向和转子的旋转方向相反，从而产生一个电磁制动转矩，使电机迅速停车转动；二是在某些场合，当转子的转速超过旋转磁场的转速时，电机也处于制动状态。

## 任务描述

反接制动是电动机的一种制动形式，它通过反接相序，使电动机产生起阻滞作用的反转矩，以便制动电动机。设计一套电动机反接制动控制线路，并按照电气原理图进行安装调试。

## 实施条件

(1)测电笔、斜口钳、电工钳、尖嘴钳、螺钉旋具、电工刀、相序表等电工工具。

(2)万用表等电工仪表。

(3)自制控制板一块(650mm×500mm×50mm)、导线若干。

(4)三相异步电机、组合开关、熔断器、交流接触器、热继电器、按钮、端子板等电气元器件。

## 相关知识

### 一、速度继电器

速度继电器又称"反接制动继电器"，主要结构由转子、定子及触点三部分组成。转子是一个圆柱形永久磁铁，定子是一个笼型空心圆环，由硅钢片叠成，并装有笼型绕组。速度继电器基本情况如表 8-15 所示。

| 表 8-15 | 速度继电器的基本情况 |
|---|---|
| 外观 | 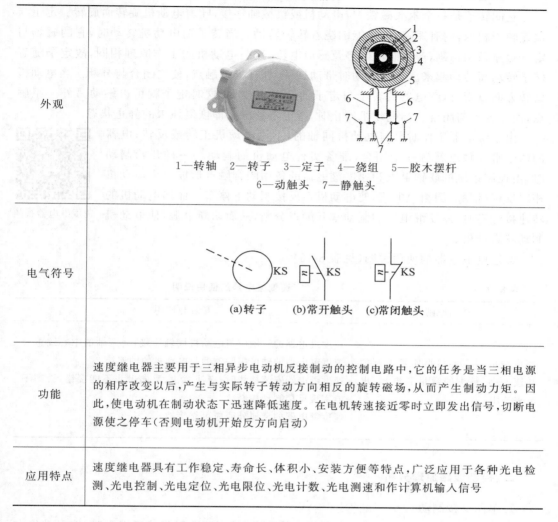<br>1—转轴 2—转子 3—定子 4—绕组 5—胶木摆杆<br>6—动触头 7—静触头 |
| 电气符号 | (a)转子　　(b)常开触头　　(c)常闭触头 |
| 功能 | 速度继电器主要用于三相异步电动机反接制动的控制电路中,它的任务是当三相电源的相序改变以后,产生与实际转子转动方向相反的旋转磁场,从而产生制动力矩。因此,使电动机在制动状态下迅速降低速度。在电机转速接近零时立即发出信号,切断电源使之停车(否则电动机开始反方向启动) |
| 应用特点 | 速度继电器具有工作稳定、寿命长、体积小、安装方便等特点,广泛应用于各种光电检测、光电控制、光电定位、光电限位、光电计数、光电测速和作计算机输入信号 |

常用的速度继电器有 JY1 型和 JFZ0 型两种。其中,JY1 型可在 $700 \sim 3600 \mathrm{r/min}$ 范围内可靠地工作,JFZ0-1 型为 $300 \sim 1000 \mathrm{r/min}$,JFZ0-2 型为 $1000 \sim 3600 \mathrm{r/min}$。速度继电器具有两个常开触点、两个常闭触点,触电额定电压为 $380\mathrm{V}$,额定电流为 $2\mathrm{A}$。

一般速度继电器的转轴在 $120\mathrm{r/min}$ 左右即能动作,在 $100\mathrm{r/min}$ 时触头即能恢复到正常位置。可以通过螺钉的调节来改变速度继电器动作的转速,以适应控制电路的要求。

1. 速度继电器的型号及含义(见图 8-22)

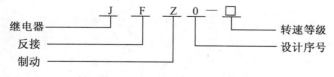

图 8-22　速度继电器的型号及含义

2.速度继电器的工作原理

它的转子是一个永久磁铁,与电动机或机械轴连接,随着电动机旋转而旋转。定子与鼠笼转子相似,内有短路条,也能围绕着转轴转动。当转子随电动机转动时,它的磁场与定子短路条相切割,产生感应电势及感应电流,这与电动机的工作原理相同,故定子随着转子转动而转动起来。定子转动时带动杠杆,杠杆推动触点,使之闭合与分断。当电动机旋转方向改变时,继电器的转子与定子的转向也改变,这时定子就可以触动另外一组触点,使之分断与闭合。当电动机停止时,继电器的触点即恢复原来的静止状态。

由于继电器工作时是与电动机同轴的,不论电动机正转或反转,电器的两个常开触点就有一个闭合,准备实行电动机的制动。一旦开始制动时,由控制系统的联锁触点和速度继电器的备用闭合触点形成一个电动机相序反接(俗称"倒相")电路,使电动机在反接制动下停车。而当电动机的转速接近零时,速度继电器的制动常开触点分断,从而切断电源,使电动机制动状态结束。

速度继电器视频

3.速度继电器的使用说明(见表 8-16)

**表 8-16** 速度继电器的使用说明

| 选用原则 | 安装与使用 |
| --- | --- |
| 速度继电器主要根据所需控制的转速大小、触头的数量和电压、电流来选用 | 速度继电器的转轴应与电动机同轴连接,使两轴的中心线重合<br>速度继电器的轴可用联轴器与电动机的轴连接<br>速度继电器安装接线时,应注意正、反向触头不能接错,否则不能实现反接制动控制<br>速度继电器的金属外壳应可靠接地 |

**二、控制线路原理分析**

1.单向反接制动

反接制动的关键在于电动机电源相序的改变,且当转速下降接近于零时,能自动将电源切除。为此,需采用速度继电器来自动检测电动机的速度变化。

图 8-23 为单向反接制动控制电路。KM1 为单向旋转接触器,KM2 为反接制动接触器,KS 为速度继电器。KM2 主触点上串联的 $R$ 为反接制动电阻,用来限制反接制动时电动机的绕组电流,防止因制动电流过大而造成电动机过载。

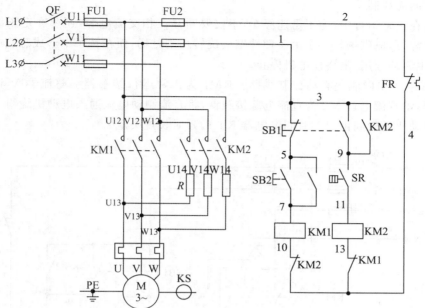

图 8-23 电动机反接制动控制线路电气原理图

反接制动工作过程视频

工作原理如下：

启动时：

按下SB2 ——→ KM1线圈得电 ——→ KM1自锁触头闭合自锁 ——→ 电动机启动运行 ——→
——→ KM1 主触头闭合 ——→
——→ KM1 联锁触头分断对KM2联锁

——→ 至电动机转速上升到定值（120r/min 左右）时 ——→ KS 常开触头闭合为制动做准备

制动时：

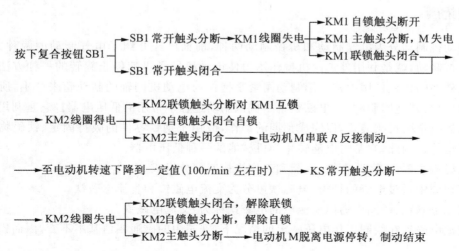

按下复合按钮SB1 ——→ SB1 常开触头分断 ——→ KM1线圈失电 ——→ KM1自锁触头断开
——→ KM1 主触头分断，M 失电
——→ KM1 联锁触头闭合 ——→
——→ SB1 常开触头闭合 ——→

——→ KM2线圈得电 ——→ KM2联锁触头分断对 KM1互锁
——→ KM2自锁触头闭合自锁
——→ KM2主触头闭合 ——→ 电动机M串联R反接制动 ——→

——→ 至电动机转速下降到一定值（100r/min 左右时）——→ KS 常开触头分断 ——→

——→ KM2线圈失电 ——→ KM2联锁触头闭合，解除联锁
——→ KM2自锁触头分断，解除自锁
——→ KM2主触头分断 ——→ 电动机M脱离电源停转，制动结束

253

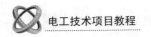
2.单向能耗制动

电机在正常运行中,为了迅速停车,不仅要断开三相交流电源,还要在定子线圈中接入直流电源,形成磁场。转子由于惯性继续旋转切割磁场,而在转子中形成感应电动势和电流,产生制动作用,最终使电机停止。

图 8-24 为单向能耗制动控制线路。KM1 为正常运行接触器。整流器 V 将电流整流,得到脉动直流电;KM2 为直流电源接触器,将直流制动电流通入电动机绕组。制动电流通入电动机的时间由启动时间继电器 KT 的延时长短决定。

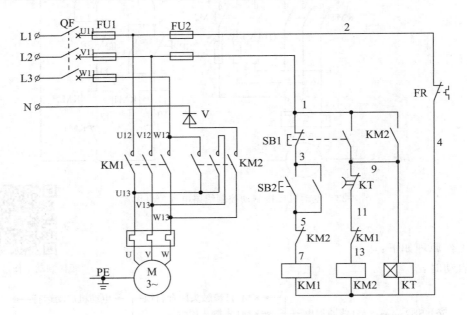

图 8-24　单向能耗制动电气原理图

**做一做**:分为几个学习小组,每小组根据能耗制动的工作原理,以反接制动为例,分析图 8-24 所示电气原理图的动作过程。

### 知识拓展

电动机制动分为电气制动和机械制动两种,前面已经介绍了电气制动的两种方式。所谓机械制动,就是利用外加的机械作用力使电动机转子迅速停止旋转的一种方法。由于这个外加的机械作用力常采用制动闸紧紧抱住与电动机同轴的制动轮来产生,所以机械制动俗称为"抱闸制动"。电磁铁就是机械制动过程中常用的低压电器。它是利用电磁吸力来操纵牵引机械装置,以完成预期的动作,或用于钢铁零件的吸持固定、铁磁物体的起重搬运等。因此,它是将电能转化为机械能的一种低压电器。

电磁铁主要由铁芯、衔铁、线圈和工作机构四部分组成。

按线圈中通过电流的种类,电磁铁可分为交流电磁铁和直流电磁铁。

交流电磁铁:线圈中通以交流电的电磁铁称为"交流电磁铁"。

交流电磁铁在线圈工作电压一定的情况下,铁芯中的磁通幅值基本不变,因而铁芯与衔铁间的电磁吸力也基本不变,但线圈中的电流主要取决于线圈的感抗。在电磁铁吸合的过程中,随着气隙的减小,磁阻减小,线圈的感抗增大,电流减小。实验证明,交流电磁铁在开始吸合时电流最大,一般比衔铁吸合后的工作电流大几倍到十几倍。因此,如果交流电磁铁的衔铁被卡住不能吸合时,线圈会很快因过热而烧坏。同时,交流电磁铁也不允许操作太频繁,以免线圈因不断受到启动电流的冲击而烧坏。

为减小涡流与磁滞损耗,交流电磁铁的铁芯和衔铁用硅钢片叠压铆成,并在铁芯端部装有短路环。

交流电磁铁的种类很多,按电流相数可分为单相、两相和三相;按线圈额定电压可分为 220V 和 380V;按功能可分为牵引电磁铁、制动电磁铁和起重电磁铁。制动电磁铁按衔铁行程又分为长行程(大于 10mm)和短行程(小于 5mm)两种。下面只简单分析交流短行程制动电磁铁。

交流短行程制动电磁铁为转动式,制动力转矩小,多为单相或两相结构。常用的有MZD1 系列,其型号及含义如图 8-25 所示。

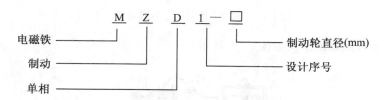

图 8-25　MZD1 系列的型号及含义

该系列电磁铁常与 TJ2 型闸瓦制动器配合使用,共同组成电磁抱闸制动器,其结构如图 8-26 所示。

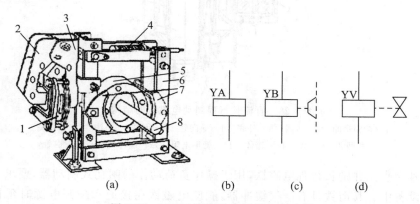

图 8-26　MZD1 型制动电磁铁与制动器

1—线圈　2—衔铁　3—铁芯　4—弹簧　5—闸轮　6—杠杆　7—闸瓦　8—轴

制动电磁铁由铁芯、衔铁和线圈三部分组成。闸瓦制动器包括闸轮、闸瓦、杠杆和弹簧等部分。闸轮装在被制动轴上,当线圈通电后,“U”形衔铁绕轴转动吸合,衔铁克服弹簧拉力,迫使制动杠杆带动闸瓦向外移动,使闸瓦离开闸轮,闸轮和被制动轴可以自由转动。而当线圈断电后,衔铁会释放,在弹簧作用下,制动杠杆带动闸瓦向里运动,使闸瓦紧

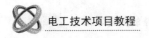 

紧抱住闸轮完成制动。

直流电磁铁：线圈中通以直流电的电磁铁称为"直流电磁铁"。

直流电磁铁的线圈电阻为常数，在工作电压不变的情况下，线圈的电流也是常数，在吸合过程中不会随其间隙的变化而变化，因此，允许的操作频率较高。它在吸合前，气隙较大，磁路的磁阻也较大，磁通较小，因而吸力也较小；吸合后，气隙很小，磁阻也很小，磁通最大，电磁吸力也最大。实验证明，直流电磁铁的电磁吸力与气隙大小的平方成反比。衔铁与铁芯在吸合的过程中，电磁吸力是逐渐增大的。

直流长行程制动电磁铁是常见的一种电磁铁，主要用于闸瓦制动器，其工作原理与交流电磁铁相同。常有的直流长行程制动电磁铁有 MZZ2 系列，其型号和含义如图 8-27 所示。

图 8-27　MZZ2 系列的型号及含义

MZZ2-H 型电磁铁的结构如图 8-28 所示。

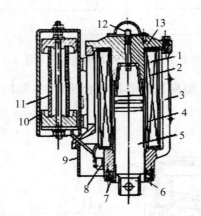

图 8-28　直流长行程制动电磁铁的结构

1—黄铜垫圈　2—线圈　3—外壳　4—导向管　5—衔铁　6—法兰　7—油封

8—接线板　9—盖　10—箱体　11—管形电阻　12—缓冲螺钉　13—钢盖

该型号为直流并励长行程电磁铁，用于操作负荷动作的闸瓦式制动器，要求安装在空气流通的设备中。其衔铁具有空气缓冲器，能使电磁铁在接通和断开电源时延长动作的时间，避免发生剧烈的冲击。

异步电动机制动
控制线路课件

## 任务实施

### 一、控制线路的安装

**做一做**：以下各步的具体要求参照"任务一"。

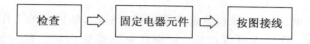

**注意**：

（1）在控制板上按图安装线槽和所有电器元件，连接电动机和按钮金属外壳的保护性接地。特别检查速度继电器与传动装置的紧固情况。用手转动电动机转轴，检查传动机构有无卡阻等不正常情况。

（2）主电路的接线情况与正反转启动线路基本相同。注意 KM1 和 KM2 主触点的相序不可接错。

（3）JY1 型速度继电器有两组触点，每组都有常开、常闭触点，使用公共动触点，应注意防止接错造成线路故障。

（4）控制板外部配线，必须按要求一律装在导线通道内，使导线有适当的机械保护，以防止液体、铁屑和灰尘的侵入。接线端子板与电阻箱之间用护套线。

（5）通电校验必须有指导教师在现场监护，学生应根据电路图的控制要求独立进行校验，若出现故障也应自行排除。

（6）安装训练应在规定定额时间完成，同时要做到安全操作和文明生产。

**做一做**：根据反接制动电动机控制线路设计原理图，检查所需电气元器件的质量并进行安装及配线。

### 二、控制线路的检查及通电试车

**想一想**：参照"任务一"通电试车的流程，设计一套检查反接制动电动机控制线路的方法和步骤，并在实践中检验。

**做一做**：按照自己设计的通电试车流程，认真检查并调试自己所安装的控制线路。

## 任务评价

**自评**：根据通电试车结果，同学们对完成任务的质量进行评价。

**互评**：小组成员之间进行互评打分。

**教师评价**：指导教师对同学们完成任务的方法、步骤、要求等情况进行总结，明确指出完成任务过程中出现的问题及改进的方向，并按职业资格技能鉴定评分标准进行综合评价打分。

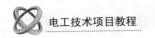

# 任务六 异步电动机行程控制线路的安装与调试

## 任务导入

在工农业生产中,很多机械设备都需要做往返运动,如机床的工作台等都要求能在一定距离内自动往返。它是通过行程开关检测往返运动的相对位置,进而控制电动机的正反转来实现的此运动。因此,这种控制被称为"位置控制"或"行程控制"。

## 任务描述

设计一套控制电路,能够实现对三相异步电动机自动往返控制;根据电动机型号及电气原理图选用元器件及部分电工器材;按电气原理图安装控制线路;通电空载试运行成功。

## 实施条件

(1)测电笔、斜口钳、电工钳、尖嘴钳、螺钉旋具、电工刀、相序表等电工工具。

(2)万用表等电工仪表。

(3)自制控制板一块(650mm×500mm×50mm)、导线若干。

(4)三相异步电机、组合开关、熔断器、交流接触器、行程开关、热继电器、按钮、端子板等电气元器件。

## 相关知识

### 一、行程开关

行程开关,是位置开关(限位开关)的一种,是一种常用的小电流主令电器。利用生产机械运动部件的碰撞使其触头动作来实现接通或分断控制电路,达到一定的控制目的。通常,这类开关被用来限制机械运动的位置或行程,使运动机械按一定位置或行程自动停止、反向运动、变速运动或自动往返运动等。行程开关的基本情况如表8-17所示。

表 8-17　　　　　　　　　　行程开关的基本情况

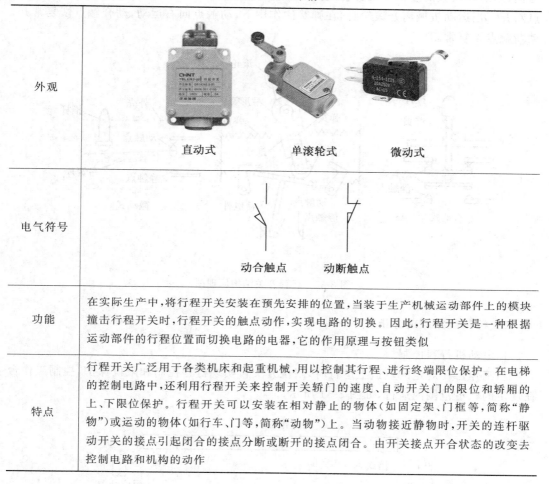

| 外观 | 直动式　　　　单滚轮式　　　　微动式 |
| --- | --- |
| 电气符号 | 动合触点　　　动断触点 |
| 功能 | 在实际生产中,将行程开关安装在预先安排的位置,当装于生产机械运动部件上的模块撞击行程开关时,行程开关的触点动作,实现电路的切换。因此,行程开关是一种根据运动部件的行程位置而切换电路的电器,它的作用原理与按钮类似 |
| 特点 | 行程开关广泛用于各类机床和起重机械,用以控制其行程、进行终端限位保护。在电梯的控制电路中,还利用行程开关来控制开关轿门的速度、自动开关门的限位和轿厢的上、下限位保护。行程开关可以安装在相对静止的物体(如固定架、门框等,简称"静物")或运动的物体(如行车、门等,简称"动物")上。当动物接近静物时,开关的连杆驱动开关的接点引起闭合的接点分断或断开的接点闭合。由开关接点开合状态的改变去控制电路和机构的动作 |

1.行程开关的型号及其含义(见图 8-29)

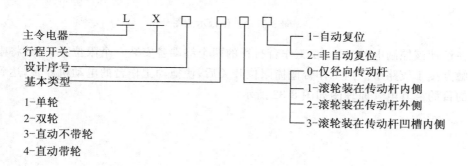

图 8-29　行程开关的型号及含义

2.行程开关的结构和工作原理

如图 8-30 所示,为直动式、滚轮式、微动式三种行程开关的结构原理图。以单滚轮式为例,当运动机械的撞铁压到行程开关的滚轮时,动触点向左运动,动合触点闭合,动断触点断开。当运动机械离开滚轮时,在弹簧的作用下,动触点向右运动,动合触点恢复常开,动断触点恢复常闭。

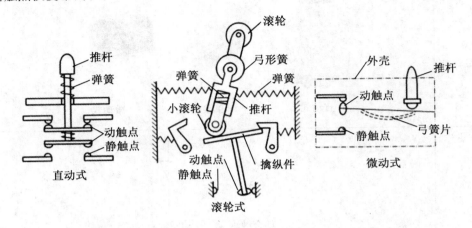

图 8-30　行程开关结构原理图

**二、控制线路原理分析**

1.电动机行程控制

当工作台在规定的轨道上运行时,限位开关可实现行程控制和限位保护,控制工作台在规定的轨道范围内运行,如图 8-31 所示。

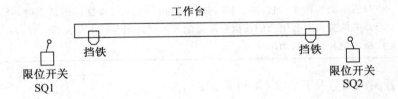

图 8-31　工作台示意图

在设计该控制电路时,应在工作台行程的两个终端各安装一个限位开关,并将限位开关的触点接于线路中。当工作台碰撞限位开关后,使拖动工作台的电动机停转,达到限位保护的目的。其电气原理图如图 8-32 所示。

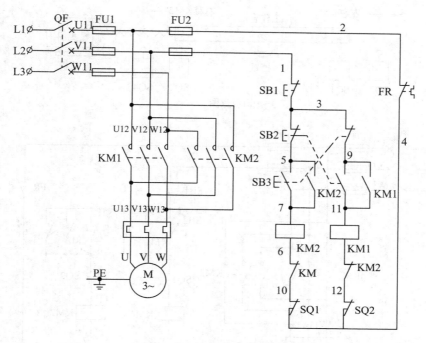

图 8-32　行程控制电气原理图

**想一想：**上述电气原理图跟电动机正反转控制的电气原理图有何不同？在工作原理和实现功能上又有何不同？

**做一做：**分为几个学习小组，参照电动机正反转控制的工作原理，自行分析电动机行程控制的动作过程。

2.电动机自动往返循环控制

在生产中，有些生产机械（如导轨磨床、龙门刨床等）需要自动往返运动，并不断循环，以使工件能连续加工，这就需要电动机的自动往返循环控制。

自动往返循环控制线路里设有两个带有常开、常闭触点的行程开关，分别装置在设备运动部件的两个规定位置上，以发出返回信号、控制电动机换向。为了保证机械设备的安全，在运动部件的极限位置还设有限位保护用的行程开关。其电气原理图如图 8-33 所示。

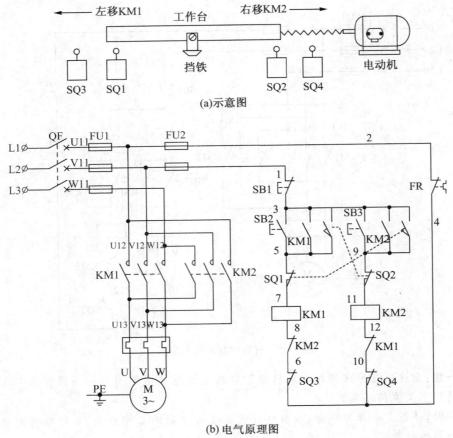

(a)示意图

(b) 电气原理图

图 8-33　自动往返循环运动控制线路电气原理图

**做一做**：分为几个学习小组，自行分析自动往返循环运动控制的动作过程。

自动往返控制线路的
工作过程视频

### 知识拓展

接近开关又称"无触点行程开关"，它能在一定的距离（几毫米至几十毫米）内检测有无物体靠近。当物体与其接近到设定距离时，就可以发出"动作"信号。其基本情况如表 8-18 所示。

接近开关的核心部分是"感辨头"，它对正在接近的物体有很高的感辨能力。

表 8-18　　　　　　　　　　　接近开关的基本情况

| | |
|---|---|
| 外观 | 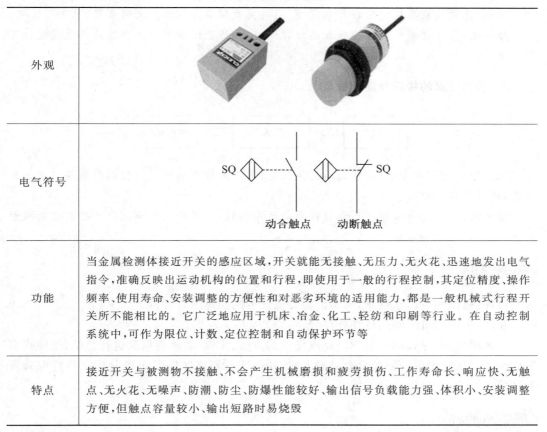 |
| 电气符号 | 动合触点　　　动断触点 |
| 功能 | 当金属检测体接近开关的感应区域,开关就能无接触、无压力、无火花、迅速地发出电气指令,准确反映出运动机构的位置和行程,即使用于一般的行程控制,其定位精度、操作频率、使用寿命、安装调整的方便性和对恶劣环境的适用能力,都是一般机械式行程开关所不能相比的。它广泛地应用于机床、冶金、化工、轻纺和印刷等行业。在自动控制系统中,可作为限位、计数、定位控制和自动保护环节等 |
| 特点 | 接近开关与被测物不接触、不会产生机械磨损和疲劳损伤、工作寿命长、响应快、无触点、无火花、无噪声、防潮、防尘、防爆性能较好、输出信号负载能力强、体积小、安装调整方便,但触点容量较小、输出短路时易烧毁 |

## 任务实施

### 一、控制线路的安装

**做一做**:以下各步的具体要求参照"任务一"。

异步电动机行程
控制线路课件

检查 ⇨ 固定电器元件 ⇨ 按图接线

**注意:**

(1)在接主电路时,要注意电动机必须进行换相,否则电动机只能进行单向运转。

(2)控制电路接线时的注意事项与电动机正反转控制电路类似,请参考。

(3)刀开关、接触器、按钮、热继电器和电动机的检查如前所述,另外还要认真检查行程开关,主要包括检查滚轮和传动部件动作是否灵活、触点的通断情况。

(4)在设备规定位置安装限位开关,调整运动部件上挡块与行程开关的相对位置,使挡块在运动中能可靠地操作行程开关上的滚轮并使触点分断。

（5）用保护线套连接行程开关，护套线应固定在不妨碍机械装置运动的位置上。

（6）安装训练应在规定定额时间完成，同时要做到安全操作和文明生产。

**做一做**：根据电动机行程控制线路设计原理图，检查所需电气元器件的质量并进行安装及配线。

### 二、控制线路的检查及通电试车

**想一想**：参照"任务一"通电试车的流程，设计一套检查电动机行程控制线路的方法和步骤，并在实践中检验。

**做一做**：各位同学按照自己设计的通电试车流程，认真检查并调试自己所安装的控制线路。

## 任务评价

自评：根据通电试车结果，同学们对完成任务的质量进行评价。

互评：小组成员之间进行互评打分。

教师评价：指导教师对同学们完成任务的方法、步骤、要求等情况进行总结，明确指出完成任务过程中出现的问题及改进的方向，并按职业资格技能鉴定评分标准进行综合评价打分。

## 巩固与提高

### 一、填空题

1. 自动空气开关除能完成接通和分断电路，还能对电路或电气设备发生＿＿＿＿＿＿＿＿＿、＿＿＿＿＿＿＿＿＿及＿＿＿＿＿＿＿＿＿等进行保护。

2. 熔断器主要由＿＿＿＿＿＿＿＿、＿＿＿＿＿＿＿＿、＿＿＿＿＿＿＿三部分组成。

3. 对于多台电动机的短路保护，熔体额定电流为 $I_{RN} \geqslant$ ＿＿＿＿＿＿＿＿。

4. 继电接触式有触点控制只有＿＿＿＿＿＿＿＿和＿＿＿＿＿＿＿＿两种状态，只能控制信号的＿＿＿＿＿＿＿＿，而不能控制信号的＿＿＿＿＿＿＿＿。

5. 热继电器是利用电流的＿＿＿＿＿＿＿＿来推动动作机构使＿＿＿＿＿＿＿＿闭合或分断的＿＿＿＿＿＿＿＿电器。

6. 三相异步电动机的能耗制动可以按＿＿＿＿＿＿＿＿原则和＿＿＿＿＿＿＿＿原则来控制。

7. 反接制动时，当电机接近于＿＿＿＿＿＿＿＿时，应及时＿＿＿＿＿＿＿＿。

8. 接触器是用来＿＿＿＿＿＿＿＿、＿＿＿＿＿＿＿＿地接通或断开交直流主电路及＿＿＿＿＿＿＿＿控制电路的自动控制电器。

9. 交流接触器线圈通电后，若衔铁卡住不能吸合，此时由于线圈＿＿＿＿＿＿＿＿减小而引起_____增大。

10.三相异步电动机常用的电气启动方法有_____和_____。

11.电动机的常用保护措施有短路保护、过载保护和失(欠)压保护三种。实现短路保护的电器是_____,实现过载保护的电器是_____,实现失(欠)压保护的电器是_____。

12.时间继电器按延时方式可分为_____和_____型。

**二、选择题**

1.自动空气开关中,电磁脱扣器瞬时脱扣整定电流应该(    )。

A.不小于负载电路的正常工作电流

B.等于负载电路的额定电流

C.大于负载电路正常工作时的峰值电流

D.大于等于电路峰值电流

2.按下复合按钮时,(    )。

A.常开先闭合         B.常闭先断开

C.常开、常闭同时动作     D.都不对

3.在检查电气设备故障时,(    )只适用于压降极小的导线及触头之类的电气故障。

A.短接法           B.电阻测量法

C.电压测量法         D.外表检查法

4.热继电器作电动机的保护时适用于(    )。

A.重载间断工作的电动机的过载保护

B.频繁启动的电动机的过载保护

C.轻载启动连续工作的电动机的过载保护

D.以上说法都错误

5.接触器检修后由于灭弧装置损坏,该接触器(    )使用。

A.仍能继续         B.不能

C.在额定电流下可以     D.短路故障下也可

6.接触器中灭弧装置的作用是(    )。

A.防止触头烧毁       B.加快触头分断速度

C.减小触头电流       D.减小电弧引起的反电势

7.接触器在电力拖动和自动控制系统中的主要控制对象是(    )。

A.电焊机           B.电动机

C.电热设备         D.电容器组

8.通电延时时间继电器的延时触点动作情况是(    )。

A.线圈通电时触点延时动作,断电时触点瞬时动作

B.线圈通电时触点瞬时动作,断电时触点延时动作

C.线圈通电时触点不动作,断电时触点瞬时动作

D.线圈通电时触点不动作,断电时触点延时动作

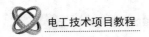 

9.星形—三角形减压电路中,星形接法启动电压为三角形接法电压的(　　)。

A. $1/\sqrt{3}$　　　　B. $1/\sqrt{2}$　　　　C. 1/3　　　　D. 1/2

10.三相笼型异步电动机能耗制动是将正在运转的电动机从交流电源上切除后,(　　)。

A. 在定子绕组中串入电阻　　　　B. 在定子绕组中通入直流电流

C. 重新接入反相序电源　　　　D. 以上说法都不正确

三、分析设计题

现有 3kW 电机 M1、M2、M3、M4、M5 共 5 台,要求先分别启动 M1、M2,然后 M3、M4、M5 作顺序延时 30s 启动;停止时从 M5 开始作逆序停止。画出电路原理图,并写出材料清单。

# 项目九　典型机床电气线路维修

 项目描述

本项目从机床电气控制系统出发，理论联系实际，既介绍了基本控制电路在机床中的应用，又介绍了 CA6140 型车床和 M7475B 型平面磨床电气控制线路的分析与检修方法，特别是电气控制线路的工程分析与设计。

## 教学目标

1. 能力目标

◆根据机床设计要求，选择合适型号的低压电器。

◆根据项目要求，熟练画出双速异步电动机控制的原理图，并能按图纸进行装配。

◆安装与调试机床电气控制系统。

2. 知识目标

◆掌握机床常用电器的基本性能及使用知识。

◆熟悉双速异步电动机的基本结构、调速原理及控制电路的工作原理。

◆掌握机床电气的基本环节及电气原理图的画法。

◆掌握机床电气控制线路的分析方法。

3. 素质目标

◆具有一定的资料收集整理能力，以及制定、实施工作计划和自我学习的能力。

◆经历基本的工程技术工作过程，学会使用相关工具从事生产实践，养成尊重科学、实事求是、与时俱进、服务未来的科学态度。

◆在技能训练中，注意培养爱护工具和设备、安全文明生产的好习惯，严格执行电工安全操作规程。

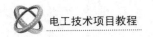

## 任务一　CA6140 型车床电气控制系统的安装与调试

### 任务导入

　　CA6140 型车床为我国自行设计制造的新型号普通机床,具有性能优越、结构先进、操作方便和外型美观等优点。该车床适合于车削内外圆柱面、圆锥面及其他旋转面,也可车削各种公制、英制、模数和径节螺纹,还能进行钻孔,铰孔和拉油槽等。

### 任务描述

　　CA6140 型普通车床主要由床身、主轴箱、进给箱、溜板箱、刀架、丝杠、光杠、尾架等部分组成,如图 9-1 所示。

图 9-1　CA6140 型普通车床的外形图

　　识读 CA6140 型车床电气控制线路图,安装其电气控制线路并进行故障检修。

　　**想一想:**观察机床和查看说明书,找出 CA6140 型车床需要哪些电气元件,分别具有什么作用?

### 实施条件

　　(1)测电笔、斜口钳、电工钳、尖嘴钳、螺钉旋具、电工刀、相序表等电工工具。

　　(2)万用表等电工仪表。

　　(3)维修电工实验台。

　　(4)三相异步电机、组合开关、熔断器、交流接触器、时间继电器、热继电器、行程开关、按钮、端子板等电气元器件。

### 相关知识

#### 一、认识 CA6140 型普通车床

　　车床是一种金属切削机床,应用极为广泛,能够车削外圆、内圆、端面、螺纹、螺杆,并可用钻头、绞刀等进行加工。下面以 CA6140 型为例进行介绍。

### 1.型号意义(见图 9-2)

图 9-2 型号意义

### 2.运动形式

普通车床有两个主要的运动部分,一个是车床主轴运动,即卡盘或顶尖带着工件的旋转运动。另一个是溜板带着刀架的直线运动,称为"进给运动"。车床工作时,绝大部分功率消耗在主轴运动上。

**注意:**机床旋转速度快、力矩大,存在较多不安全因素,为防止衣服、发辫被卷进机器以及手被旋转的刀具刮伤,车间参观见习时,要穿戴劳保用品,遵守劳动纪律。常见的劳保用品有安全帽、工作服、防护眼镜等。

**想一想:**若一位同学在企业见习时,不小心受伤或发生触电事故,应如何处理?

### 3.电力拖动特点及控制要求

(1)主拖动电动机从经济性、可靠性考虑,选用笼型三相异步电动机,不进行电气调速。主轴变速是由主轴电动机经皮带传递到主轴变速箱来实现的。

(2)采用齿轮箱进行机械调速。为减小振动,主拖动电动机通过几条三角皮带将动力传递到主轴箱。

(3)为车削螺纹,主轴要求有正、反转,采用机械的方法实现。

(4)主拖动电机的启动、停止采用按钮操作,停止采用机械制动。

(5)刀架移动和主轴移动有固定的比例关系,以便满足对螺纹的加工要求,这由机械传动保证,对电气无任何要求。

(6)车削加工时,刀具及工件需要冷却,因而应该配有冷却泵电动机,且要求在主拖动电动机启动后,冷却泵方可选择开动与否,而当主拖动电动机停止时,冷却泵应立即停止。

(7)必须有过载、短路、失压保护。

(8)具有安全的局部照明装置。

### 二、绘制和阅读机床电气控制线路图的基本知识

(1)线路图按功能划分成若干个图区,通常是一条回路或一条支路划为一个图区,并从左向右依次用阿拉伯数字编号,标注在图形下部的图区栏中。

(2)线路图中每部分电路在机床电气操作中的用途标注在线路图上部的用途栏内。

(3)线路图中每个接触器线圈的文字符号 KM 下面画两条竖直线,分成左、中、右三栏,把受其控制而动作的触头所处的图区号按表 9-1 的规定填入相应栏内。对备而未用的触头,在相应的栏中用记号"×"标出或不标出任何符号。

如何阅读电气控制
线路图视频

| 栏 目 | 左 栏 | 中 栏 | 右 栏 |
|---|---|---|---|
| 触头类型 | 主触头所处的图区号 | 辅助常开触头所处的图区号 | 辅助常闭触头所处的图区号 |
| 例 KM | | | |
| 2    8    × <br> 2    10    × <br> 2 | 表示三对主触头在图区 2 | 表示一对辅助常开触头在图区 8,另一对常开触头在图区 10 | 表示两对辅助常闭触头未用 |

(4)线路图中每个继电器线圈符号下面画一条竖直线,分成左、右两栏,把受其控制而动作的触头所处的图区号按表 9-2 的规定填入相应栏内。对备而未用的触头,在相应的栏中用记号"×"标出或不标出任何符号。

表 9-2                 继电器触头在线路图中位置的标记

| 栏 目 | 左 栏 | 右 栏 |
|---|---|---|
| 触头类型 | 主触头所处的图区号 | 辅助常闭触头所处的图区号 |
| 举例 KA2 | | |
| 4 <br> 4    × <br> 4 | 表示三对常开触头均在图区 4 | 表示常闭触头未用 |

(5)线路图中触头文字符号下面的数字表示该电器线圈所处的图区号。

### 三、识读 CA6140 型车床电气控制线路图(见图 9-3)

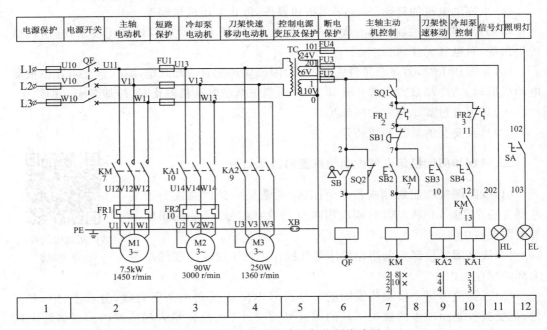

图 9-3   CA6140 型车床电气控制线路图

**做一做**：每 4 人一组,分析 CA6140 型车床控制线路图结构和工作原理,轮流向其他同学表述控制线路工作原理,各组推举一人向全班同学讲解机床线路的工作原理。

### 四、CA6140 型普通车床的电气控制线路分析

CA6140 型车床的电气控制线路分为主电路、控制电路及照明电路三部分。

1. 主电路分析

主电路共有三台电动机:M1 为主轴电动机,带动主轴旋转和刀架做进给运动;M2 为冷却泵电动机;M3 为刀架快速移动电动机。

将钥匙开关 SB 向右旋转,再扳动断路器 QF 将三相交流电源引入。主轴电动机 M1 由接触器 KM 控制启动,热继电器 FR1 为主轴电动机的过载保护,熔断器 FU 作短路保护。冷却泵电动机 M2 由中间继电器 KA1 控制启动,热继电器 FR2 作过载保护。刀架快速移动电动机 M3 由中间继电器 KA2 控制,由于是短期工作,故未设过载保护。FU1 作为冷却泵电动机 M2、快速移动电动机 M3、控制变压器 TC 的短路保护。

2. 控制电路分析

控制电路的电源由控制变压器 TC 副边输出 110V 电压提供。在正常工作时,位置开关 SQ1 的常开触头闭合。打开床头皮带罩后,SQ1 断开,切断控制电路电源,以确保人身安全。钥匙开关 SB 和位置开关 SQ2 在正常工作时是断开的,QF 线圈不通电,断路器 QF 能合闸。打开配电盘壁龛门时,SQ2 闭合,QF 线圈获电,断路器 QF 自动断开。

（1）主轴电动机的控制

按下启动按钮 SB2,接触器 KM 的线圈获电动作,其主触头闭合,主轴电动机启动运行。同时,KM 的自锁触头闭合,另一副常开触头也闭合,为冷却泵电动机的启动做准备。按下停止按钮 SB1,主轴电动机停车。

（2）冷却泵电动机的控制

在主轴电动机 M1 运转的情况下,合上旋钮开关 SB4,继电器 KA1 线圈获电吸合,其主触头闭合,冷却泵电动机获电而运行。M1 停止运行时,M2 也自动停止。

（3）刀架快速移动电动机的控制

刀架快速移动电动机 M3 的启动是由安装在进给操纵手柄顶端的按钮 SB3 来控制,它与中间继电器 KA2 组成点动控制环节。将操纵手柄扳到所需的方向,压下按钮 SB3,继电器 KA2 获电吸合,M3 启动,刀架就向指定方向快速移动。

3. 照明、信号灯电路分析

控制变压器 TC 的副边分别输出 24V 和 6V 电压,作为机床照明灯和信号灯的电源。EL 为机床的低压照明灯,由开关 SA 控制;HL 为电源的信号灯。它们分别采用 FU4 和 FU3 作短路保护。

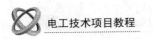 

### 知识拓展

**常见电气故障分析**（见表 9-3）

表 9-3 　　　　　　　　　　　　　　　　　常见电气故障分析

| 故障现象 | 故障原因分析 |
| --- | --- |
| 主轴电动机不能启动 | 首先检查故障是发生在主电路还是控制电路<br>若按下启动按钮，接触器 KM 不吸合，则故障发生在控制电路，主要应检查 FU2 是否熔断；过载保护 FR1 是否动作；接触器 KM 的线圈接线端子是否松脱；按钮 SB1、SB2 的触点接触是否良好<br>若按下启动按钮，接触器 KM 吸合，但主轴电动机不启动，则故障发生在主电路，应检查车间配电箱及主路开关熔断器的熔丝是否熔断；导线连接处是否有松脱现象；KM 主触点的接触是否良好 |
| 主轴电动机不能自锁 | 接触器 KM 的自锁触点接触不良<br>连接导线松脱 |
| 主轴电动机不能停止 | KM 的主触点发生熔化<br>停止按钮击穿 |
| 电源总开关合不上 | 电气箱子盖没有盖好，以致 SQ2 行程开关被压下<br>钥匙电源开关 SB 没有右旋到 SB 断开的位置 |
| 电源指示灯亮但各电动机均不能启动 | FU2 的熔体断开<br>挂轮架的皮带罩没有罩好，行程开关 SQ1 断开<br>FR1 动作后未复位 |

### 任务实施

**一、控制线路的安装**

CA6140 型车床电气控制系统课件

**做一做**：根据 CA6140 型车床电气控制系统原理图，检查所需电气元器件的质量并进行安装及配线。

**注意：**

(1)不要漏接接地线，不能用金属软管作为接地的通道。

(2)在控制箱外部进行布线时，导线必须穿在导线通道内或敷设在机床底座内的导线通道里。所有导线不得有接头。

**二、控制线路的检查及通电试车**

(1)工作场地要进行一次清理，多余的材料、工件和工具、设备等全部要移开，并使试车所需的空间位置具有足够大小，以保证试车的安全和顺利进行。

(2)启动前，机器上的有些进给运动机构和部件暂时不需要产生动作，通常都应使其处于"停止"位置。

（3）机器启动前,必须用手转动各传动件,应运转灵活、定位准确、安全可靠。

（4）全面检查接线和安装质量,看其是否符合试车要求。

（5）通电试车并观察电动机的转向是否符合要求。如不合要求应立即切断电源进行检查,待调整或修复后方能再次通电试车。

**注意:**

（1）机器一经启动,应立即观察和严密监视其工作状况。

（2）启动过程中若发现有不正常的征兆,应立即停机检查

（3）启动过程应有步骤地按序进行,待这一阶段运转情况都正常和稳定后,再继续做后一阶段的实验。

（4）主轴、进给、冷却泵的控制应分项投入实验。在进行快速进给时,注意将运动部件处于行程的中间位置,以防止运动部件与车头或尾架相撞。

（5）要认真执行安全操作规程的有关规定,一人监护,一人操作。

（6）不得对线路接线是否正确进行带电检查。

（7）在通电试车时,必须保证人身安全,教师必须在现场监护。

### 任务评价

自评和互评:根据通电试车结果,对完成任务的质量进行自我评价;小组成员之间进行互评打分。

教师评价:指导教师对同学们完成任务的方法、步骤、要求等情况进行总结,明确指出完成任务过程中出现的问题及改进的方向,并按职业资格技能鉴定评分标准进行综合评价打分。

## 任务二　M7475B 型平面磨床电气控制系统的安装与调试

### 任务导入

磨床是用砂轮对工件的表面进行磨削加工的一种精密机床。M7475B 型平面磨床是一种使用广泛的车床,多用于加工各种类型零件表面。

### 任务描述

M7475B 型平面磨床主要由床身、圆工作台、电磁吸盘、砂轮架、滑座和立柱等部分组成,如图 9-3 所示。该车床采用立式磨头,用砂轮的端面进行磨削加工,用电磁吸盘固定工件。

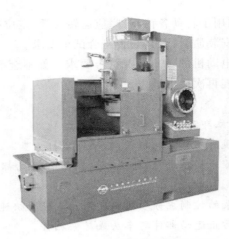

图 9-4　M7475B 型平面磨床的外形图

识读 M7475B 型平面磨床电气控制线路图,安装其电气控制线路并进行故障检修。

**想一想:** 观察机床和查看说明书,找出 M7475B 型车床需要哪些电气元件,分别具有什么作用?

## 实施条件

(1)测电笔、斜口钳、电工钳、尖嘴钳、螺钉旋具、电工刀、相序表等电工工具。

(2)万用表等电工仪表。

(3)维修电工实验台。

(4)三相异步电机、组合开关、熔断器、交流接触器、时间继电器、热继电器、行程开关、按钮、端子板等电气元器件。

## 相关知识

### 一、认识 M7475B 型平面磨床

M7475B 型立轴圆台平面磨床以砂轮端面进行磨削,是一种高效、精密、稳定的加工机床。立柱采用三点调整,结构紧凑,工作台为圆形强力电磁吸盘,有磁力平滑可调,精度稳定,功率大,并配有冷却液净化装置等,适用于对大型零部件的磨削加工。

1. 型号含义

M7475B 型平面磨床的型号意义如图 9-5 所示。

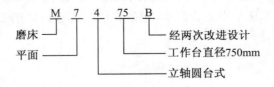

图 9-5　型号意义

2.主要结构及运动形式

它的运动形式主要有三种。

主运动:砂轮电动机带动砂轮的旋转运动。

进给运动:工作台转动电动机拖动圆工作台转动。

辅助运动:工作台移动电动机带动工作台的左、右移动和磨头升降电动机 M4 带动砂轮架在立柱导轨的上、下移动。

3.电力拖动的特点及控制要求

(1)磨床的砂轮和工作台分别由单独的电动机拖动,5 台电动机都选用交流异步电动机,并用继电器、接触器控制,属于纯电气控制。

(2)砂轮电动机 M1 只要求单方向旋转。由于容量较大,采用 Y-△降压启动以限制启动电流。

(3)工作台转动电动机 M2 选用双速异步电动机来实现工作台的高速和低速旋转,以简化传动机构。工作台低速转动时,电动机定子绕组接成三角形,转速为 940r/min。工作台高速旋转时,电动机定子绕组接成星形,转速为 1440r/min。

(4)电磁吸盘的励磁、退磁采用电子线路控制。为了加工后能将工件取下,要求圆工作台的电磁吸盘在停止励磁后自动退磁。

(5)为保证磨床安全和电源不会被短路,该磨床在工作台转动与磨头下降、工作台快转与慢转、工作台左移与右移、磨头上升与下降的控制路线中都设有电气联锁,且在工作台的左、右移动和磨头上升控制中设有限位保护。

## 二、双速异步电动机原理及控制

近年来,随着电力电子技术的发展,异步电动机的调速性能有了极大改善,其中交流调速应用日益广泛,在许多领域有取代直流调速系统的趋势。异步电动机调速可分为三大类:变极调速、变频调速和变转差率调速。

1.变极调速(见表 9-4)

表 9-4 变极调速的基本情况

| 变极调速 | 公 式 | 原 理 | 实现方法 |
|---|---|---|---|
| 改变异步电动机的磁极对数调速称为"变极调速",变极调速是通过改变定子绕组的连接方式来实现的,它是有级调速,且只适用于笼型异步电动机 | $n=\dfrac{60f_1}{p}(1-s)$ | 在电源频率 $f_1$ 不变的条件下,改变电动机的极对数 $p$,电动机的同步转速 $n$ 就会变化,极对数增加一倍,同步转速就降低一半,电动机的转速也几乎下降一半,从而实现转速的调节 | 要改变电动机的极数,当然可以在定子铁芯槽内嵌放两套不同极数的三相绕组。从制造的角度看,这种方法很不经济,通常是利用改变定子绕组接法来改变极数,这种电机称为"多速电机" |

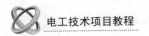
下面以 4 极变 2 极为例,说明定子绕组的变极原理。图 9-6 画出了 4 极电机 U 相绕组的两个线圈,每个线圈代表 U 相绕组的一半,称为"半相绕组"。两个半相绕组顺向串联(头尾相接)时,根据线圈中的电流方向可以看出定子绕组产生 4 极磁场,即 $2p=4$,磁场方向如图 9-6(a)中的虚线或图 9-6(b)中的 $\otimes$、$\odot$ 所示。

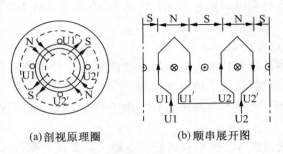

(a)剖视原理圈　　　　　　(b)顺串展开图

图 9-6　绕组变极原理图($2p=4$)

如果将两个半相绕组的连接方式改为图 9-7 所示的样子,即使其中的一个半相绕组 U2、U2′ 中电流反向,这时定子绕组便产生 2 极磁场,即 $2p=2$。由此可见,使定子每相的一半绕组中电流改变方向,就可改变磁极对数。

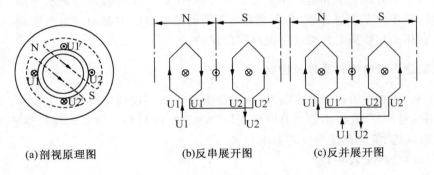

(a)剖视原理图　　　　(b)反串展开图　　　　(c)反并展开图

图 9-7　绕组变极原理图($2p=2$)

**2.三种常用的变极接线方式**

图 9-8 为三种常用的变极接线方式的原理图,其中图 9-8(a)表示由单星形连接改接成并联的双星形连接;图 9-8(b)表示由单星形连接改接成反向串联的单星形连接;图 9-8(c)表示由三角形连接改接成双星形连接。由图可见,这三种接线方式都是使每相的一半绕组内的电流改变方向,因而定子磁场的极对数减少一半。

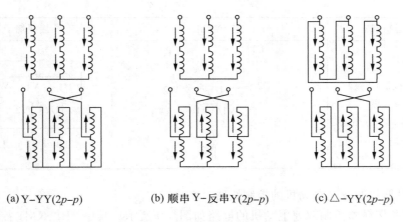

(a) Y–YY(2p–p)　　　　(b) 顺串 Y–反串Y(2p–p)　　　　(c) △–YY(2p–p)

图 9-8　双速电动机常用的变极接线方式

　　必须指出,当改变定子绕组接线时,必须同时改变定子绕组的相序(对调任意两相绕组出线端),以保证调速前后电动机的转向不变。

　　变极调速时,转速几乎是成倍变化,所以调速的平滑性差。但它在每个转速等级运转时,和普通的异步电动机一样,具有较强的机械特性,稳定性较好。变极调速既可用于恒转矩负载,又可用于恒功率负载,所以对于不需要无级调速的生产机械,如金属切削机床、通风机、升降机等都采用多速电动机拖动。

　　**想一想**:还有哪些异步电动机调速的方法,又是如何实现的?

　　3. 控制线路原理分析

　　下面就双速异步电动机的△-YY 手动调速控制线路进行分析。

　　(1)双速异步电动机定子绕组的连接

　　双速异步电动机定子绕组的△-YY 接线如表 9-5 所示。三相定子绕组接成三角形,由三个连接点接出三个出线端 U1、V1、W1,从每相绕组的中点各接出一个出线端 U2、V2、W2,这样定子绕组共有 6 个出线端。通过改变这 6 个出线端与电源的连接方式,就可以得到两种不同的转速。

**表 9-5**　　　　　　　　　　**双速异步电动机定子绕组的△-YY 接线**

| 电动机运行状态 | 定子绕组 | 接线端子 |
|---|---|---|
| 低速-△接法(4 极)<br>磁极为 4 极<br>同步转速为 1500 r/min | L2　L1　L3<br>U1<br>U2　W2<br>V1　V2　W1 | L1　L2　L3<br>U1　V1　W1<br>U2　V2　W2 |

续表

| 电动机运行状态 | 定子绕组 | 接线端子 |
|---|---|---|
| 高速-YY 接法（2 极）<br>磁极为 2 极<br>同步转速为 3000 r/min | 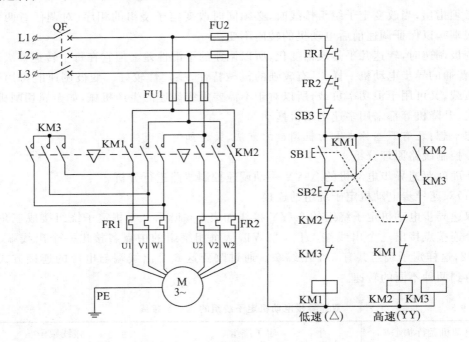 | |

（2）接触器控制双速电动机的控制线路

用按钮和接触器控制双速电动机的电路如图 9-9 所示。其中 SB1、KM1 控制电动机低速运转；SB2、KM2、KM3 控制电动机高速运转。

图 9-9　接触器控制双速电动机的线路图

线路工作原理如下：

先合上电源开关 QS，三角形低速启动运转：

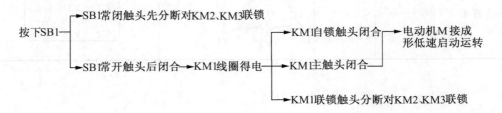

YY 形高速启动运转：

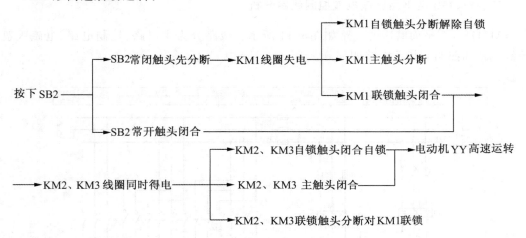

停转时，按下 SB3 即可实现。

### 3. 时间继电器控制双速电动机的控制线路

用按钮和时间继电器控制双速电动机低速启动高速运转的线路图如图 9-10 所示。时间继电器 KT 控制电动机△启动时间和△-YY 的自动换接运转。

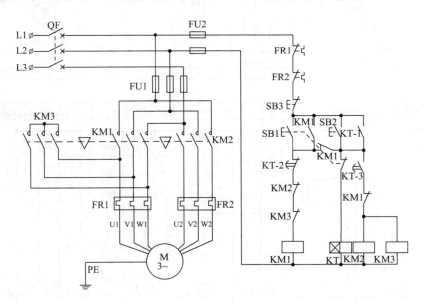

图 9-10　按钮和时间继电器控制双速电动机自动控制线路图

**做一做：**每 4 位同学为一组，参照接触器控制双速电动机的动作原理，自行分析电气原理图的工作过程。

**想一想：**按钮和接触器控制双速电动机和时间继电器控制双速电动机在工作过程上有哪些相同点和不同点？哪一种更方便？

### 三、M7475B 型平面磨床电气控制线路分析

M7475B 型平面磨床的电路如图 9-11 所示。线路分为主电路、控制电路、电磁吸盘控制电路和照明与指示电路四部分。

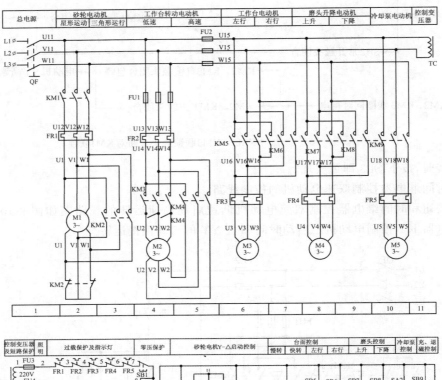

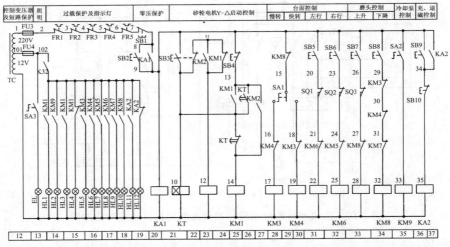

图 9-11　M7475B 型平面磨床电气原理图

### 1. 主电路分析

M7475B 型平面磨床的三相交流电源由低压断路器 QF 引入,主电路中有 5 台电动机。M1 是砂轮电动机,由接触器 KM1、KM2 控制实现 Y-△降压启动,并由低压短路器

QF 兼作短路保护。M2 是工作台转动电动机,由 KM3 和 KM4 控制其低速和高速运转,由熔断器 FU1 实现短路保护。M3 是工作台移动电动机,由 KM5、KM6 控制其正反转,实现工作台的左右移动。M4 是磨头升降电动机,由 KM7、KM8 控制其正反转。冷却泵电动机 M5 的启动和停止由插接器 X 和接触器 KM9 控制。5 台电动机均用热继电器作过载保护。M3、M4 和 M5 共用熔断器 FU2 作短路保护。

2. 控制电路分析

控制电路由控制变压器 TC 的一组抽头提供 220V 的交流电压,由熔断器 FU3 作电路保护。

(1)零压保护

磨床中工作台转动电动机 M2 和冷却泵电动机 M5 的启动和停止采用无自动复位功能的开关操作,当电源电压消失后开关仍保持原状。为防止电压恢复时 M2、M5 自行启动,线路中设置了零压保护环节。在启动各电动机之前,必须先按下 SB2(19 区),零压保护继电器 KA1 得电自锁,其自锁常开触头接通控制电路电源。电路断电时,KA1 释放;当再恢复供电时,KA1 不会自行得电,从而实现零压保护。

(2)砂轮电动机 M1 的控制

合上电源开关 QF(1 区),将工作台高、低速转换开关 SA1(29 区、30 区)置于零位,按下 SB2 使 KA1 通电吸合后,再按下启动按钮 SB3(21 区),KT 和 KM1 同时得电动作,KM1 的常闭辅助触头(24 区)断开,对 KM2 联锁,KM1 的常开辅助触头(25 区)闭合自锁,其主触头(2 区)闭合,使电动机 M1 的定子绕组接成 Y 形启动。

经过延时,时间继电器 KT 延时断开的常闭触头(25 区)断开,KM1 断电释放,M1 失电作惯性运转。KM1 的常闭辅助触头(24 区)闭合为 KM2 得电做准备。同时 KT 延时闭合的常开触头(26 区)闭合,接触器 KM2 得电动作并自锁,其主触头(3 区)闭合使 M1 的定子绕组接成三角形;而 KM2 的另一对常开辅助触头(27 区)闭合,KM1 重新得电动作,将电动机 M1 电源接通,使电动机定子绕组接成三角形进入正常运行状态。

该控制线路在电动机 M1 的定子绕组 Y-△ 换接的过程中,要求 KM1 先断电释放,然后 KM2 得电吸合,接着 KM1 再得电吸合。其原因是接触器 KM2 的触头容量(40A)比 KM1(75A)小,且线路中用 KM2 的常闭辅助触头将电动机 M1 的定子绕组接成 Y 形,而辅助触头的断流能力又远小于主触头。因此,首先使 KM1 释放,切断电源,使 KM2 在触头没有通过电流的情况下动作,将电动机定子绕组接成三角形,再使 KM1 动作,重新接通电动机电源。如果 KM1 不先断电释放而直接使 KM2 动作,则 KM2 的辅助触头要断开大电流,这可能会将触头烧坏。更严重的是,由于在断开大电流时要产生强烈的电弧,而辅助触头的灭弧能力又差,到 KM2 的主触头闭合时,它的辅助触头间的电弧可能尚未熄灭,从而将发生电源短路事故。

停车时,按下停止按钮 SB4(25 区),接触器 KM1、KM2 和时间继电器 KT 断电释放,砂轮电动机 M1 失电停转。

(3)工作台转动电动机 M2 的控制

工作台转动电动机 M2 由转动开关 SA1 控制,有高速和低速两种旋转速度。将 SA1 抵到低速位置,接触器 KM3 得电吸合,M2 定子绕组接成三角形低速运转,带动工作台低速转动。将 SA1 抵到高速位置，接触器 KM4 得电吸合，M2 定子绕组接成双 Y 形，带动工作台高速转动。将 SA1 抵到中间位置，KM3 和 KM4 均失电，M2 停止运转。

（4）工作台移动电动机 M3 的控制

工作台移动电动机采用点动控制，分别由按钮 SB5（31 区）、SB6（32 区）控制其正反转。按下 SB5，KM5 得电吸合，M3 正转，带动工作台向左移动；按下 SB6，KM6 吸合，M3 反转，带动工作台向右移动。工作台的左移和右移分别用位置开关 SQ1 和 SQ2 作限位保护。当工作台移动到极限位置时，压动位置开关 SQ1 或 SQ2，断开 KM5 或 KM6 线圈电路，使 M3 失电停转，工作台停止移动。

（5）磨头升降电动机 M4 的控制

磨头升降电动机也采用点动控制。按下上升按钮 SB7（33 区），接触器 KM7 吸合，M4 得电正转，拖动磨头向上运动。按下下降按钮 SB8（34 区），接触器 KM8 吸合，M4 反转，拖动磨头向下运动。磨头的上升限位保护由位置开关 SQ3 实现。

在磨头的下降过程中，不允许工作台转动，否则将发生机械事故。因此，在工作台转动控制线路中，串接磨头下降接触器 KM8 的常闭辅助触头（28 区），当 KM8 吸合磨头下降时，切断工作台转动控制电路。而在工作台转动时，不允许磨头下降，因此在磨头下降的控制电路中串接了 KM3 和 KM4 的常闭触头（34 区），使工作台转动时切断磨头下降的控制电路，实现电气连锁。

（6）冷却泵电动机 M5 的控制

冷却泵电动机 M5 由接触器 KM9 控制。当加工过程中需要冷却液时，将开关 SA2（35 区）接通，KM9 通电吸合，M5 启动运转。断开 SA2，KM9 断电释放，M5 停转。

3. 电磁吸盘的控制

M7475B 型平面磨床在进行磨削加工时，需要工作台将工件牢牢吸住，这要求晶闸管整流电路给电磁吸盘提供较大的电流，使电磁吸盘具有强磁性，如图 9-12 所示。

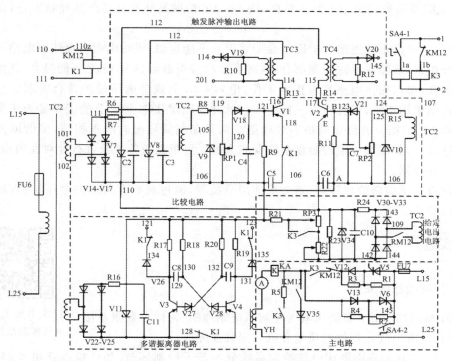

图 9-12　M7475B 型立轴圆台平面磨床电磁吸盘充、去磁电路原理图

**想一想**：根据所学电工电子学的知识，自行分析电磁吸盘励磁、退磁的工作过程。

## 知识拓展

M7475B 型平面磨床电气控制线路中，继电—接触器控制线路部分的故障分析与前面讨论的相类似，这里不再一一叙述，只对电磁吸盘励磁和退磁电路的常见故障举例进行分析。

(1)按下电磁吸盘励磁按钮 SB9，熔断器 FU6 立即熔断。快速熔断器 FU6 熔体熔断的原因一般是由于 FU6 熔体规格选用过小、电容 C1 被击穿或电磁吸盘线圈短路等。根据上述原因，首先检查 FU6、C1，若正常，则故障原因可能是电磁吸盘短路。如果故障点在 YH 线圈外部，可进行简单修复；若短路点在线圈内部，则须更换电磁吸盘线圈。

(2)电磁吸盘 YH 无吸力或吸力不足。若 YH 无吸力，应先检查电磁吸盘的交流电压是否正常和熔断器 FU6 的熔体是否完好。然后再检查电磁吸盘两端直流电压是否正常，若直流电压正常，说明故障点在电磁吸盘 YH 及连接导线上。若无电压，说明故障在晶闸管整流及触发电路部分，可检查晶闸管 V6 的门极是否有触发信号电压，若触发信号电压正常，故障原因可能是 V6 损坏或给定电压极性接反。若没有触发信号，可依次检查从 RP3 上取得的给定电压、从 RP2 上取得的锯齿波电压、从稳压管上取得的晶体管 V2 的电源电压和 V2 的工作是否正常，直至找出故障。

如果电磁吸盘吸力不足，一般是由于触发脉冲延迟角过大，以致晶闸管导通角过小，造成输出电压过低。此时，一般可通过调整电位器 RP3 来解决，而不要随意调整电位器

RP2,以免吸盘退磁时由于电路不对称,使 V5、V6 的触发脉冲延迟角差异较大,引起退磁不彻底。

(3)电磁吸盘不能退磁。电磁吸盘能励磁而不能退磁,说明电磁吸盘线圈电路及励磁控制部分正常,故障在退磁控制部分,这时可依次检查继电器 KA3 是否能吸合,其常开触头是否闭合,多谐振荡电路是否正常工作,电容 C10 上残余电压是否符合要求等。如果以上检查结果均正常,可再检查三极管 V1、脉冲变压器 TC3 等部分的工作是否正常。另外,V1 和 V2 的锯齿波形成电路不对称造成两只晶闸管导通时间不相等,多谐振荡器工作频率过高等,都能造成电磁吸盘不能彻底去磁。可根据故障现象进行针对性的检查,找出故障点并排除。

在检查电子线路的故障时,通常应使用示波器,通过观察有关点的电压波形,以尽快找出故障点。

## 任务实施

M7475B 型平面磨床
电气控制系统课件

### 一、控制线路的安装

根据 M7475B 型平面磨床电气控制系统原理图、元件布置图及接线图,检查所需电气元器件的质量并进行安装及配线。

(1)M7475B 型平面磨床电气控制系统分为若干控制环节,如砂轮电动机控制、工作台转动电动机控制、工作台移动电动机控制、磨头升降电动机控制等部分。

(2)同学分成若干学习小组,每小组负责一个控制环节的安装调试任务。

**注意:**

(1)不要漏接接地线,不能用金属软管作为接地的通道。

(2)在控制箱外部进行布线时,导线必须穿在导线通道内或敷设在机床底座内的导线通道里。所有导线不得有接头。

### 二、控制线路的检查及通电试车

(1)工作场地要进行一次清理,多余的材料、工件和工具、设备等全部要移开,并使试车所需的空间位置具有足够大小,以保证试车的安全和顺利进行。

(2)机器启动前,机器上的有些进给运动机构和部件暂时不需要产生动作,通常都应使其处于"停止"位置。

(3)机器启动前,必须用手转动各传动件,应运转灵活,定位准确,安全可靠。

(4)全面检查接线和安装质量,看其是否符合试车要求。

(5)通电试车并观察电动机的转向是否符合要求。否则应立即切断电源进行检查,待调整或修复后方能再次通电试车。

**注意:**

(1)安装时必须认真细致地做好线号的安置工作,不得产生差错。

(2)如果通道内导线根数较多时,应按规定放好备用导线,并将导线通道牢固地支撑住。

（3）通电前检查布线是否正确,应一个环节一个环节地进行,以防止由于漏检而造成通电不成功。

（4）安装整流电路时,不可将整流二极管的极性接错和漏装散热器,否则会发生二极管和控制变压器短路、二极管过热而被烧毁。

## 任务评价

自评:根据通电试车结果,同学们对完成任务的质量进行自我评价。

互评:小组成员之间进行互评打分。

教师评价:指导教师对同学们完成任务的方法、步骤、要求等情况进行总结,明确指出完成任务过程中出现的问题及改进的方向,并按职业资格技能鉴定评分标准进行综合评价打分。

## 巩固与提高

### 一、填空题

1. 在机床电气线路中,异步电机常用的保护环节有 _____、_____ 和 _____。

2. 电气原理图一般分为 _____ 和 _____ 两部分。

3. 变极对数调速一般仅用于 _____。

4. 异步电动机可以通过改变 _____、_____ 和 _____ 三种方法调速,而三相笼型异步电动机最常用的调速方法是改变 _____。

5. M7475B 型砂轮电机容量较大,为降低 _____,采用 _____ 降压启动控制。

### 二、选择题

1. 在机床电气控制电路中采用两地分别控制方式,其控制按钮连接的规律是( )。

A. 全为串联　　　　　　　　　　B. 全为并联

C. 启动按钮并联,停止按钮串联　　D. 启动按钮串联,停止按钮并联

2. CA6140 型车床主电机若有一相断开,会发出嗡嗡声,转矩下降,可能导致( )。

A. 烧毁控制电路　　　　　　　　B. 烧毁电动机

C. 电动机加速运转　　　　　　　D. 无不良影响

3. 机床的调速方法中,一般使用( )。

A. 电气无级调速　　　　　　　　B. 机械调速

C. 同时使用以上两种调速　　　　D. 有级调速

4. M7475B 型机床中,( )为双速电动机。

A. 砂轮电动机　　　　　　　　　B. 工作台转动电动机

C. 工作台移动电动机　　　　　　D. 自动进给电动机

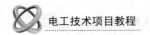

5. M7475B 型磨床在磨削加工时,流过电磁吸盘线圈 YH 的电流是(　　)。

A. 直流　　　　　　　　　　　　　B. 交流

C. 单向脉动电流　　　　　　　　　D. 锯齿形电流

6. 对于 M7475B 型磨床,工作台的移动采用(　　)控制。

A. 点动　　　　　　　　　　　　　B. 点动互锁

C. 自锁　　　　　　　　　　　　　D. 互锁

7. 检修电气设备电气故障的同时,还应检查(　　)。

A. 是否存在机械、液压部分故障

B. 指示电路是否存在故障

C. 照明电路是否存在故障

D. 机械联锁装置和开关装置是否存在故障

# 主要参考文献

[1] 赵立燕.电工电子技术基础.北京:清华大学出版社、北京交通大学出版社,2009

[2] 李景富等.电工基本技能.天津:天津大学出版社,2009

[3] 陆建国.应用电工.北京:中国铁道出版社,2009

[4] 陈跃安、刘艳云.电工技术.北京:中国铁道出版社,2010

[5] 徐建俊.电机与电气控制项目教程.北京:机械工业出版社,2008

[6] 殷建国、侯秉涛.电机与电气控制项目教程.北京:电子工业出版社,2011

[7] 金明.维修电工实训教程.南京:东南大学出版社,2006

[8] 秦曾煌.电工技术(第七版).北京:高等教育出版社,2010